"职业技能岗位等级培训"系列丛书
北京市园林局 主编

中级园林绿化与育苗工培训考试教程

张东林 主编

中国林业出版社

图书在版编目(CIP)数据

中级园林绿化与育苗工培训考试教程/张东林　主编. —北京：中国林业出版社，2005.8（2023.12 重印）

（职业技能岗位等级培训系列丛书）

ISBN 978-7-5038-4016-6

Ⅰ.中… Ⅱ.张… Ⅲ.①园林－绿化－技术培训－教材 ②苗木－育苗－技术培训－教材 Ⅳ.①S73 ②S723.1

中国版本图书馆 CIP 数据核字（2005）第 059564 号

出版	中国林业出版社（100009　北京西城区德内大街刘海胡同 7 号）
网址	lycb.forestry.gov.cn　电话：83143542
发行	新华书店北京发行所
印刷	北京中科印刷有限公司
版次	2006 年 1 月第 1 版
印次	2023 年 12 月第 8 次
开本	787mm×960mm　1/16
印张	18.5
字数	330 千字
印数	22001～23000 册
定价	32.80 元

凡本书出现缺页、倒页、脱页等质量问题，请向出版社图书营销中心调换。

版权所有　侵权必究

编委会

"职业技能岗位等级培训"系列丛书

主　编：王仁凯

副主编：王凤江　刘宝军　刘兴起　强　健

编　委（按姓氏笔画排序）：

于学彬　马　玉　王鹏训　古润泽
史建平　刘　岱　孙鲁杰　张东林
张兰年　张金国　张济和　李铁成
杨志华　赵淑敏　徐　佳　彭晓玲
蒋桂兰　韩英俊　廉国钊

《中级园林绿化与育苗工培训考试教程》

主　编：张东林

副主编：束永志　王汝诚

编　委（按姓氏笔画排列）：

张东林　干兆荃　周文珍　周忠檪
衣彩洁　丁梦然　任桂芳　韩丽莉
王汝诚　吴承元　束永志

前言

随着市场经济体制的发展，与其相配套的劳动力市场管理体制也逐步完善，劳动部门制定了劳务市场的职业技能资格准入制度。各专业工种相应成立培训机构、职业技能鉴定机构。此战略决策为提高我国职工技术素质，完善劳务市场管理起到积极促进作用。依据中华人民共和国建设部颁发的《城市园林工人技术等级标准》及《城市建设工人技术理论教学计划和教学大纲》，20世纪90年代初，北京市园林局组织编写了园林工人职业技能培训教材。经过10多年教学实践，进行了两次修改，教材及教学效果得到教师、工人及用人单位一致好评。2000年建设部重新修订了《建设行业职业技能岗位标准》和《建设行业职业技能岗位鉴定规范》。其中，对园林绿化工（初、中、高级）和育苗工（初、中、高级）应掌握的应知内容和应会内容重新做了界定。原教材针对绿化工的教学要求，按专业知识分为《植物和植物生理》、《土壤肥料》、《园林树木》、《园林植物保护》、《园林设计与识图基础》、《绿化施工与养护管理》、《园林花卉》等共7册单行本；育苗工增加了园林苗圃学内容，减少了园林设计与识图基础、绿化施工与养护管理等内容，并针对不同技术等级由教师结合部颁等级标准及教学大纲有针对性地选择授课。教师经过教学实践发现，这样给他们教学带来了一定难度。因此，新编教材在此基础上针对不同技术等级形成综合学科单行本，将绿化工、育苗工两个工种合编成初、中、高级园林绿化与育苗工培训考试教程。三个等级既有相对独立性（大纲要求），在知识面和理论深度上又有互补性和连续性。教师教学与职工学习时应着重本等级、适当兼顾下一等级知识内容（教程本身已经有部分重叠、交叉）进行教与学。

本书是中级园林绿化与育苗工培训考试教程，可供本专业职工考级时学习、应用，按大纲要求，培训鉴定合格即达到中级工技术标准。需要强调的是，学员要全面掌握园林绿化与育苗专业知识，就必须全面学习掌握初、中、高级园林绿化与育苗工培训考试教程的内容，以便能适应实际工作需要。

编者依据建设部《城市建设工人技术理论教学计划和教学大纲》及《建设行业职业技能岗位标准》，结合多年从事园林绿化施工工作经验，吸收先进的园林技术工艺与植物材料选择等各方面知识撰写而成。内容涵盖了初级园林绿化工、育苗工应掌握的植物和植物生理、土壤肥料、园林植物保护、园林花卉、绿化施工与养护管理、园林苗圃等学科的理论知识、职业技能知识及行业的规程规范。主要侧重基础理论及规程规范，每章包括专业理论内容复习题和模拟测试题及答案。本书第一章由王兆荃编写，第二章由周文珍编写，第三章由周忠楔编写，第四章由衣彩洁编写，第五章由丁梦然、任桂芳编写，第六章由韩丽莉编写，第七、八章由吴承元、王汝成编写，第九章由束永志编写。本书由张东林、束永志负责审定。

本书具有很强的实用性、可操作性。它不仅是园林行业职业技能考试人员必读教材，也是从事此行业职工的有效参考书。新编教材因初次按技能等级编写而成，综合了各学科知识，有不当之处请予以指正，供以后修编完善。

编　者
2005 年 2 月

序

随着我国产业结构调整以及市场经济体制的不断发展，为建立统一、开放、竞争、有序的劳动力市场，我国广泛开展了行业领域内的职业技能岗位培训和鉴定工作。开展此项工作，有利于促进劳动力资源的合理配置，调动职工学习技术的积极性，从而提高职业队伍素质，促进经济发展。

为了促进园林绿化事业的发展，适应社会对园林行业专业技能人才的需求，加强园林绿化系统各行业的劳动管理，满足各地园林绿化职业培训、鉴定工作的实际需要，我们在《园林工人技术等级培训教材》的基础上，组织原编者、园林专家、学者进行了重新修订，出版了"职业技能岗位等级培训"系列丛书。这套丛书包括园林绿化与育苗工（初级、中级、高级）、花卉工（初级、中级、高级）、插花员（初级、中级、高级）、观赏动物饲养员（初级、中级、高级）、游船驾驶员、导游员等六类工种，共计14种图书。它全面、系统地阐述了各类工种专业知识和操作技术，介绍了现代园林专业知识和新技术岗位规范，提升了教材的理论与实践知识水平，同时附以简明易懂的操作规程说明，便于职工在技术岗位工作中学习和运用。它还从强化培养操作技能、掌握一门实用技术的角度出发，较好地展现了各类职业当前最新的实用知识与操作技术，对于提高从业人员基本素质，掌握各类职业的核心内容与方法有直接的帮助和指导作用。

组织出版这套系列图书的目的是为了满足职业人员对园林行业专业技术知识的需要，完善职业技能岗位培训工作。因此，它不仅是园林职工岗位等级培训人员和升级考试人员的应读教材，而且也是职业培训工作人员的有效参考书。

这套系列丛书的编写工作，得到了北京市园林局、北京市园林学校、北京市动物园、北京市园林科研所、北京城建集团绿化处等单位的大力支持，在此向每一位参与此系列丛书编写审阅与修订工作的专家、学者致以深深的感谢！

丛书编委会
2005 年 1 月

目录

序

前言

第一章 植物与植物生理 (1)

第一节 植物的营养器官 (1)
一、根的构造 (1)
二、茎的构造 (5)
三、叶的构造 (10)
四、植物营养器官的变态 (15)

第二节 植物的水分代谢 (19)
一、蒸腾作用 (19)
二、旱涝对植物的危害及合理灌溉的生理基础 (22)

第三节 植物的光合作用 (24)
一、光合作用的概念及意义 (24)
二、叶绿体及其色素 (25)

第四节 植物的呼吸作用 (26)
一、呼吸作用的概念及其生理意义 (27)
二、呼吸作用的过程 (28)

第五节 植物激素 (29)
一、天然激素 (30)
二、人工合成激素 (32)
三、植物激素在园林生产中的应用 (33)

第六节 植物的营养生长 (36)
一、植物的休眠 (36)
二、种子的萌发 (38)

复习题 (41)

模拟测试题 (43)

模拟测试题答案 (44)

第二章 土壤肥料 (45)

第一节 土壤 (45)
一、土壤质地和结构 (45)
二、土壤水分、空气和温度 (46)
三、土壤养分及土壤有机质的转化 (49)

四、土壤溶液及土壤酸碱性 ……………………… (51)
　　五、土壤改良和管理 ……………………………… (53)
　第二节　肥料 ………………………………………… (53)
　　一、肥料的概念 …………………………………… (53)
　　二、合理施肥的原则 ……………………………… (54)
　　三、合理施肥的参考指标 ………………………… (54)
　　四、无机肥料 ……………………………………… (55)
　　五、有机肥料 ……………………………………… (57)
　复习题 ………………………………………………… (61)
　模拟测试题 …………………………………………… (62)
　模拟测试题答案 ……………………………………… (63)

第三章　园林树木 …………………………………… (64)
　第一节　园林树木的识别 …………………………… (64)
　　一、冬季识别树种 ………………………………… (64)
　　二、夏季识别树种 ………………………………… (69)
　第二节　园林树木的分类 …………………………… (73)
　　一、人为分类法 …………………………………… (73)
　　二、植物进化系统分类法 ………………………… (74)
　第三节　园林树木的生长发育及其规律 …………… (76)
　　一、树木各器官的生长发育 ……………………… (76)
　　二、园林树木的生长发育规律 …………………… (79)
　第四节　树木各论 …………………………………… (81)
　　一、常绿乔木 ……………………………………… (81)
　　二、常绿灌木 ……………………………………… (85)
　　三、落叶乔木 ……………………………………… (85)
　　四、落叶灌木 ……………………………………… (95)
　　五、藤木 ………………………………………… (106)
　　六、竹类 ………………………………………… (109)
　复习题 ……………………………………………… (110)
　模拟测试题 ………………………………………… (112)
　模拟测试题答案 …………………………………… (113)

第四章　花卉 ………………………………………… (114)
　第一节　花卉的生长发育及其与环境的关系 …… (114)
　　一、温度 ………………………………………… (114)

二、光照 …………………………………………… (117)
　　　三、水分 …………………………………………… (119)
　　　四、土壤 …………………………………………… (120)
　　第二节　花卉的繁殖 ………………………………… (122)
　　　一、有性繁殖 ……………………………………… (122)
　　　二、无性繁殖 ……………………………………… (126)
　　　三、单性繁殖 ……………………………………… (131)
　　复习题 …………………………………………………… (131)
　　模拟测试题 ……………………………………………… (132)
　　模拟测试题答案 ………………………………………… (133)

第五章　园林植物保护 …………………………………… (134)
　　第一节　病虫害基础知识 …………………………… (134)
　　　一、昆虫基础知识 ………………………………… (134)
　　　二、病害基础知识 ………………………………… (136)
　　　三、病虫害主要防治方法 ………………………… (137)
　　第二节　主要虫害的防治 …………………………… (138)
　　　一、食叶性害虫的防治 …………………………… (138)
　　　二、刺吸性害虫的防治 …………………………… (141)
　　　三、蛀食性害虫的防治 …………………………… (145)
　　　四、地下害虫的防治 ……………………………… (148)
　　第三节　主要病害的识别与防治 …………………… (149)
　　　一、月季黑斑病 …………………………………… (149)
　　　二、月季白粉病 …………………………………… (150)
　　　三、苹桧锈病 ……………………………………… (151)
　　　四、立枯病 ………………………………………… (151)
　　　五、常见非侵染性病害 …………………………… (152)
　　第四节　农药 ………………………………………… (153)
　　　一、常用农药 ……………………………………… (153)
　　　二、合理和安全使用农药 ………………………… (154)
　　复习题 …………………………………………………… (155)
　　模拟测试题 ……………………………………………… (156)
　　模拟测试题答案 ………………………………………… (157)

第六章　设计与识图 ……………………………………… (158)
　　第一节　园林识图基础知识 ………………………… (158)

一、园林制图 …………………………………… (158)
　　二、园林设计图的常见类型 …………………… (163)
　　三、园林造景素材的类型 ……………………… (164)
　　四、常见市政管线的图面表示法 ……………… (170)
　第二节　园林规划设计的基本原理和方法 ……… (171)
　　一、园林规划设计的定义 ……………………… (171)
　　二、园林规划设计的指导思想和基本原理 …… (172)
　　三、园林艺术造景手法 ………………………… (172)
　　四、园林规划设计的形式 ……………………… (174)
　第三节　园林规划设计的主要类型 ……………… (175)
　　一、公共绿地绿化设计 ………………………… (176)
　　二、城市道路绿化设计 ………………………… (176)
　　三、居住区绿化设计 …………………………… (177)
　　四、单位附属绿地绿化设计 …………………… (177)
　复习题 ……………………………………………… (178)
　模拟测试题 ………………………………………… (179)
　模拟测试题答案 …………………………………… (180)

第七章　绿化施工 …………………………………… (181)
　第一节　带土球树木移植 ………………………… (181)
　　一、带土球苗的挖掘 …………………………… (181)
　　二、带土球苗的运输与假植 …………………… (183)
　　三、带土球苗的栽植 …………………………… (184)
　　四、大树带土球移植方法 ……………………… (185)
　第二节　木箱移植 ………………………………… (189)
　　一、木箱移植的挖掘 …………………………… (189)
　　二、木箱移植的安全规定 ……………………… (194)
　复习题 ……………………………………………… (195)
　模拟测试题 ………………………………………… (196)
　模拟测试题答案 …………………………………… (197)

第八章　园林树木养护管理 ………………………… (198)
　第一节　施肥 ……………………………………… (198)
　　一、施肥作用 …………………………………… (198)
　　二、施肥方法 …………………………………… (199)
　　三、施肥量 ……………………………………… (199)

目　录

　　四、施肥时期 …………………………………………（199）
第二节　园林树木修剪 ………………………………………（200）
　　一、园林树木修剪的目的与作用 ……………………（200）
　　二、树木各部位名称 …………………………………（202）
　　三、绿篱和藤木类修剪 ………………………………（205）
　　四、树木修剪程序 ……………………………………（206）
第三节　木桶栽植树木的养护 ………………………………（207）
　　一、浇水 ………………………………………………（207）
　　二、施肥 ………………………………………………（208）
　　三、换桶 ………………………………………………（208）
　　四、修剪 ………………………………………………（208）
　　五、防治病虫、除杂草、中耕 ………………………（208）
第四节　低温对树木的危害 …………………………………（208）
　　一、温度 ………………………………………………（208）
　　二、光照 ………………………………………………（208）
　　三、土壤水分 …………………………………………（209）
　　四、土壤养分 …………………………………………（209）
　　五、地势与坡度 ………………………………………（209）
　　六、低温危害 …………………………………………（209）
　　七、常用的防寒措施 …………………………………（210）
　　八、需要采取防寒措施的主要树种 …………………（211）
复习题 …………………………………………………………（211）
模拟测试题 ……………………………………………………（212）
模拟测试题答案 ………………………………………………（213）

第九章　园林育苗 ……………………………………………（214）

第一节　苗木有性繁殖 ………………………………………（214）
　　一、有性繁殖特点 ……………………………………（214）
　　二、种子采集加工与贮藏 ……………………………（214）
　　三、种子质量检测与催芽 ……………………………（221）
　　四、播种 ………………………………………………（224）
　　五、播后管理 …………………………………………（228）
第二节　苗木无性繁殖 ………………………………………（232）
　　一、扦插 ………………………………………………（233）
　　二、嫁接 ………………………………………………（239）

　　　　三、埋条 …………………………………… (248)
　　　　四、分株(分根) ……………………………… (250)
　　　　五、压条 …………………………………… (250)
　　第三节　苗木移植要求与土球苗移植 ……………… (251)
　　　　一、移植质量要求 …………………………… (252)
　　　　二、移植时间与要求 ………………………… (253)
　　　　三、移植用地准备 …………………………… (254)
　　　　四、苗木准备要求 …………………………… (254)
　　　　五、带土球苗的移植 ………………………… (255)
　　第四节　几类不同苗木的修剪 ……………………… (256)
　　　　一、常绿乔木 ………………………………… (256)
　　　　二、常绿灌木 ………………………………… (257)
　　　　三、落叶乔木 ………………………………… (257)
　　　　四、落叶灌木 ………………………………… (259)
　　　　五、果树 ……………………………………… (260)
　　复习题 ………………………………………………… (261)
　　模拟测试题 …………………………………………… (262)
　　模拟测试题答案 ……………………………………… (263)

模拟测试卷 A ……………………………………………… (264)
模拟测试卷 A 答案 ………………………………………… (267)
模拟测试卷 B ……………………………………………… (269)
模拟测试卷 B 答案 ………………………………………… (272)
附录 1　中级园林绿化工职业技能岗位标准 ………… (275)
附录 2　中级园林绿化工职业技能岗位鉴定规范 …… (276)
附录 3　中级园林育苗工职业技能岗位标准 ………… (278)
附录 4　中级园林育苗工职业技能岗位鉴定规范 …… (279)
参考文献 ……………………………………………… (281)

第一章

植物与植物生理

本章提要：主要介绍植物的营养器官的形态、构造和变态，以及植物水分代谢、光合作用、呼吸作用、植物激素、植物的营养生长等生命活动的意义、基本原理和规律。

学习目的：掌握植物营养器官的形态、构造、为适应环境而产生的变态及植物代谢活动的相关知识，能够从事较复杂和技术性较强的绿化育苗工作。

第一节 植物的营养器官

园林植物绝大多数属于高等植物，尤以种子植物居多。种子植物是植物界最进化的类群，它不但有复杂的组织分化，而且由各种不同的组织构成根、茎、叶、花、果实及种子6个器官。其中根、茎、叶执行水分和养分的吸收、运输、合成及转化等营养代谢功能，称为营养器官。而花、果实和种子完成开花结果的生殖过程，称为繁殖器官。

一、根的构造

（一）根尖及其分区

植物种子萌发后，就可以看到离根的尖端不远的地方生长许多根毛。从根的尖端到着生根毛的地方，这段根称为根尖。其长度约为0.5～1厘米，是根的最幼嫩最活跃的部分。根的生长，特别是根的伸长生长，根对水分及无机盐的吸收，以及根部各种组织的形成都是在这里进行的。整个根尖从尖端往上分为根冠、生长点、伸长区和根毛区四部分（图1-1、图1-2）。

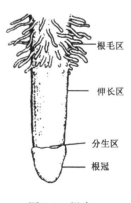

图1-1 根尖

1. 根冠

根冠是保护根尖的结构，保护着幼嫩的分生组织，使其不暴露在干燥的空气和土壤中，并在根向前生长时使生长锥不被土壤所磨损。

2. 生长点（分生区）

位于根冠的上面，属于顶端分生组织。由于这部分细胞不断进行分裂，使细胞数目不断增多。但因细胞体积很小，故虽细胞数目增多，在外形上根的伸长生长并不显著。

3. 伸长区

在生长锥的上方，是伸长区。它是由分生区分裂的细胞发展而来的。伸长区的细胞不再进行细胞分裂而是体积增大，特别是细胞长度的增加远远超过宽度。细胞内出现液泡到最后形成一个大液泡，这时细胞的体积不再增加。同时，细胞开始分化，在根内逐渐产生各种不同的组织。植物根的伸长生长主要是在伸长区进行的。

4. 根毛区（成熟区）

位于伸长区的上方，是由伸长区发展而来的，从外形上可以看到其外部密生着很多根毛，根毛的生长是这个区的特征。这个区的细胞已成熟，并在其内出现了各种组织，如输导水分和无机盐的导管以及输导有机物的筛管等。根毛是根的表皮细胞的外壁向外突出而形成的。其数目很多，一般每平方毫米的表皮上就有100条以上的根毛，如苹果就有300条左右。由于根毛的形成，大大扩大了根与土壤的接触面积，使根系能够充分吸收土壤中的水分和无机盐类。

随着根的伸长生长，使根保持了强大的吸收能力。同时随着根毛区在根上的不断向前移动，根的吸收范围也随着扩大。

当土壤干旱或植物体内缺水时，首先会引起根毛萎蔫而枯死，从而影响吸收。以后虽然获得水分，但因根毛缺少而不能大量吸收，这是干旱造成植物减产的主要原因之一。

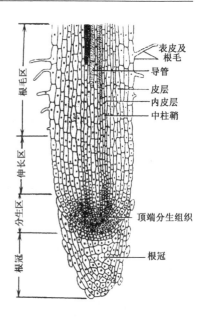

图 1-2　根尖纵切面

（二）根的初生构造

根尖的伸长生长称为初生生长，在根的初生生长过程中形成的各种组织称为初生构造。

根的初生构造位于根毛区，把根毛区作一个横切面可以看到，根的初生构造由外至内分为表皮、皮层和中柱3部分。

1. 表皮

表皮是最外一层细胞，由排列紧密的薄壁细胞构成。根毛区的表皮有两个特点：一是细胞的外壁不角质化，易于透过水和溶质。二是许多表皮细胞的外壁向外突出形成根毛，增加根的吸收面积。因此，这一范围内，根的表皮不起保护作用而具有吸收作用。

2. 皮层

表皮与中柱之间的多层薄壁细胞称为皮层，占初生构造的最大体积。这部分的细胞排列疏松，有明显的细胞间隙。竹子及水生植物的皮层中还可由胞间隙形成通气组织。根毛吸收的水分和无机盐，就是通过皮层细胞进入中柱的。皮层的外层及最内层通常比较紧密，细胞形态构造与皮层中部细胞不同，故分别称为外皮层和内皮层。

3. 中柱

皮层以内的部分叫中柱，是由多种组织构成的，包括以下3个部分。

（1）中柱鞘　它是中柱的最外层，是由一层或几层薄壁细胞组成的。细胞之间排列紧密，并具有潜在的分裂能力，因此可形成不定根、不定芽及形成层的一部分。侧根也由中柱鞘产生。

（2）初生韧皮部　它是由筛管、伴胞、韧皮纤维和韧皮薄壁细胞组成，成束存在，主要是输导有机物。

（3）初生木质部　由导管、管胞、木纤维和木薄壁细胞组成。位于中柱的中心，成束作放射状排列。同一种植物其放射角（束）的数目是相同的，不同种类的植物其放射角的数目不同。双子叶植物一般2~5束，禾本科植物具有6束以上。

（三）侧根的形成

侧根起源于中柱鞘上，而且是在中柱鞘的一定位置上。其发生部位与木质部的放射角有关系。在形成侧根时，首先是生根部位的中柱鞘细胞恢复分裂能力，进行平周分裂成为3层，最外一层形成根冠，中层形成皮层，内层形成中柱。先形成突起，接着突破皮层及表皮就形成了侧根。

侧根的根尖构造和功能与主根根尖相同。

（四）根的次生构造

裸子植物和双子叶多年生木本植物的主根及较大的侧根都能在中柱内产生次生分生组织，由于它的活动使根不断增粗。这种由次生分生组织进行分裂而形成的构造，称为次生构造。

1. 形成层的产生及活动

根的发育过程如图1-3所示。根的形成层首先由韧皮部和木质部之间的薄壁细胞恢复分裂能力，形成一段形成层，而且不断向两端延长逐渐到中柱鞘，这时相邻两段形成层之间的中柱鞘细胞也恢复分裂能力进行分裂，使断续的形成层连接在一起，形成一个凹凸的形成层环。

形成层产生后进行平周分裂，向外形成次生韧皮部，向内形成次生木质部。由于向内形成的木质部比向外形成的韧皮部多，因此，在老根的横切面上次生木质部比次生韧皮部宽得多。而且，根的增粗生长主要也在木质部部分。

在形成层的活动中，除产生次生韧皮部和次生木质部外，还继续形成一些薄壁细胞。在根的横切面上，这些薄壁组织成行排列成放射状，称为射线。在木质部里的叫木射线，在韧皮部中的叫韧皮射线。射线是韧皮部与木质部之间的横向运输通道。

次生韧皮部和次生木质部的内部构造相同。

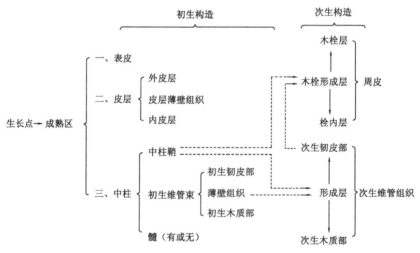

图1-3 根的发育过程

┈→表示薄壁组织恢复分裂能力；──→表示由分生组织直接分裂形成

2. 木栓形成层的产生与运动

在形成层产生次生韧皮部和次生木质部的同时，中柱鞘的部分细胞恢复分裂能力，细胞不断地进行平周分裂，便形成了木栓形成层。

木栓形成层形成以后，进行平周分裂，向外形成木栓层，向内形成栓内层。木栓层、木栓形成层和栓内层三者统称为周皮。在老根不断增粗生长时，把表皮撑破，这时由周皮代替表皮起保护作用。

老根上一旦形成了周皮，由于木栓层不透气，就失去了吸收功能。

（五）根瘤和菌根

根瘤和菌根是土壤中微生物与植物共生的两种情况。

1. 根瘤

豆科植物的根上常有瘤状的结构，叫做根瘤，根瘤的产生是由于土壤中根瘤菌侵入的结果。

除豆科植物外，还发现乔木和灌木，如桤木属、杨梅属、胡颓子属、木麻黄属等10多属100多种植物具有根瘤，并能固氮。根瘤菌从植物根部细胞中获得生活所必须的水分及养料，根瘤菌能把空气中游离的氮固定起来供植物对氮素的需要。根瘤菌的这种作用称为固氮作用。

根瘤菌对共生植物具有选择性，一种根瘤菌只能与一种或少数几种植物共生。因此在园林植物引种时，需要同时引进和它共生的根瘤菌。

2. 菌根

自然界中还有许多植物的根和某些真菌共生，真菌的菌丝侵入根的幼嫩部分，或在根的表面群聚，好像一个套罩在根的外围。这种真菌和根的幼嫩部分形成的共合体，叫做菌根。和绿色植物共生的真菌从植物体中吸取自身所需要的养料，但真菌能代替根毛为植物吸收水分和无机盐供生活需要。在园林树木中许多种类都具有菌根，如银杏、侧柏、桧柏、核桃、桑树、毛白杨、栓皮栎、油松、椴树等的根系都与真菌共生。还有些经济价值较高的草本植物，如葱、苜蓿、橡胶草等也与真菌共生。

二、茎的构造

（一）芽

茎端和叶腋处都着生着芽。枝条和花都是由芽展开后形成的。因此，芽实质上就是未发育的枝条、花和花序的原始体。

（二）茎尖的分区

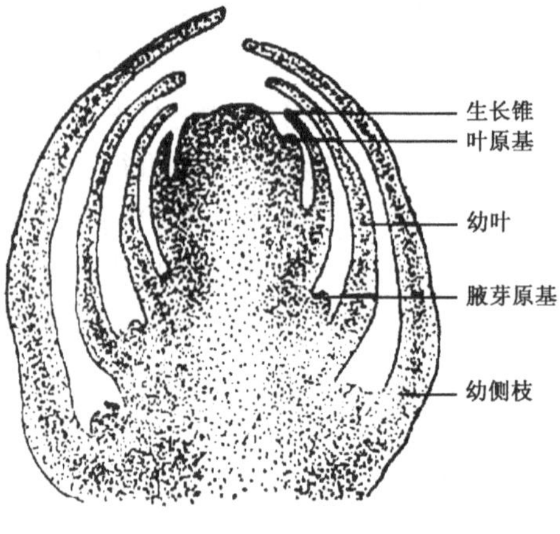

茎尖与根尖相似，也分为分生区、伸长区和成熟区。但它与根不同，它的生长点（分生区）的上面没有类似根冠的组织，下边的成熟区外表皮上也没有类似根毛的组织（图1-4）。

1. 分生区

位于茎的最尖端，其细胞特点与根的分生区相同。但它的下部具有形成区，即在周围形成叶原基。

2. 伸长区

位于分生区的下面。细胞迅速生长，使茎进行伸长生长，同时，初生构造开始形成，在基本组织中已分化形成皮层和髓，原形成层束已分化形成维管束。

3. 成熟区

细胞已停止生长，各种初生组织的分化基本成熟，形成了茎的初生结构，增粗生长开始出现，从外形上看节间不再伸长。

图1-4 叶芽的纵切面

（三）双子叶植物茎的内部构造

1. 双子叶植物茎的初生构造

在双子叶植物茎的成熟区作一个横切面，由外至内分表皮、皮层和中柱三部分，它是茎尖分生区直接分裂、分化而成的，称为初生构造（图1-5）。

（1）表皮　包在茎的最外面，由一层排列紧密而整齐的砖形薄壁细胞构成，其外壁角质化，并在外壁的外面形成一层角质层。其上常具有蜡被或表皮毛等附属物，以增加保

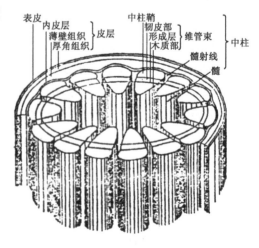

图1-5 双子叶植物茎初生构造的立体图解

护作用。茎的表皮上具有气孔，以便进行气体交换。

（2）皮层　位于表皮之内，由多层薄壁细胞构成。细胞之间排列疏松，具有胞间隙，向外与气孔相通，可进行气体交换。靠近表皮的几层细胞内含有叶绿体，使茎呈现绿色。它能进行光合作用。皮层内常有厚角组织、纤维和石细胞，起支持作用。皮层内的薄壁细胞常贮有各种物质。

（3）中柱　皮层以内部分称为中柱。它包括中柱鞘、维管束、髓和髓射线四部分。

中柱鞘：是中柱的最外层，是由一层至多层薄壁细胞构成的，能恢复分裂能力，形成不定根和不定芽。在园林生产中，常利用这一特性进行扦插繁殖。

维管束：是中柱的主要部分，初生韧皮部、束内形成层和初生木质部组成的。它们都成束存在，故叫维管束。维管束在茎内呈环状排列。通过茎部贯穿在整个植物体中，起支持和输导作用。

初生韧皮部位于束内形成层的外面，初生木质部位于束内形成层的里边，内部结构与根的初生结构相同。束内形成层位于中间，细胞具有分裂能力，产生茎的次生构造。

髓：是茎的最中间部分。多数是由薄壁细胞构成的，其内贮藏各种营养物质或代谢物质，如淀粉、晶体、单宁等。有些植物的髓为厚角细胞（栓皮栎）或石细胞（香樟树）。有的植物的髓在茎的生长发育过程中被破坏，使茎中空无髓（连翘）或形成片状髓（核桃和枫杨）。

髓射线：它是各个维管束之间保留的薄壁组织，在茎的横切面上呈放射状，称为髓射线。它与髓、中柱鞘、皮层相连接，是茎横向运输的通道，并有贮藏营养物质的作用。髓射线细胞在一定的条件下可恢复分裂能力，形成束间形成层。

2. 双子叶植物茎的次生构造

一般草本植物的茎，由于生活期短，不具有形成层或者形成层活动时间很短，次生结构不明显，而髓部特别发达。多年生木本植物茎，在初生结构形成不久，就开始出现次生构造，使茎不断增粗，这是由于形成层和木栓形成层活动产生次生构造的结果（图1-6）。

（1）形成层　首先是束内形成层开始活动，同时，束间的髓射线细胞也恢复分裂能力，形成束间形成层。这时束内和束间形成层就连接成一个圆环。以后像根的形成层一样，向外形成次生韧皮部，向内形成次生木质部。由于形成层向内形成的次生木质部多，故茎的增粗主要是次生木质部。初生木质部和髓仅占极少部分。

形成层每年开始活动的时间是在伸长生长之后,在北京地区两者相差1~2周。也就是说顶芽萌发生长1~2周,形成层才开始活动。从形成层开始活动到停止活动之间,是园林树木、花卉嫁接的良好时机。

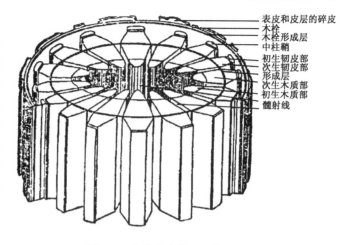

图1-6 茎的次生构造立体图解

(2) 次生木质部 它的构造功能与根相同,也与初生木质部相同。但它增粗的量比根多。

年轮:在茎的横切面中,可以看到次生木质部上有若干同心圆环,这是由于形成层每年活动的周期性变化形成的。每年形成一轮,故称年轮。

边材和心材:在树干的横切面上除可以看到年轮外,中心的木材和边上的木材其颜色深浅也不同。靠近边缘的木材色浅,称为边材;靠近中心颜色较深的木材,称心材。

边材所以颜色浅,因为是由具有生理活动功能的细胞构成的。木质部中的导管具有输导水分和无机盐的功能。导管内具有水分,所以,颜色浅,材质软,利用价值也低。

心材所以颜色深,因为输送水分的导管有一定的寿命,一般2~3年。以后导管被树脂、单宁、色素等物质填塞而失去输导能力,所以,这部分木材都是失去生理功能的死细胞。它不仅颜色深,材质也硬,使用价值高。在园林树木养护管理中,发现大树中空,仍能枝繁叶茂生长良好,其原因就在于此(图1-7)。

(3) 次生韧皮部 其内部结构

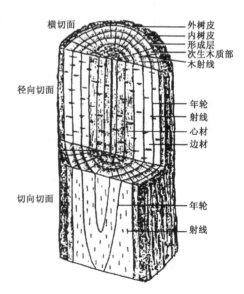

图1-7 茎的三切面

和功能与初生韧皮部相同。

韧皮部也是有机养料的贮存之处，养料充分能促进韧皮部的生长。韧皮部发达茎上的叶芽就可以分化成花芽；韧皮部还能促使伤口产生薄壁细胞，并使其壁栓质化形成愈合组织，这对嫁接的成活和结果枝的形成都有重要的意义。枣树开甲、葡萄摘心等措施就是通过对有机物运输的控制达到丰产的目的。

（4）木栓形成层　木栓形成层多是表皮下的表层细胞恢复分裂能力而形成的，如桃、桑、杨、核桃、榆树等；有的是由表皮细胞转化来的，如柳、苹果等。老树茎的木栓形成层可由中柱鞘细胞或韧皮部的细胞转化而来。

木栓形成层活动的结果产生周皮代替表皮，起保护作用。这时表皮上的气孔变为皮孔。

皮孔是茎内和外部进行气体交换的通道。在形成周皮时，气孔位置上的木栓形成层不形成周皮，而是产生很多小的薄壁细胞，把原来的表皮撑破，形成了突起。由于各种植物原来茎上的气孔群或气孔分布的情况不一，所以在植物茎上形成了各种不同形状的皮孔，如柳树、侧柏、栓皮栎等为纵裂；毛白杨、桃、樱桃为横裂；悬铃木、白桦、白皮松、榔榆等片状开裂。故皮孔可作为识别植物和植物分类的依据之一。

木栓形成层的活动期一般仅有几个月，最多为一个生长季。当木栓形成层失去活动能力时，在周皮的内方再重新形成木栓形成层，继续形成新的周皮，代替老周皮起保护作用。随着茎的增粗不断形成新周皮，老周皮被撑裂后仍留在新周皮之上或脱落。树木的树皮应该是新老周皮的合称。实际上我们习惯上叫的树皮不是植物体上真正的树皮，而是包括老周皮、新周皮、韧皮部和形成层，其内仅剩下木质部和髓部。因此，"树怕剥皮"的道理就在于此。

（5）木射线　它是由生活的薄壁细胞构成的，呈放射状排列，和韧皮部、髓相连接。它是植物体内横向运输的通道。速生树种，髓射线宽，慢生树种髓射线窄。

（6）髓心　位于茎的中心，其形状因种类不同而不同。如白榆、白玉兰为圆形，麻栎、枫香等为星状，桤木呈三角形。

（四）裸子植物茎的构造特点

裸子植物都是木本植物，其结构与双子叶植物茎构造相似，但有以下不同点（图1-8）。

1. 木质部

无导管和木纤维，木薄壁细胞很多，它主要由管胞构成，在茎的横切向上，沿半径方向排列很整齐。

2. 韧皮部

主要由筛胞构成，无伴胞和筛管，韧皮薄壁细胞和韧皮纤维很少。

3. 具有树脂道

它是由一层或多层细胞包围成的长管，细胞分泌树脂送入树脂道。树脂有堵塞伤口、防寒及防病虫害的作用。

（五）单子叶植物茎的构造特点

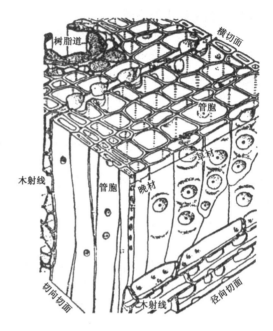

图1-8 松茎木材三切面立体图解

单子叶植物茎的构造类型很多，现以毛竹为例说明单子叶茎的构造特点（图1-9）。

（1）单子叶植物茎内一般仅有初生构造，维管束内无形成层。茎的增粗仅靠细胞体积的扩大。因此，竹类在笋期已决定了茎的粗度，但也有一些种类具有次生构造，如棕榈、丝兰等。它们的增粗是由外围的薄壁细胞产生一圈分生组织，形成新的维管束，使茎增粗。

（2）维管束的数目很多，散生在基本组织中。在横切面上可以看到外方的维管束小，多分布较密。越是里边维管束越大，数目越少，分布越疏。每个维管束的周围都有维管束鞘。

（3）茎的伸长生长，除茎尖生长锥外，每节基部的居间分生组织也能进行伸长生长，所以，它伸长生长的速度比其他植物快。

（4）单子叶植物中的禾本科植物茎节间多中空。

三、叶的构造

不同的植物种类，叶的构造也不同。主要分为双子叶植物叶、单子叶植物叶及裸子植物叶3种类型。

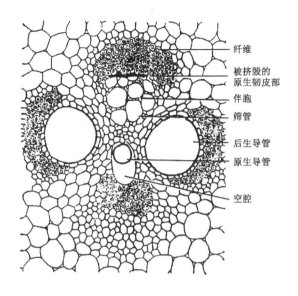

图 1-9　毛竹茎的维管束

（一）双子叶植物叶的构造

双子叶植物的叶一般是由叶柄和叶片构成的（图 1-10、1-11）。叶柄的内部构造比较简单，其外面是表皮，表皮以内是皮层，其内有厚角组织（机械组织）。其细胞内含叶绿素，故叶柄呈绿色。中央是具有导管和筛管

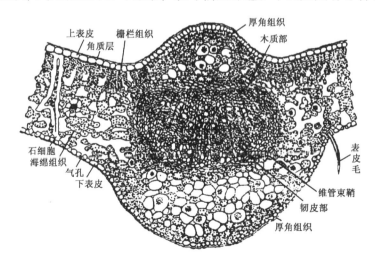

图 1-10　茶叶的横切面

的输导组织，完成叶与茎之间的输导功能，并和机械组织一起支持叶片伸展在空中。叶片是由表皮、叶肉、叶脉3部分构成的。

1. 表皮

是叶片的最外层，有上、下表皮之分。表皮上常具有表皮毛，在表皮上具有大量的气孔，每平方毫米就有100～200个，最多的可达1000个以上，以下表皮为多。而浮生水面的叶气孔则分布在上表皮。

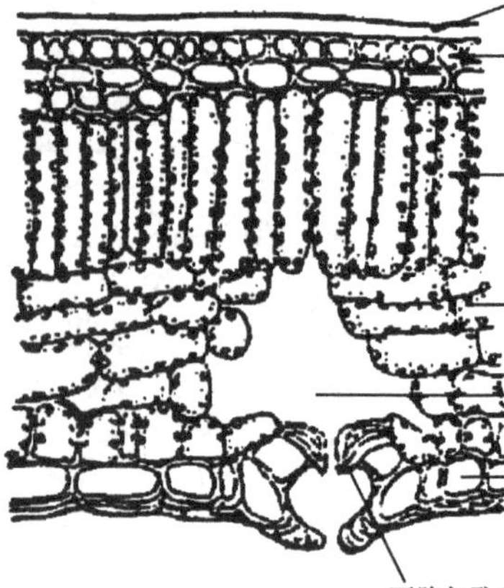

图1-11 铁树叶的横切面

2. 叶肉

两层表皮之间是叶肉，它由含叶绿体的薄壁细胞组成，是叶片进行光合作用的机构。大多数植物叶中，叶肉细胞分栅栏组织和海绵组织（图1-11）。

（1）栅栏组织 位于上表皮的下面，是由与上表皮垂直排列的柱形细胞构成的。细胞内含叶绿体多，光合作用主要在这里进行。

（2）海绵组织 在栅栏组织的下面与下表皮之间是海绵组织。在海绵组织中，细胞之间排列疏松，细胞间具有大的胞间隙，它与气孔构成了叶内的通气系统。

3. 叶脉

叶脉分布在叶肉组织中，是叶片的输导组织。

（二）裸子植物叶的构造

裸子植物多数叶片较小而窄长，呈针状、条状或鳞片状，故习惯称之为针叶树。现以松属为例说明裸子植物叶的构造。它是由表皮系统、叶肉、内皮层、维管束构成的（图1-12）。

1. 表皮系统

表皮系统包括表皮、下皮层和气孔。在横切面上，表皮细胞是由1层砖形细胞组成，包围在叶的周围。细胞的外壁很厚，角质层发达。表皮以内有一至多层厚壁细胞，称为下皮层。气孔着生在下皮层上，称为内陷气孔。它是由一对保卫细胞和一对副卫细胞组成。

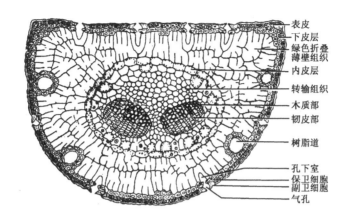

图 1-12　马尾松叶的横切面

2. 叶肉

由于叶片比较细小，故叶肉是由细胞壁内褶的薄壁细胞组成的，叶绿体沿褶壁排列，这样就扩大了光合作用面积。叶肉间分布有树脂道，其内含有树脂。树脂道的位置以种类不同而不同。

3. 内皮层

位于叶肉和维管束之间，由厚壁细胞组成，排列整齐、无胞间隙。细胞壁木质化，具有凯氏带，起支撑和选择吸收的作用。

4. 维管束

在内皮层以内有 1 个或几个维管束，由木质部和韧皮部组成。木质部内只有管胞和薄壁细胞，韧皮部内只有筛胞和薄壁细胞。

在内皮层和维管束之间有几层薄壁细胞包围着维管束，具有运输功能，故叫转输组织，它成熟后被单宁堵塞。

（三）单子叶植物叶片的构造

单子叶植物的构造较复杂，类型也较多。它们的生长发育也各不相同。现以竹为例说明单子叶植物叶片的构造特征。

竹类叶子是由叶片和叶鞘组成。叶鞘包在茎节基部，起支持和保护作用。叶片较狭长，平行脉。在叶片和叶鞘连接处内侧具有膜质小片，称为叶舌。叶鞘边缘的毛状物，称为叶耳。在竹子叶片的横切面上，可以看到它是由表皮、叶肉和叶脉三部分构成（图 1-13）

1. 表皮

分为上表皮与下表皮，表皮细胞的外壁角化而且硅化，故表皮较坚硬。

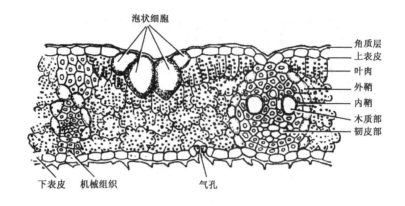

图 1-13 毛竹叶的横切面

2. 叶肉

叶肉细胞没有栅栏组织和海绵组织的区别，只有海绵组织。叶肉细胞壁向内皱褶，叶绿体沿褶壁方向排列，靠近上表皮的一层叶肉细胞排列较整齐。它是叶面进行光合作用的场所。

3. 叶脉

主脉和侧脉相互平行的排列在叶肉细胞中，起输导和支持作用。

（四）叶的构造与生态条件的关系

叶的形态构造不仅与它的生理机能相适应，而且与它所处的外界环境条件相适应。叶在构造上的变异性和可塑性是很大的，长期生活在干旱缺水条件下的植物，有较强的抗旱能力，叶片产生许多适应旱生条件的结构。如叶面积缩小，叶片小而厚；角质层很发达，表皮上常有蜡被及各种表皮毛等，裸子植物的针叶、鳞叶以及毛竹叶都属这种类型；又如叶片肥厚，有发达的贮水组织，细胞液浓度大，保水能力强，例如龙舌兰、马齿苋、猪毛菜以及很多肉质植物。

叶对生态条件的反应最明显，可塑性最大。即使同一种植物，生长在不同的环境条件下，也会出现不同程度的变化。

（五）落叶

植物的叶子都有一定的寿命。一般1年生植物，其叶子随植物体的死亡而死亡；多年生的落叶植物，叶子的寿命只有一个生长季；而有些植物的叶子的寿命为1年以上至多年，如松、柏、大叶女贞、茶花、棕榈等。

落叶是多年生植物维持体内水分平衡，保证植物正常生命活动，以及对外界不良环境条件一种适应性。因此，植物的落叶对植物本身有着重要的意义。

四、植物营养器官的变态

植物的营养器官根、茎、叶，都具有一定的与生理功能相适应的形态特征。但是往往为了适应环境条件的改变而使器官原有的形态和功能发生改变，称为变态。在自然界中，营养器官变态的类型很多。

（一）根的变态

正常的根生于土壤中，具有吸收及支持的功能。在外形上，根无节与节间的区别，没有叶和腋芽。根据这些形态特征，以识别变态的根。常见的根变态有以下类型：

1. 贮藏根

常见于2年或多年生草本植物。其主根、侧根或不定根肥厚粗大呈肉质，其内贮藏大量的养料供次年抽茎和开花之用，失去了原来根的功能，而变成专门贮藏营养物的贮藏器官，这种根称为贮藏根，如大丽花、天门冬等。

2. 支柱根

如玉蜀黍近茎基部的节常发生不定根，榕树常在侧枝上产生下垂的不定根，这种根具有吸收及支柱作用（图1-14）。

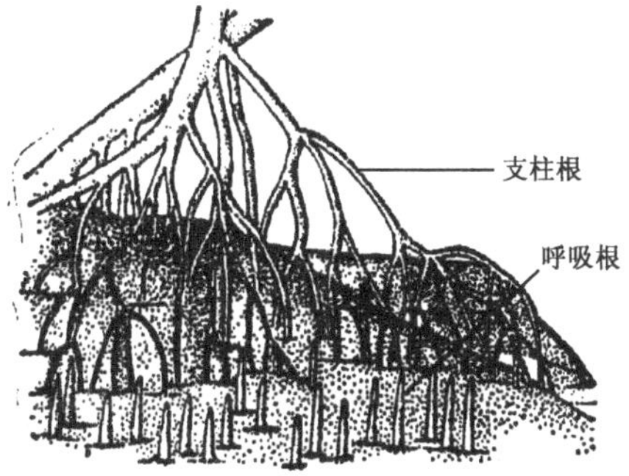

3. 气生根

生长在热带的兰科植物能自茎部产生不定根，悬垂在空中称为气生根，具有吸水作用，如石斛、橡皮树、龟背竹等。

图1-14 红树的支柱根和呼吸根

4. 寄生根

有些植物的根发育成为吸器，伸入到寄主体内吸收寄主的现成营养供自身生活需要，这种吸器称为寄生根，如菟丝子等（图1-15）。

5. 攀援根

有些植物的茎细长柔软，本身不能直立向上生长，在它的茎上生出很多不定根，靠这些不定根固着在他物上向上生长，这些不定根称为攀援根，如

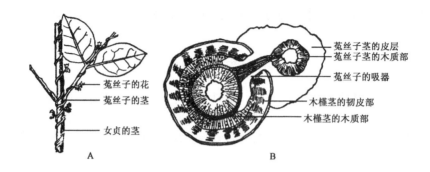

图 1-15 菟丝子的寄生根
A. 缠绕在寄主女贞枝条上 B. 菟丝子寄生木槿茎部横切面

常春藤、地锦、络石等。

6. 板根

有些树木的树干基部发生不均匀的生长，形成板壁状，以增加树木的固着作用，这种根叫做板根，如朴树、椰榆等。

7. 呼吸根

气生根的一种。生活在沼泽地等多水环境中的植物，有一部分根垂直向上生长，突破地面裸露在空气中吸收氧气，来弥补土壤里的空气不足，如红树、水杉、水松等。

（二）茎的变态

正常的茎生于地面以上，外形上具有节与节间，借此可与变态的根区别。根据茎生长在地上还是土壤中，分为地上茎的变态和地下茎的变态2类。

1. 地上茎的变态

（1）叶状茎 有些植物的叶退化，而茎变为叶状，呈绿色，代替叶片进行光合作用等功能，但仍能开花结实，如竹节蓼、蟹爪兰、假叶树、仙人掌、文竹、天门冬等。叶状茎是长期适应干旱环境所产生的变异。

（2）茎卷须 由茎变成的卷须，叫做茎卷须。茎卷须通常发生在叶腋，其上不长叶片。如南瓜、葡萄等植物的卷须，都是茎卷须（图1-16）。

（3）茎刺 由茎变成具有保护功能的刺，称为茎刺。茎刺由枝条上的顶芽或腋芽位置生出，如山楂、石榴等。有些茎刺还具有分枝，如皂荚。

2. 地下茎的变态

有些植物的茎为了适应环境或功能的改变，由生长在地面以上变为生长在地下。常见的地下茎变态有以下几类：

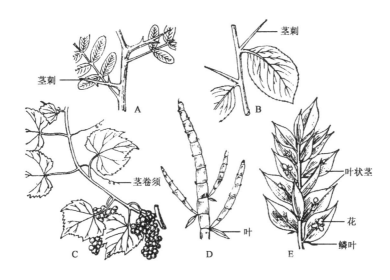

图 1-16　茎的变态（地上茎）
A、B. 茎刺（A. 皂荚　B. 山楂）　C. 茎卷须（葡萄）
D、E. 叶状茎（D. 竹节蓼　E. 假叶树）

（1）根状茎　生长于地下与根相似的地下茎称为根状茎。例如竹类、芦苇、鸢尾等植物的地下茎。根状茎具有明显的节和节间，节部有退化的叶，在退化的叶的叶腋内有腋芽，可发育为地上枝。顶端有顶芽，可以继续生长。根状茎上可以产生不定根，成为具繁殖作用的茎的变态。竹类就是用根状茎——竹鞭来繁殖的。

（2）贮藏茎　生长在地下具有贮藏养料功能的茎，称贮藏茎，如马铃薯节不明显成块状称为块茎；洋葱、百合等具有鳞状叶的称鳞茎；慈姑、荸荠等具有明显的节与节间的称球茎，这些都是具有贮藏作用的地下茎。地下茎具有繁殖功能。

（三）叶的变态

叶生长在茎的节上，当其功能及形态改变时，称为变态叶。

1. 芽鳞

芽鳞是冬芽外面所覆盖的变态幼叶，用以保护幼嫩的芽组织。

2. 叶刺

叶的一部分或全部分变为刺，如小檗。叶刺与茎刺的区别在于：茎刺由叶腋发生，叶刺在枝条的下方发生。如发生于枝条基部两侧，则为托叶刺，如刺槐（图 1-17）。

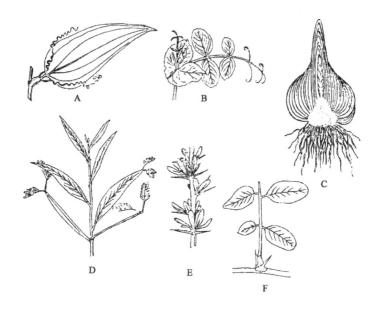

图 1-17 叶的变态
A、B. 叶卷须（A. 菝葜　B. 豌豆）　C. 鳞叶（风信子）
D. 叶状柄（金合欢）　E、F. 叶刺（E. 小檗　F. 刺槐）

3. 叶卷须

纤细柔弱的植物常产生卷须用以攀援（图 1-17），叶卷须与茎卷须的区别在于叶卷须与枝条之腋间具有芽，而茎卷须的腋内无芽。叶卷须常由复叶的叶轴、叶柄或托叶转变而成。

4. 叶状柄

南方的台湾相思树在幼苗时叶子为羽状复叶，以后长出的叶子叶柄变扁，小叶片逐渐退化，只剩下叶片状的叶柄代替叶的功能，称为叶状柄。叶状柄和叶状茎一样，是干旱环境的适应性状。

（四）同功器官与同源器官

上述各种不同的器官变态，虽然有的来源不同，但功能形态相同，这样的变态器官称同功器官。例如，茎刺与叶刺，茎卷须与叶卷须。凡是来源相同，功能不同，形态构造不同的称为同源器官。如叶卷须与叶刺，同为叶的变态，但变态后功能不同，因而形态构造也不同。

第二节　植物的水分代谢

陆生植物是由水生植物进化而来的。因此，水是植物的重要"先天"环境条件。植物的一切生命活动只有在一定细胞水分含量的状况下才能正常进行。在缺水的状况下生命活动就会受阻，甚至停顿。植物一方面不断从外界环境吸收水分，以满足正常生命活动的需要，另一方面有不可避免地丢失水分到周围环境中去。这就形成了植物水分代谢的3个过程：水分的吸收、水分在植物体内的运输和分配以及从植物体内向环境排出。

一、蒸腾作用

陆生植物吸收水分，只有一小部分用于建造自身和用于代谢过程（约占总吸水量的1%~5%），而大部分水分会通过植物的吐水、蒸腾等方式散失掉。蒸腾作用是植物失散水分的主要方式。

（一）概念及类型

植物体以水蒸气状态，通过植物体表向外界大气中失散水分的过程，叫做植物的蒸腾作用。

植物的蒸腾作用主要是在叶片上进行的。叶片的蒸腾作用有两种方式：一是通过角质层的蒸腾叫角质蒸腾；一是通过气孔的蒸腾叫气孔蒸腾。一般植物叶片的角质蒸腾仅占5%左右。因此气孔蒸腾是植物蒸腾作用的主要形式。

茎、枝上的皮孔也可以蒸腾。在冬季，叶子脱落后，根系吸水很少时，皮孔蒸腾变得较为重要，会引起一些树木的干旱。

（二）生理意义

植物将它所吸收的水分的绝大部分通过蒸腾作用而散失，这是植物适应陆生生活的必然结果。蒸腾作用的生理意义可归纳成下面3个方面：

（1）调节植物的体温。太阳直射到叶片上时，大部分能量转变成热能，如果叶子没有降温本领，叶温过高，叶片就会灼伤。同时，植物体内的有机物在进行氧化分解时，也会产生大量热能。蒸腾作用使水不断地流过植物体，在使它变成水蒸气的过程中吸收了大量热能，从而降低植物的体温，保护了植物体。

（2）产生蒸腾拉力。这是根系被动吸水的动力，对于高大的植物更是如此。

（3）帮助无机盐在植物体内进行运输和分布。

（三）气孔调节

气孔是植物的叶子与外界发生气体交换的主要通道。通过气孔而扩散的气体，有氧气、二氧化碳和水蒸气。气孔可以自行开闭，它可以调节蒸腾作用。

1. 气孔的数目、分布及蒸腾速度

气孔是叶表皮组织的小孔，它分布于叶片的上表皮及下表皮，一般下表皮分布的较多。特别是木本植物，气孔通常仅分布于下表皮。叶子一般每平方厘米有气孔 1000～60 000 个，多的可达 10 万个以上。

在叶片上，水蒸气通过气孔的蒸腾速度比同面积的自由水面蒸腾速度快得多。

2. 气孔运动及其机理

气孔对蒸腾作用和气体交换过程的调节是靠它本身的开闭来控制的。双子叶植物的气孔是由两个肾形的保卫细胞构成的。保卫细胞中有叶绿体（一般表皮细胞不含叶绿体）。保卫细胞的内外壁厚度不同，靠近气孔的内壁厚而背着气孔的外壁薄。当保卫细胞吸水膨胀时，较薄的外壁易于伸长，细胞向外弯曲，于是气孔张开；当保卫细胞失水而体积缩小时，胞壁拉直，气孔即关闭（图1-18）。单子叶植物气孔的保卫细胞呈哑铃形，保卫细胞中间部分的胞壁厚，两头薄。吸水时两头膨大，而中间彼此分离，使气孔张开。失水时两头体积缩小而使中间部分合拢，气孔关闭（图1-19）。

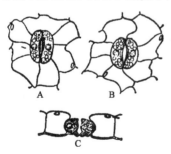

图 1-18 双子叶植物气孔构造及运动
A. 气孔关闭 B. 气孔开放 C. 气孔横切面

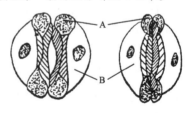

图 1-19 单子叶植物保卫细胞因膨压而紧张引起气孔开张（左）与失去膨压引起气孔关闭（右）
A. 保卫细胞 B. 副卫细胞

气孔一般白天张开，晚上关闭。原因是白天保卫细胞的叶绿体进行光合作用，细胞内产生了糖，同时保卫细胞内贮存的淀粉在光下也分解为糖，使

细胞浓度增加，引起吸水，气孔张开；夜间光合作用停止，保卫细胞的糖又变为淀粉，细胞吸水能力降低，保卫细胞恢复原状，气孔关闭。但是，也有少数植物的气孔并不与光照变化相呼应。例如，生活在热带地区的某些植物的气孔，白天关闭而夜间开放。

（四）影响蒸腾作用的因素

影响植物蒸腾作用的外界环境主要因素有：

1. **光照**

光照可提高大气和叶片温度，一般叶温比气温高 2～10℃，气温升高，蒸发加快。

2. **空气的相对湿度**

当空气相对湿度增大时，空气蒸汽压也增大，叶片内、外压差变小，蒸腾变慢。

3. **温度**

大气温度增高时，气孔腔蒸汽压的增加大于空气蒸汽压的增加，叶片内、外的蒸汽压差加大，有利于水分从叶片内散出。

4. **风**

微风可吹走气孔外的水蒸气，减小外部的扩散阻力，蒸腾加快。而强风能引起气孔关闭，致使内阻加大，蒸腾减慢。

5. **土壤条件**

影响根系吸水的各种土壤条件，如土温、土壤通气、土壤溶液浓度等，均可间接影响蒸腾作用。

（五）减慢蒸腾速度的途径

在生产实践中，应尽可能地维持植物体的水分平衡。一方面使植物根系生长健壮，提高吸水能力，同时保证环境中有充足的水供根吸收。另一方面要减少蒸腾，避免因蒸腾过大，失水大于吸水，而造成植物萎蔫。在干旱环境以及因移植等操作造成植物根系吸水能力下降等情况下，降低植物的蒸腾速度则更为重要。

1. **减少蒸腾面积，降低蒸腾速度**

在移植植物时，去掉一些枝条，减少蒸腾面积，使植物的失水量下降，以利成活。另外，还应在移栽时尽量避免造成蒸腾速度增加的环境因子，如高温、强光等。移栽前将被移栽苗木放在阴凉处，避免暴晒，以及在早、晚阳光较弱和温度较低时移植，会有较好的效果。

2. 使用抗蒸腾剂

抗蒸腾剂是一类能减低蒸腾速度而对光合速度和生长影响不大的物质。目前的抗蒸腾剂主要有2种作用方式。一种是薄膜类抗蒸腾剂，这类物质还具有一定的防寒作用。另一类抗蒸腾剂是一些可使气孔部分关闭的药剂，如阿特拉津、脱落酸等。

绿化施工中常进行反季节移植树木，为降低蒸腾速度，保证树木成活，抗蒸腾剂的使用越来越普遍，且取得了较好的效果。

二、旱涝对植物的危害及合理灌溉的生理基础

（一）干旱对植物的危害及植物对干旱的适应

1. 干旱的类型

干旱是一种气候状况，其特点是大气过热和土壤缺水。在这种情况下，植物的蒸腾大于吸水，植物体内的水分代谢首先失去平衡，以至最后危害植物的生长和发育。干旱主要有3种类型。

（1）暂时性干旱　土壤中仍有水可被植物利用，但由于气温高、空气湿度低、风速大等原因造成失水大于吸水，导致植物幼嫩部分和叶片下垂。但在夜晚又由于蒸腾小，而不用灌溉就能解除萎蔫现象，称之为暂时性干旱。

（2）永久性干旱　由于土壤缺水造成，不仅叶片萎蔫不能恢复，甚至会变黄枯死，此时必须进行灌溉。

（3）生理干旱　由于土壤通气不良、土温过低或盐分过多造成。这种干旱发生时即使进行灌溉也不能解除。

2. 干旱对植物的危害

干旱会造成植物体各部分的水分重新分配，例如幼叶向老叶夺水，造成老叶死亡。叶片向花蕾或未成熟的果实夺水，常引起落花、落果等现象出现。干旱加重会使植物出现萎蔫，叶片下垂，光合作用受到抑制，生长停顿，甚至引起植物干枯死亡。

3. 植物对于干旱的适应

长期生活在干旱缺水条件下的植物，有较强的抗旱能力。如具有肉质多浆茎叶、革质叶、针叶、鳞叶、刺叶的植物都属于抗旱能力较强的植物；还有些植物叶的角质层发达，叶有蜡质或密生毛以及叶片卷曲、气孔下陷等特征来降低蒸腾。另有些植物根系发达，深扎能力强，可从较深土层中取得水分。

了解植物的抗旱性，提高植物抗旱能力。例如，"蹲苗"就是人为地减

少水分供应，使植株经受适当的干旱锻炼。蹲苗后根系发达，吸水能力增强，抗旱能力也增强。

（二）涝害对植物的危害及植物的抗性

1. 水涝对植物的危害

水分过多对植物造成伤害叫涝害。如果植物地上部分被淹，则光合作用受到抑制。水退以后，往往茎及叶面沉积一层淤泥，气孔被堵塞，透光性差，影响正常的光合作用和呼吸作用。植物根系被水淹，土壤中缺乏氧气，根部呼吸困难，使根系对水和矿质的吸收受到阻碍；若水淹时间长，造成根的无氧呼吸，引起呼吸基质过分消耗，体内积累酒精使植物中毒。

2. 植物的抗涝性

抗涝性强的植物，大多喜生于河流、溪沟旁比较低洼潮湿的地区，如柳树、枫杨、白蜡、柽柳、紫穗槐等；抗涝性弱的植物，一般是生长在排水良好的地区，如桃、贴梗海棠、无花果、牡丹、锦带花等。植物对涝害有一定的适应能力，主要因为植物从地上部分向根系提供一定的空气。

（三）合理灌溉的生理基础

1. 植物的需水规律

植物的需水规律是：幼苗期需水量小；营养生长旺盛期，需水量增加；植株衰老期，需水量又下降。

植物最需要水的时候，称水分临界期。此期间缺水，植物最敏感，因为该期正是植物新陈代谢最旺盛的时期，缺水会显著削弱代谢过程的进行。水分临界期一般是在生殖器官的形成与发育阶段，即由营养生长转向生殖生长的阶段。例如果树的水分临界期是在开花和果实生长初期。

2. 指标

灌溉指标主要有2个，即生理指标和形态指标。生产实践中常依形态指标而灌水。当植物缺水时，会发生形态的变化，如幼嫩茎叶萎蔫、叶色转深、植株生长速度下降、不易折断等。形态指标只是说明植株已经缺水，生长发育严重受到抑制了。所以灌溉要在缺水症状发生前进行。

3. 方法

灌溉的方法，应向喷灌和滴灌法发展，才能充分提高水分利用率，也不会造成植物体内水分过多或过少的现象，并有利于创造适宜植物生长的生态小环境，对植物生长有利。同时，滴灌可以保持行间的相对干燥，能够抑制杂草生长。

第三节 植物的光合作用

一、光合作用的概念及意义

(一) 光合作用的概念

光合作用是绿色植物的叶绿体，吸收太阳光能，将二氧化碳和水合成有机物质，放出氧气，同时把光能转变为化学能，贮藏在有机物里的过程。这个过程的最初原料和最后产物可用公式表示如下：

$$CO_2 + H_2O \xrightarrow[\text{绿色植物}]{\text{光能}} CH_2O + O_2$$

（二氧化碳）（水）　　　　　（碳水化合物）（氧气）

(二) 光合作用的意义

1. 把无机物变成有机物

绿色植物的光合作用是地球上有机物的主要来源。它的产量是巨大的，超过了世界上其他物质生产的数量。人们将绿色植物喻为庞大的合成有机物的绿色工厂。绿色植物合成的有机物质，可直接或间接地作为人类或全部动物界的食物，也可以作为某些工业的原料。

2. 将光能贮藏在有机物中

植物在光合作用合成有机物的同时，将太阳能转变为化学能贮藏在有机物中。有机物所贮藏的化学能，除了供植物自身和异养生物之用外，更重要的是向人类提供营养和活动的能量，我们所利用的能源和煤炭、石油、天然气、木材等都是现在和过去植物通过光合作用形成的。因此，光合作用是今天能源的主要来源。光合作用转化的能量超过人类所利用的其他能源（如水力发电、原子能）总和的几倍，所以，绿色植物又是一个巨型的能量转换站。

3. 保护环境

地球上的微生物、植物和动物等全部生物在呼吸过程中吸收氧气和呼出二氧化碳，工厂中和生活中燃烧各种燃料也大量地消耗氧气排出二氧化碳。绿色植物的光合作用恰恰与此相反，是吸收二氧化碳放出氧气，使大气中氧气和二氧化碳的含量比较稳定。从清除空气中过多的二氧化碳和补充消耗掉的氧气的角度来衡量，绿色植物可称得上是一个自动的空气净化器。大气中的氧气大多数是绿色植物光合作用放出的。因此，进行有氧呼吸的生物（当前绝大部分的动植物和人类）也只有在地球上产生光合作用以后才能得以发生和发展。同时氧的释放和积累，逐渐形成了臭氧（O_3）层，在大气上层形成一个屏障，滤去太阳光线中对生物有强烈破坏作用的紫外光，使生物可在陆地上活动和繁殖。

从上述3点可知，光合作用是地球上一切生命存在、繁荣和发展的根本源泉。

二、叶绿体及其色素

叶片是进行光合作用的主要器官，而叶绿体是光合作用的重要细胞器。叶绿体具有特殊的构造，并含有多种色素，以适应进行光合作用的机能。

（一）叶绿体的形态构造

高等植物的叶绿体，多为椭圆碟状的小颗粒，直径3~6微米，厚2~3微米。每个细胞所含叶绿体的数目大约在20~100个或者更多。叶绿体在细胞中可进行一定运动，以适应光照强度的变化。

（二）叶绿体中的色素

1. 色素种类

一般叶绿体中含4种色素，即叶绿素a、叶绿素b、胡萝卜素以及叶黄素，后两者合称类胡萝卜素。叶绿素a为蓝绿色，叶绿素b为黄绿色，胡萝卜素为橙黄色，叶黄素为金黄色。

2. 色素的光学性质

叶绿体色素的光学性质中，最主要的是它能有选择地吸收光能和叶绿素具有荧光现象（图1-20）。

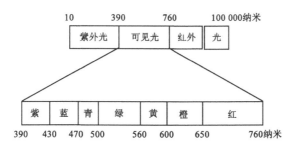

图1-20　太阳光的光谱

（三）植物叶色及影响叶绿素形成的条件

1. 植物的叶色

植物的叶子呈现的颜色是叶子各种色素的综合表现，其中主要是绿色的叶绿素和黄色的类胡萝卜素两大色素之间的比例。高等植物叶子所含的各种色素的数量与植物种类、叶片老嫩、生育期及季节有关。一般来说，正常叶子的叶绿素和类胡萝卜素的比例约为3:1，叶绿素a与叶绿素b也约为3:1，叶黄素与胡萝卜素约为2:1。由于绿色的叶绿素比黄色的类胡萝卜素多，占优势，故正常的叶子总是呈现绿色。秋天、条件不正常或叶片衰老时，叶绿素较易被破坏，数量减少，而类胡萝卜素则比较稳定，所以叶片呈现黄色。至于红叶，因秋天降温，植物体内积累较多的糖分以适应寒冷，体内可溶性糖多了，就形成了较多的花色素（红色），叶子就呈红色。枫树、黄栌等秋季叶片变红，就是这个道理。

2. 影响叶绿素形成的条件

叶绿素的形成与光照、温度、矿质营养、水和氧气等条件都有密切关系。

（1）光照　光照是叶绿素形成的必要条件，黑暗中生长的植物为黄白色，叫做黄化植物。栽培密度过大或由于肥水过多而贪青徒长的植株，上部遮光过甚，会造成植株下部叶片叶色变黄。

（2）矿质营养　叶绿素的形成需要一些矿质元素。氮素充足，叶片则能合成大量叶绿素，表现出叶色深绿。如果缺镁叶片也会缺绿，铁、铜、锰、锌是叶绿素形成过程中某些酶的活化剂。因此，当植物缺少上述元素时，都会影响叶绿素的形成，表现缺绿症状。

（3）温度　叶绿素的生物合成过程，绝大部分有酶参与。温度影响酶的活动；也就影响叶绿素的形成。叶绿素形成的最低温度是2~4℃，最适宜温度26~30℃，最高温度是40℃。秋天叶子变黄和早春寒潮过后秧苗变白等现象，都与低温抑制叶绿素形成有关。

（4）水分和氧气　缺乏水分和氧气，不仅会抑制叶绿素的形成，还会促进其分解。所以严重的干旱和涝害时的叶片普遍呈现出黄褐褪绿的现象。

第四节　植物的呼吸作用

水分代谢、矿质营养和光合作用都是植物制造和积累有机物及能量的过程，即植物把外界的物质改造为自身物质的过程，是新陈代谢的同化作用方面。呼吸作用是将植物体内的物质不断分解的过程，是新陈代谢的异化作用。呼吸作用释放的能量供给各种生理活动需要，它的中间产物在植物体各主要物质之间的转变中起着枢纽的作用，所以呼吸作用是植物的代谢中心，十分重要。

一、呼吸作用的概念及其生理意义

（一）呼吸作用的概念

呼吸作用是生活细胞内的有机质在一系列酶的作用下，逐步氧化分解，同时放出能量的过程。

在呼吸作用过程中，被氧化分解的有机质称为呼吸基质。植物体内许多有机物，如糖类、脂肪、蛋白质等都可以作为呼吸基质。但最主要最直接的呼吸基质是糖类中的葡萄糖。

呼吸作用的全过程，常用下列反应式表示：

$$C_6H_{12}O_6 + 6O_2 \rightarrow 6CO_2 + 6H_2O + 686 千卡①$$
（葡萄糖）（氧）　　（二氧化碳）（水）　（能量）

严格地说，上式是表示以葡萄糖为基质的有氧呼吸过程。

呼吸作用是每一个活细胞共同进行的生理过程，主要在线粒体中进行，它是一种生物氧化过程。上式只表示呼吸作用的开始和结束，实际的过程要复杂得多。

植物的呼吸作用包括有氧呼吸和无氧呼吸两大类。

1. **有氧呼吸**

指生活细胞在氧的参与下，把某些有机物彻底氧化分解，放出二氧化碳并形成水，同时释放能量的过程。

有氧呼吸是高等植物进行呼吸的主要形式。事实上，通常所说的呼吸作用就是指有氧呼吸，甚至把呼吸看成是有氧呼吸的同义语。

2. **无氧呼吸**

一般指在无氧条件下，细胞把某些有机物分解成为不彻底的氧化产物（酒精或乳酸），同时释放能量的过程。

高等植物的无氧呼吸可以产生酒精，其过程与酒精发酵是相同的，反应式如下：

---

① 1 卡 = 4.18 焦耳。

$$C_6H_{12}O_6 \rightarrow 2C_2H_5OH + 2CO_2 + 24 \text{千卡}$$
（葡萄糖）　　（酒精）　　（二氧化碳）　（能量）

除酒精外，高等植物的无氧呼吸也可以产生乳酸。反应式如下：

$$C_6H_{12}O_6 \rightarrow 2C_3H_6O_3 + 18 \text{千卡}$$
（葡萄糖）　　（乳酸）　（能量）

在植物正常生活过程中，有氧呼吸和无氧呼吸是共存的，通常以有氧呼吸为主。在水淹或通气不良条件下，无氧呼吸的比例高一些。植物器官表层组织因氧较足，有氧呼吸程度高；深层组织往往因氧较少，无氧呼吸程度高些。植物具有无氧呼吸的能力，是植物对缺氧环境一种暂时性的适应。如果植物暂时受淹，通过无氧呼吸来获得能量，仍可维持其生命活动。但如果长期受淹，在缺氧条件下，只靠无氧呼吸来维持生命活动是不能持久的，久了植物就会死亡。

（二）呼吸作用的生理意义

（1）呼吸作用是植物生命活动所需能量的来源。通过呼吸作用，将光合作用过程中贮藏在有机物中的能量通过一系列的生物氧化反应而逐渐释放出来，供给植物生命活动的需要。植物对水、矿质元素的吸收，物质的合成和运输，生长运动等都需要能量。所以呼吸作用和生命活动紧密相连，一旦呼吸停止，生命也就停止了。

（2）呼吸作用过程中所产生的一系列中间产物，可以作为合成各种有机物的原料。例如呼吸过程中所产生的氨基酸，可以合成蛋白质，而产生的脂肪酸和甘油可合成脂肪等。蛋白质和脂肪也可以通过这些中间产物参加到呼吸过程中去。因此呼吸作用与植物体中各种有机物的合成、转化有着密切的联系，成为物质代谢的中心。活跃的呼吸作用是植物生命活动旺盛的标志。

（3）呼吸作用在植物抗病免疫方面也有着重要意义。植物可以依靠呼吸作用，氧化分解病原微生物所分泌的毒素，以消除毒素的危害。旺盛的呼吸有利于伤口的愈合，减少病菌侵染的机会。

二、呼吸作用的过程

（一）有氧呼吸的过程

有氧呼吸的过程是十分复杂的，前面所列公式只表示呼吸作用的开始和终结。呼吸基质氧化成二氧化碳和水要经过许多步骤，但总的来说可以分成两大步骤。

第一步，葡萄糖的酵解。葡萄糖的酵解是在无氧的情况下进行的对葡萄糖的不完全分解。糖酵解的结果，产生丙酮酸。

第二步，丙酮酸氧化。丙酮酸在有氧的情况下，逐步氧化分解成二氧化碳和水。

（二）无氧呼吸的过程

植物体任何器官处在缺氧的条件时，例如密闭或水淹时，细胞就不能进行有氧呼吸，而只能进行无氧呼吸。无氧呼吸又叫"发酵"，根据发酵产物的不同，可分为酒精发酵和乳酸发酵。无氧呼吸不管是酒精发酵，还是乳酸发酵，与有氧呼吸都有一段共同的化学过程，即从葡萄糖到丙酮酸的糖酵解过程。

丙酮酸在有氧的情况下，被彻底氧化成二氧化碳和水。而在缺氧的情况下，丙酮酸在不同酶的催化下，则生成酒精或者乳酸。二者的反应式如前所述。

呼吸作用的过程可以表示为：

$$C_6H_{12}O_6 \xrightarrow{酵解作用} 2C_3H_4O_3 \begin{array}{l} \xrightarrow{有氧} 6CO_2 + 6H_2O + 686 \text{千卡} \\ \xrightarrow{无氧} 2C_2H_5OH + 2CO_2 + 24 \text{千卡} \end{array}$$

（葡萄糖）　　　　　（丙酮酸）

从以上呼吸作用的过程和产物可以看出，无氧呼吸对呼吸基质的分解是不彻底的。因此，释放的能量就比较少。以产物是酒精的无氧呼吸为例，它所产生的能量只有24千卡，比有氧呼吸产生的能量686千卡少得多。为了取得相同的能量，无氧呼吸对基质的消耗就要比有氧呼吸多得多。此外，产生的酒精对植物细胞有毒害作用，长期进行无氧呼吸，酒精在植物体内积累过多，将会使植物受害，严重时导致死亡。

第五节　植物激素

植物激素是植物生长发育过程中不可缺少的物质，是植物生活过程中所产生的，具有高度生理活性的微量代谢物质。它在某一器官内形成，又可以转运到其他器官，对植物生长发育起着调节的作用。调节作用包括促进与控制两方面，细胞分裂、伸长与分化，生长、发芽、开花、结果、成熟、植物的向性及器官的休眠等都受激素的调节。因此，植物缺少了激素，便不能正常地生长发育。

植物激素种类很多，植物体内天然产生的植物激素称为天然植物激素。已发现有五大类：生长素、赤霉素、细胞分裂素、乙烯和脱落酸。

另外，由人工合成的能调节植物生长发育的化学物质，称为人工合成激素或称植物生长调节剂。如2,4-D、萘乙酸、增产灵、矮壮素、B9、青鲜素、乙烯利、石油助长剂、三碘苯甲酸等。天然激素与人工合成激素可统称为植物激素。植物激素已在生产中广泛使用。

一、天然激素

（一）生长素（吲哚乙酸）

植物体内普遍存在的生长素为吲哚乙酸，简称IAA。它是一种简单的化学物质。一般在根尖及茎尖的分生组织中含量多，现可人工合成。

生长素在水中溶解度很低，但可溶解在酒精等有机溶剂中，使用时可先溶解在少量酒精中，再配成水溶液。

生长素的生理作用是促进细胞的分裂、伸长、增大，也有促进组织分化的作用。其中主要是促进细胞的伸长生长。

生长素在低浓度时，促进生长，高浓度时则抑制生长，甚至杀死植物。植物顶端优势，就是由于侧芽积累了高浓度的生长素，抑制了生长。植物的向性运动也与植物体内生长素浓度的分布不均匀有关。

（二）赤霉素（九二〇）

赤霉素是一类化合物的总称，现已发现40多种不同的赤霉素。赤霉素简称GA，其中应用最广的是赤霉酸（GA_3）。

纯的赤霉素为白色结晶的粉末，在酸性及中性溶液中稳定，对碱不稳定，在碱性及高温下能分解成无生理活性的物质。在低温干燥条件下能长期保存，但配成溶液后容易变质失效。赤霉素能溶于醇类（如酒精）、丙酮、醋酸乙酯等有机溶剂中，难溶于水。

赤霉素的生理作用：

(1) 促进细胞的分裂与伸长　将微量的赤霉素（0.001~0.05克/升）一次滴于植物生长锥上，能引起植物急剧地生长，尤其是对矮生植物更为突出。

(2) 促进植物开花　赤霉素能代替某些植物发育需要的低温和长日照条件。许多长日照植物，经赤霉素处理后，可在短日照下开花。但处理短日照植物对开花没有作用。

（3）破除休眠，促进发芽　赤霉素可以破除各种休眠，而且效果最为显著。

（4）防止脱落，促进果实生长及形成无籽果实　用赤霉素可以防止离层的产生，防止果实脱落，并促进果实生长及形成无籽果实。

（三）细胞分裂素

细胞分裂素又称为"激动素"。主要分布在植物生长旺盛的部分，在发芽的种子、生长的果实、胚组织及根尖中分布较多。现已可用人工合成与细胞分裂素相类似的物质，其中活性最强的有6-苄基腺嘌呤（6-BA）等。

细胞分裂素易溶于强酸、强碱的稀溶液和冰醋酸的水溶液中，微溶于酒精、丙酮和乙醚中，几乎不溶于水，性质较稳定。

细胞分裂素最显著的生理作用是促进细胞分裂和分化。故在组织培养中，能诱导器官的分化和形成。如在组织培养中加入生长素和细胞分裂素，可以促使愈伤组织分化出芽和根。

（四）脱落酸

脱落酸简称ABA，是植物体内存在的一种强有力的天然抑制剂，含量很微，但活性很高。

它的生理作用与生长素、赤霉素、细胞分裂素的作用是对抗的。

1. 诱导休眠，抑制萌发和茎的生长

蔷薇的种子外皮中含有脱落酸，不易萌发，经低温层积处理以后，便能促进萌发。这是因为降低了脱落酸的含量，解除了抑制种子萌发的因素。

2. 加速衰老，促进脱落

脱落酸有明显促进叶片和果实脱落的作用。据测定，脱落的幼果比正常的果实中脱落酸的含量增加，正在发育的果实含量少，而果实成熟衰老以至开裂时，脱落酸含量又增加。

（五）乙烯

乙烯是早已被人们发现与果实成熟有关的一种气态激素。近来又发现乙烯不仅能促进成熟，它对植物生长发育也有多方面的效应。

1. 促进成熟和器官的脱落

乙烯与果实成熟过程有密切关系，有人称它为"成熟激素"。生产上常用乙烯来催熟果实，如番茄、香蕉、梨、桃、苹果、西瓜等。还应用它促使苗木落叶，便于运输贮藏。

2. 促进开花，诱导雌花形成及雄性不育

乙烯可促进某些植物开花，用 100～1000μL/L 喷雾，可使菠萝开花。还可促进瓜类增加雌花或少生雄花，即调节性别转化，所以乙烯又称为"性别激素"。

此外，乙烯还能抑制生长，使植物矮化。能刺激乳汁和树脂的分泌作用。它对于橡胶树的流胶、松树的产松脂、漆树的流漆及安息树的产安息香精，都有增产的效果。

乙烯是气体，使用不方便，所以在生产上所施用的是在一定条件下（pH 值 4 以上）能释放乙烯的人工合成商品乙烯利，其化学名称为 2-氯乙基磷酸。

二、人工合成激素

1. 2,4-D

2,4-D 的化学名称为 2,4-二氯苯氧乙酸。纯品的 2,4-D 为无色、无臭的晶体，工业品为白色或淡黄色结晶体的粉末，难溶于水，易溶于乙醇、乙醚、丙酮等有机溶剂。

2,4-D 生理作用与生长素相同，高浓度时可用为除草剂，如喷洒 500～1000μL/L 浓度可杀死双子叶植物杂草，但也有刺激植物增产的作用。用 15.25μL/L 的浓度处理番茄花朵，可以防止落花、落果，诱导无籽果实形成。

2. 萘乙酸（NAA）

萘乙酸是一种应用范围很广的植物生长调节剂，纯品为无色针状或粉末状晶体，无臭，无味。工业品为黄褐色，不溶于冷水（25℃时，100 毫升水中仅能溶解 42 毫克），易溶于热水、酒精、醋酸中。

萘乙酸在生产上用途广泛，处理的方法、时间、浓度各有不同，其生理作用与生长素相同。

人工合成的类似生长素的激素常用的除 2,4-D 和萘乙酸外，还有吲哚丙酸、吲哚丁酸、4-碳苯氧乙酸（增产灵）和石油助长剂。

具有抑制作用的人工合成剂主要有以下几种：

（1）矮壮素（CCC） 化学名称为 2-氯乙基三甲基氯化铵，简称 CCC，又名稻麦立。

矮壮素纯晶为白色棱柱状结晶，工业品有鱼腥味，易溶于水，吸湿性很强，易潮解。在中性和微酸性的溶液中稳定，遇碱则分解。

矮壮素是人工合成的一种植物生长延缓剂。它的生理作用和赤霉素相反，可以抑制细胞伸长，但不能抑制细胞分裂，因而使植株变矮，茎秆变粗，节间缩短，叶色深绿，防止倒伏。

（2）B9　化学名称为 N‐二甲氨基琥珀酰胺酸。

B9 纯品为白色结晶，有微臭，可溶于水及甲醇、丙酮等有机溶剂中。

B9 是一种生长延缓剂，它的作用是抑制 IAA 的合成。对果树有控制生长，促进发育和抗旱、防冻、防病的能力。对于苹果、梨、桃、樱桃等果树，能控制新梢生长，促进花芽分化，提高果品质量，延长贮藏时间等。

（3）青鲜素　也叫马来酰肼，简称 MH，是第一种人工合成的生长抑制剂，其作用正好与生长素相反，能抑制茎的伸长。

青鲜素大量用于防止马铃薯、洋葱、大蒜在贮藏时的发芽和抑制烟草腋芽生长。青鲜素还可控制树木或灌木（行道树和绿篱）的过度生长。

三、植物激素在园林生产中的应用

（一）促进插条生根

进行营养繁殖的扦插枝条用生长素处理后，就能促进不定根的形成。特别是对不易生根树种，经吲哚丁酸、萘乙酸等处理后，生根快、成活率增高。在城市绿化中进行大树移栽，往往由于伤根太多而不易成活，亦常用生长素处理根部以提高成活率。

处理插条的药剂浓度范围随树种、插条木质化程度、温度等条件而有不同，应经试验而定。一般有以下几种处理方法：

1. 溶液浸泡法

将插条基部约 2～3 厘米处浸入 0.001%～0.01% 的吲哚丁酸或萘乙酸水溶液中，一般经 12～24 小时后取出进行扦插即可。也可以采用高浓度速蘸法：插条基部浸入用 50% 酒精作溶剂配成的 0.1%～2% 药剂溶液中，1～5 秒后取出供扦插。

2. 粉剂粘着法

将插条下部切口在清水中浸湿，然后接触药粉，让粉剂在切口处粘上一层。常用的是 0.05%～0.2% 萘乙酸粉剂，生根难的用药浓度可提高到 1%。

3. 蘸浆法

此法大多用于苗木移植。将植物插条照所需的浓度和泥浆混合均匀，把树苗（先将干枯的根条截掉以加速药剂的进入）根系蘸满泥浆，然后进行栽植。成长树木的移植，根系常受损伤。为恢复根系成活，在定植前可用含浓度较高的泥浆,涂抹伸出土壤表面的所有根的断面,栽植后再根据根系大小用浓度适当的药剂溶液进行灌溉。经过这样处理,可很快形成健壮新根,不仅提高成活率,且加强地上部生长。

在园林生产中,应用激素处理插条,促进生根的实例很多(表1-1)。例如:非洲菊难生根品种如宽瓣型的扦插,用6-苄基嘌呤(6-BA)促进插条生根。先用少量70%的酒精溶解6-BA,再用蒸馏水稀释至100毫克/升,浸泡插条基部12~24小时后扦插。

表1-1 部分植物插枝生根的处理方法

品 种	处 理
苹果、桃	500~1000μL/L IBA 酒精浸泡15秒
葡萄	5~20μL/L IBA 浸泡24小时
松	50μL/L IBA 浸泡16小时
侧柏	25~100μL/L IBA 浸泡12小时
大黄柏	50~100μL/L IBA 浸泡3小时
仙客来	1~10μL/L IBA 处理球茎
天竺葵	0.005% 石油助长剂浸6~24小时
柏、榆、桦木	0.004%~0.005% 石油助长剂浸4~6小时

(二)打破休眠和促进萌发

大多数植物的个体发育过程中都有一个休眠期,植物的萌发和休眠是受植物体内生长促进物质和抑制物质的平衡影响的。对需低温的与存在抑制种子发芽物质的种子,赤霉素可以起一定作用。低温下,种子内源赤霉素含量增加,从而能打破休眠,用100μL/L赤霉素处理可使欧榛、山茶种子和樱桃种子发芽。麝香百合的鳞茎,在21℃下贮藏6周,发芽要66天,在4℃下贮藏6周发芽减少到37天。用2500μL/L赤霉素处理后,放在21℃下贮藏6周,发芽只需10天。用500~1000μL/L的赤霉素点在牡丹、芍药的休眠芽上,几天后就开始萌动。

(三)诱导开花和控制花期

激素处理在诱导植物开花和控制花期方面有显著效果。赤霉素可以诱导长日照植物在短日照条件下开花。在秋天与冬天短日照条件下用10~100μL/L的赤霉素处理可以促进矮牵牛、紫罗兰和中国紫苑等提早开花1~

4个星期。用10~50μL/L赤霉素处理绣球花，可以代替低温，加速茎生长和提前开花。用100μL/L赤霉素喷布仙客来花芽，不但可以提前开花，而且能使花梗加长，以适宜作切花。君子兰涂抹赤霉素，也可促进花序伸长。

（四）切花保鲜和延长盆花寿命

细胞激动素、赤霉素和一些植物生长延缓剂可以用以延缓植株的衰老，主要是延缓蛋白质和叶绿素的分解，降低呼吸作用和维持细胞活力。据此，用250~500μL/L的青鲜素可使金鱼草的一些品种的切花延长瓶插时间2~4天。用矮壮素或B9浸泡麝香石竹花茎基部1夜，可延长2~3天。矮壮素夏天使用浓度为50μL/L，冬天为10~25μL/L，B9的使用浓度为500μL/L。用B9还可以延长菊花盆花的寿命。2500μL/L的青鲜素对月季、香石竹、菊花等有保鲜作用。

（五）控制徒长，化学整形

在植物生长期，利用矮壮素、B9、青鲜素等生长调节剂，可以达到控制徒长、矮化和整形的效果，有些还有促进花芽分化的作用。

案头菊的造型用B9处理，可以得到较好的效果。方法是：扦插1周后用2% B9喷插枝或滴在插枝顶心上，定植后1周进行整株喷洒，每10天一次，就能达到矮化的目的。用青鲜素可以控制绿篱植物生长，如女贞、黄杨、鼠李等，在春季腋芽开始生长时，用0.1%~0.25%的青鲜素喷洒植株叶面，能有效地抑制新枝的生长，促进侧芽生长，减少修剪次数。天竺葵定植时土壤中施500μL/L矮壮素，植株高度可降低10厘米，并能提前2周开花。表1-2为部分植物使用B9、矮壮素和青鲜素控制株高的方法。

表1-2 部分植物化学整形方法

品种	药剂	浓度	施用方法	备注
一品红	CCC	0.3	土壤浇灌	100毫升/盆
百合	CCC	0.3	叶面喷洒	茎高6~7厘米
	B9	0.6~2.5	土壤浇灌	时200毫升/盆
矮牵牛	CCC	0.3~0.5	叶面喷洒	
落地生根	B9	0.5	叶面喷洒	
茶花	CCC	0.3	土壤浇灌	100毫升/盆
翠菊	B9	0.25~0.5	叶面喷洒	
鸡冠花	B9	0.5~1	叶面喷洒	

（续）

品种	药剂	浓度	施用方法	备注
木槿	CCC	0.1	叶面喷洒	新芽5~7厘米时喷
金脉单药花	CCC	0.3~0.5	叶面喷洒	
		0.2~0.4	土壤浇灌	
山楂、女贞	MH	0.45	叶面喷洒	修剪后喷洒

（六）清除杂草

有些生长调节剂可作除草剂使用。如2,4-D是生产上常使用的除草剂，主要用于杀死双子叶植物杂草。

激素使用中的注意事项：

（1）浓度　激素的使用浓度较低，常用μL/L表示，1μL/L相当于百万分之一。药剂的使用浓度，应根据药剂种类、植物种类、用途及施用方法来确定。只有浓度适宜，才能取得好的效果。

（2）药剂的配制　生长素类药剂IAA、NAA等配制时，由于它们不溶于水，故先将粉剂溶于95%酒精，再将酒精溶液加入水中，稀释后再用。

细胞激动素类配制时，是将粉剂溶于盐酸，再将盐酸加入水中稀释后使用。

（3）施用的方法　叶面喷施的方法与叶面追肥相同，也应注意环境条件，使药剂易于吸收。

（4）用过的器皿、喷雾器等一定要清洗干净。

第六节　植物的营养生长

一、植物的休眠

（一）休眠的概念

植物的整体或一部分在某一时期停止生长的现象叫做休眠。

植物的生长有周期性的变化，这种周期性与气候条件密切相关。如生长在温带的植物，春季开始生长，夏季生长旺盛，秋季生长逐渐缓慢，冬季进入休眠状态。还有一些植物不是冬季休眠，而是夏季休眠。如仙客来、水仙、风信子、天竺葵等在高温或高温干旱的季节出现叶片脱落、芽不开展、生长停顿的现象。

植物一般以种子或休眠芽（冬芽）的形式休眠。有些植物以贮藏器官休眠。如仙客来、朱顶红是以球茎休眠；水仙以鳞茎休眠；大丽花以块根休眠；马铃薯、大蒜在炎夏地上部分死亡，而以块茎、鳞茎进入休眠。

休眠的器官，生长虽然停止，但仍有微弱的呼吸，很多木本植物在冬季休眠时的呼吸强度仅仅为生长期正常呼吸的1/200。此时植物含水量减少，贮藏物质增多，新陈代谢降低。这种生理上的变化，常在秋季日照变短后，植物进入休眠准备阶段时开始。待冬季低温来临时，各种变化已逐渐形成，以适应寒冷的气候。如果天气骤然变冷，植物还没有做好越冬的准备，往往发生冻害。如果人工延长日照，则不易落叶，也会受冻害。

休眠可分为强迫性休眠和深休眠（也叫暂时休眠和生理休眠）。强迫休眠是由于缺乏萌发条件所引起的，如果外界条件适合，植物就立即脱离休眠状态，恢复生长。低温、干旱、缺氧都能强迫植物进入休眠状态，如种子在贮藏期的休眠状态就属于这种休眠。深休眠则不同，即使给适合的萌发条件，植物也不脱离休眠状态。如刚收获的一些植物种子和马铃薯块茎，放在适宜的条件下也不萌发；冬季落叶后剪下的枝条，放在温暖的房间内，其上的芽并不立即生长，但春季剪下的就很容易萌发。一般所说的休眠，主要是指深休眠。

（二）种子休眠的原因

1. 种皮限制

豆科（如苜蓿、紫云英等）种子和锦葵科、藜科、茄科中有一些植物种子的种皮不能透水或透水性弱，这些种子叫硬实种子。另有一些种子（如椴树种子）的种皮可以透水但不透气，外界氧气不能进入种子内，而种子中的二氧化碳也不能排出，限制了胚的生长。另外一些种子（如苋菜种子）虽能透水、透气，但因种皮太坚硬，胚不能突破种皮也难以萌发。

2. 胚未完全发育

有些植物，例如欧洲白蜡树、银杏、冬青等的果实或种子虽完全成熟，并已脱离母体，但胚的发育尚未完成。因此，这类种子休眠的原因就是胚未完全发育，待幼胚发育完全后，种子才可以萌发。

3. 种子未完成后熟

有些种子的胚已经发育完全，但即使剥去种皮在适宜的条件下也不能萌发。它们一定要经过休眠，在胚内发生某些生理生化变化才能萌发。这种子在休眠期内发生的生理生化过程叫做后熟。一些蔷薇科植物（如苹果、桃、梨、樱桃等）和松柏类的种子就是这样。

4. 抑制物质的存在

有些植物的果实或种子存在抑制种子萌发的物质，在这些物质未被破坏或转化之前，都会使种子处于休眠状态。这些物质存在于果肉中（如桃、李、杏、苹果、梨等），也可能存在于种皮（如苍耳、甘蓝等），也会存在于胚乳（如鸢尾等）。

（三）打破休眠及延长休眠的方法

在生产实践中，有时需要打破休眠，有时需要延长休眠。打破休眠的方法很多。对种皮透性差的种子，根据不同情况可采取机械损伤法处理、变温处理和温水浸种或开水烫种的处理方法。对需要生理后熟或有抑制物质存在的种子可用湿沙将种子分层堆积在 0～5℃ 的地方 1～3 个月，便可打破休眠，且出芽整齐。用化学药剂处理也能促进萌发，如把刚收获的马铃薯块茎切好后，用 $0.5～1\mu L/L$ 的赤霉素处理 30 分钟，就能破除休眠，使其萌发。解除木本植物芽的休眠，可将休眠部分用温水浴法或烟熏法进行处理。对木本植物的枝条解除休眠状态最好的办法是温水浴法，将枝条浸入 30～35℃ 温水中 10～12 小时后，移入温室，经过 2～3 个星期，可促使发芽，提早开花。

延长休眠的方法，生产上采用保持种子或贮藏器官的干燥来延长休眠，也可用植物激素处理种子或贮藏器官，以延长贮藏期。对于早春开花的果树或花卉为防止过早开花避免早春寒冷的危害，也可采用浓生长素处理植株以延长休眠。

二、种子的萌发

（一）种子的寿命

种子的寿命就是种子保持发芽力的年限，因为种子在休眠和贮藏过程中，生活物质及贮藏物质不断分解消耗，生活力逐渐降低以致完全丧失。种子的寿命，因植物种类和所处的条件及成熟情况而异。在自然条件下种子的寿命一般为 3～5 年，寿命极短的种子如柳树种子，成熟后只在 12 小时内有发芽能力；杨树种子一般不超过几个星期；大多数花卉种子为 1～2 年。

(二) 种子的萌发

1. 种子萌发的过程

具有发芽力的种子在适宜的水分、温度及氧气条件下，就能萌发，并逐渐形成幼苗。种子的萌发过程分为吸胀、萌动、发芽3个阶段。

(1) 吸水膨胀　生活的种子吸水膨胀后，种皮变软，种子内酶的活性和代谢活动加强，物质转化加快，贮藏的淀粉、脂肪、蛋白质等物质分解为可溶性的有机物（如糖及氨基酸），转移到胚部。

(2) 种子的萌动　可溶性的有机物转移到胚，很快转入合成过程，大部分合成新细胞的结构材料，使胚生长。由于胚的生长，到一定程度，就顶破种皮而出，这就是种子萌动。死的种子由于也含有淀粉、蛋白质等亲水胶体，也表现出有吸胀作用，但不能萌动与发芽。

(3) 发芽　种子萌动后，胚继续生长，当胚根的长度与种子长度相等，胚芽的长度达种子长度的一半时，就达到发芽的标准。种子发芽后，胚芽形成茎叶，胚就逐渐转变成能独立生活的幼苗。在形成绿色幼苗前，胚的生长是利用种子中贮藏的营养物质，形成绿色幼苗后，才能进行光合作用，制造有机物。因此，选用粒大饱满的种子播种是获得壮苗的基础。

2. 影响种子萌发的外界条件

影响种子萌发的外界条件有水分、温度及氧气。有些种子的萌发还受着光的影响。

(1) 水分　种子萌发过程需要大量水分。种子只有吸足水分后，才能使种皮变软，透性增加，使氧气容易透入种子内，种子内积累的二氧化碳也容易排出，可保证幼胚进行旺盛的呼吸作用，同时便于胚根、胚芽突破种子而出。种子吸水后，原生质成溶胶状态，酶的活性增强，各种物质转化才能加速。这些过程都需要大量水分。同时，胚细胞的分裂与伸长，更需要大量的水分。

(2) 温度　种子的吸水膨胀、呼吸作用、酶的活性、物质的转化运输、细胞的分裂伸长等过程，都需要一定的温度。温度过低、过高，这些活动都会受到影响。温度对种子萌发的影响也有最低、最适、最高三个基点。原产于北方高纬度的植物，温度三基点都较低。原产南方低纬度的植物，温度三基点都较高。一般种子萌发的温度约为 20~25℃。在栽培上，一般土温稳定在种子萌发的最低温度以上，才能播种。

(3) 氧气　种子萌发时，呼吸作用大大增强，需要的氧气较多。如果缺氧，种子呼吸减慢甚至产生无氧呼吸而消耗大量有机物，并产生酒精。酒精积累，可使种子中毒，因而严重影响种子萌发，甚至发生腐烂现象。

光不是所有种子萌发的条件，但有些植物的种子萌发需要光，这些种子叫作需光种子，如莴苣和烟草的种子。

（三）幼苗的类型

根据幼苗出土时是否带有子叶，将幼苗分为两种类型，即子叶出土幼苗和子叶留土的幼苗。

1. 子叶出土的幼苗

种子萌发时，下胚轴迅速生长，将子叶、上胚轴和胚芽推出土面。大多数裸子植物和双子叶植物的幼苗都是这种类型的（图1-21）。

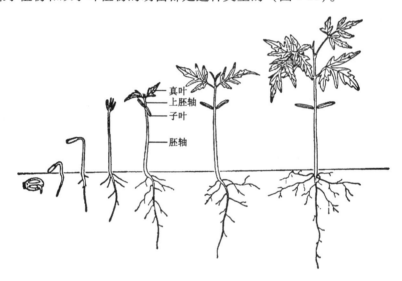

图1-21 楝树种子萌发及幼苗长大

2. 子叶留土的幼苗

种子萌发时，下胚轴不发育，或不伸长，只是上胚轴和胚芽迅速向上生长，形成幼苗的主茎，而子叶始终留在土壤中，称为子叶留土。一部分双子叶植物如核桃、油茶等及大部分单子叶植物如毛竹、棕榈、蒲葵等的幼苗都属此类型（图1-22）。

子叶出土或留土的特性为播种深浅的栽培措施提供了依据。子叶出土的幼苗在播种时覆土宜浅，子叶留土的则可深些。

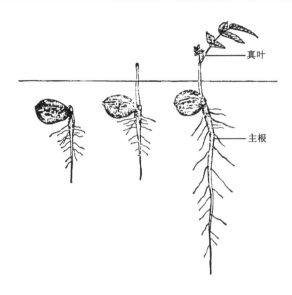

图 1-22 核桃留土萌发的幼苗

复习题

1. 说明根尖的分区及各区的特点和功能。
2. 根的构造包括哪几部分?侧根是如何形成的?
3. 双子叶植物茎的初生构造包括哪几部分?
4. 分别说明双子叶植物、裸子植物和单子叶植物的构造。
5. 什么是变态?分别说明根、茎、叶变态的类型。
6. 什么是蒸腾作用?影响蒸腾作用的环境条件有哪些?生产实践中如何减慢蒸腾速度?
7. 合理灌溉的形态指标有哪些?灌溉的方法及发展方向是什么?
8. 什么是光合作用?光合作用的意义是什么?
9. 影响叶绿素形成的条件有哪些?
10. 什么是呼吸作用?解释有氧呼吸和无氧呼吸。
11. 有氧呼吸和无氧呼吸的过程有何异同?
12. 什么是激素?植物体内产生的天然激素有哪几类?
13. 什么是人工合成激素?有哪些种类?
14. 植物激素在生产中主要应用在哪些方面?

15. 激素使用中应注意哪些问题？
16. 什么是休眠？休眠有哪两种类型？
17. 说明种子的萌发过程。影响种子萌发的外界条件有哪些？
18. 幼苗有哪两种类型？据此播种时应注意什么问题？

模拟测试题

一、填空题

1. 双子叶植物茎的初生构造包括 _____、_____ 和 _____ 三部分。
2. 植物干旱的类型主要有3种，即 _____、_____ 和 _____。
3. 植物的呼吸作用包括 _____ 和 _____ 两大类。

二、选择题

1. 植物根尖分区中 _____ 的特点是细胞不再分裂，而是体积增大，细胞长度的增加远远超过宽度，在细胞内形成液泡，并且细胞开始分化。

　　A. 根冠　　　B. 分生区　　　C. 伸长区　　　D. 根毛区

2. 植物根的变态有很多类型，有些植物的茎部产生不定根，悬垂在空中，具有吸水作用，称为 _____。

　　A. 支柱根　　B. 呼吸根　　　C. 板根　　　　D. 气生根

3. 植物的蒸腾作用主要是在叶中进行的。其中 _____ 是植物蒸腾的主要形式。

　　A. 角质层蒸腾　B. 表皮蒸腾　C. 气孔蒸腾　D. 皮孔蒸腾

三、判断题

1. 植物的叶色与叶子所含色素有关，叶子呈现绿色是由于叶子中只含有叶绿素的缘故。（　　）
2. 根瘤和菌根是土壤中微生物与植物共生的两种情况。（　　）
3. 植物休眠可分为强迫休眠和深休眠两种。深休眠是由于缺乏萌发条件引起的。如果外界条件适合，植物就立即脱离休眠状态，恢复生长。（　　）

四、简答题

1. 简述光合作用的概念和意义。
2. 简述植物激素在园林生产中的应用。
3. 什么是变态？如何区别茎卷须与叶卷须、茎刺与叶刺？

模拟测试题答案

一、填空题

1. 表皮、皮层、中柱
2. 暂时性干旱、永久性干旱、生理干旱
3. 有氧呼吸、无氧呼吸

二、选择题

1. C   2. D   3. C

三、判断题

1. ×   2. √   3. ×

四、简答题

1. 答：（1）光合作用的概念：光合作用是绿色植物的叶绿体，吸收太阳光能，将二氧化碳和水合成有机物质，放出氧气，同时把光能转化为化学能，贮藏在有机物里的过程。

（2）光合作用的意义：可概括为3点：把无机物变成有机物；将光能贮藏在有机物中；保护环境。

2. 答：（1）促进插条生根；（2）打破休眠和促进萌发；（3）诱导开花和控制花期；（4）切花保鲜和延长盆花寿命；（5）控制和延长化学整形；（6）清除杂草。

3. 答：植物营养器官的根、茎、叶，为了适应环境条件中的改变而使器官原有的形态和功能发生改变，称为变态。

茎刺和叶刺的区别：茎刺由叶腋发生，叶刺在枝条的下方发生。

叶卷须与茎卷须的区别：叶卷须与枝条之间具有芽，而茎卷须的腋内无芽。叶卷须常由复叶的叶轴、叶柄或托叶转变而成。

第二章

土壤肥料

本章提要：介绍土壤质地与结构，土壤水分、空气和温度，土壤养分及土壤有机质的转化，土壤酸碱性及其调节，土壤改良等。介绍无机肥料和有机肥料的种类与特性，合理施肥原则和施肥要求等。

学习目的：了解土壤的理化性状对植物生长发育的重要性。掌握科学改良土壤、合理施肥的技能。

第一节 土 壤

一、土壤质地和结构

（一）土壤质地

1. 土壤颗粒分级

土壤固相部分是由大小不同矿物质颗粒组成。颗粒大小悬殊很大。如砂粒、粉砂粒、黏粒等。土壤质地就是土壤中粗细不同的土粒所占不同数量的百分比的组合。

根据土粒大小划分若干组，同组土粒成分、性质基本一致。根据原苏联卡庆斯基土粒分级标准：粒径凡大于 1 毫米颗粒为石砾，粒径小于 1 毫米大于 0.01 毫米的颗粒称为物理性砂粒，小于 0.01 毫米的颗粒称为物理性黏粒。

（1）砂粒 透水透气性好，无干缩湿胀性质，保水、保肥力弱，呈分散状态，不易形成团聚体。

（2）黏粒 具有胶体性质物理化学性质活泼，有巨大表面能，带负电荷，能吸附土壤溶液中的阳离子，有很强的吸水吸肥能力，有湿胀干缩性质。

2. 土壤质地

实际工作根据土壤质地标准，将土壤可分为砂土、黏土、壤土 3 大类。

(1) 砂土 砂土含砂粒多，黏粒少。土粒间孔隙大，土壤水分容易缺乏，保水保肥性差，通气良好，有机质容易分解，昼夜温差大，早春土温容易回升，砂土又被称为暖性土。

(2) 黏土 黏土与砂土恰好相反，含黏粒多、砂粒少。土粒间孔隙小，通气透水性差，遇水易内涝。矿质养分含量高，转化慢，土壤供肥持续时间长，保水保肥能力强。有机肥分解慢，通气性差，早春土温不易回升。黏土又被称为凉性土，湿时泥泞，干时坚硬，易耕期短，耕种困难。

(3) 壤土 具有砂土和黏土的优点，既有良好通透性，又保水保肥性好，土性不冷不热，称为温性土。土粒不散不黏，适于耕作，发苗好，是良好的质地。

(二) 土壤结构

岩石风化的矿物质颗粒受无机胶体、有机胶体作用，胶结成形状不同的团聚体，在土壤中排列形成不同的结构，如块状、核状、柱状、片状、团粒结构。结构好坏直接影响土壤水、肥、气、热的调节，影响土壤肥力水平，最理想的是团粒结构土壤。

1. 团粒结构土壤的特点

粒径约在 0.25~10 毫米的近似圆球的土团，组成了团粒结构的土壤，实践证明团粒结构粒径为 2~5 毫米，遇水不能散开的团粒对生产最有好处。团粒结构可同时满足植物对水分、空气的需要。

(1) 孔隙适当，通气透水性好，在团粒之间为非毛管孔隙。为空气所占据，是空气的走廊和水分的通道。这样结构的土壤透水、保水通气性好。

(2) 团粒多，保水保肥能力强。团粒内部为毛管孔隙，是水分、养分的贮存所、供应站。

2. 促进团粒结构形成的方法

腐殖质、黏粒、钙离子是团粒的胶结剂。往土壤里增加有机质，形成土壤腐殖质原料，另一方面，往土壤里增加钙。土壤里有了这 2 种物质，就能形成水稳性的团粒结构。盐碱地增施石膏，酸性土增施石灰也是改善土壤结构的好办法。

二、土壤水分、空气和温度

土壤中的水、肥、气、热是土壤肥力的 4 个因素。它们之间在一定条件下的协调程度决定着土壤肥力的高低。

(一) 土壤水分

土壤中的水分以吸湿水、毛管水、重力水形式存在。

1. 吸湿水

在极端干旱的情况下,土粒能吸附土壤空气中的水汽,在土粒外面形成极薄的一层水,称为吸湿水。这部分水不能移动,对植物无效。

2. 毛管水

它是依靠毛管力保持在毛细管孔隙(孔隙直径 0.001~0.1 毫米)里的水分。土壤中土粒与土粒间形成很多毛管通道。在 0.1~0.01 毫米的毛管孔隙中,毛管作用最明显,毛管水可上下左右移动,对植物来说是有效的。

毛管水因运动方向不同,又分为:

(1) 毛管上升水 在低洼地区,地下水位高,地下水可借毛管作用而上升。

(2) 毛管悬着水 地面水随毛管下渗,悬挂在土壤上层毛细管中的水分。

3. 重力水

当进入土壤中的水分过多时,即受重力支配,沿大孔隙(非毛管孔隙)向下渗透,这种水分称为重力水。如下渗的重力水遇到地下不透水层,就会聚集成地下水。这种水易流失损耗,带走矿质营养,降低土壤肥力。

现在常用的大水漫灌的原始落后的灌溉方法,很容易形成重力水向下流失,造成漏水漏肥。为节约用水,园林植物浇水时,应注意浇够即可,使毛管中充满水,不要过多,防止形成重力水漏掉。最好的节约灌水方法是喷灌、滴灌、渗灌,使补充的水分及水分所携带的养分正好存在于吸收根分布区。浇水后及时中耕,破坏地表的毛管,防止水分沿毛管上升而蒸发。

(二) 土壤空气

1. 土壤空气对植物生活的影响

(1) 土壤空气影响根系发育 在通气良好的土壤中,根系生长发育健壮;缺氧时则根系发育不良。

(2) 土壤空气影响根系功能 通气不良时,根系呼吸受抑制,能量减少,降低了对水分、养分的吸收能力。

(3) 微生物分解有机质与空气有关 若土壤通气不良,有机质分解缓慢,并产生过多还原性气体和硫化氢、甲烷等,它们对植物根都有毒害。透气不良会对好气的菌根菌生存造成威胁,进而使靠菌根生存的植物产生营养不良。

2. **土壤空气的特性**

如果土壤中氧气不足，不仅妨碍植物根系生长发育，还会影响根系对水分、养分的吸收。同时，微生物分解有机质缓慢。

(1) 二氧化碳含高量　二氧化碳含量比大气高出约10倍，植物根系、土壤微生物呼吸、有机质分解时消耗氧，放出二氧化碳。

(2) 水汽含量高　因土壤中水汽不易散发，所以比大气中的水汽多。

(3) 有少量有毒气体　氢、硫化氢、甲烷等积累到一定浓度时，对植物会产生毒害作用。

3. **土壤透气性大小的决定因素**

(1) 土壤质地　粗砂土比细砂土的非毛管孔隙多而且粗，所以透气性大约是细砂土的1000倍。

(2) 土壤结构　团粒结构的土壤比非团粒结构的土壤透气性大50~60倍。

(3) 土壤水分　水分越多，透气性越低。因土壤水分和土壤空气都占据土壤孔隙中，所以可以通过控制土壤水分来改变土壤通气性。在花卉园艺上，浇水"见干见湿，干透浇透"，是加强土壤通气性的措施。

(三) 土壤温度

1. **土壤温度对植物生长的影响**

土壤温度是土壤肥力因素之一。土温影响种子萌发、出苗、发育及种子成熟。土温也影响植物根系生长及植物的营养生长和生殖生长。另外土壤中的各种微生物也需要一定的温度才会活跃，大多数微生物以温度20~30℃时最合适。微生物活跃才能更好地分解有机物质，转化养分。

2. **土壤温度的来源与调节**

土壤热量主要来自太阳的辐射热；土壤微生物分解有机质时也放出热；种子发芽放出的热量等。

土壤对太阳辐射热的吸收能力叫吸热性。土壤含腐殖质多、水多或颜色深的和地面凹凸不平、垄作可提高土壤表面积，有利土壤吸热，提升地温。

由于水的热容量（单位体积的水每增减1℃，所需要吸收或放出的热量）与导热性（传导热的能力）都比空气大，含水多的黏土比干燥的砂土昼夜温度变幅小。冬日苗圃上冻前浇灌的冻水，不仅是补充水分，同时可起保温作用。因土壤湿度越大、热容量大，增温慢，降温也慢。

北京地区土壤表面的最低温度出现在1月份，最高温度出现在7月份。

夏季土壤表层温度最高，往下逐渐降低，最后达到稳定。冬季则表层温度最低，往下逐渐升高，最后也逐渐趋于稳定。每天地面的最低值出现在日出之前，最高值出现在14：00时。

土壤温度的日变化与年变化有一个共同的规律，即土壤表层温度变化最大，而底层变化小以至趋于稳定。土温日差以地面最大，越向深处越小，在20厘米处，已明显减少，消失于1米左右深处。

三、土壤养分及土壤有机质的转化

土壤养分是土壤的主要肥力因素。植物生长发育必须有充足的养分保证。

（一）花木生长发育所需要的营养元素

花木生长要从土壤中吸收几十种化学元素作为养料。主要有：碳（C）、氢（H）、氧（O）、氮（N）、磷（P）、钾（K）、钙（Ca）、镁（Mg）、硫（S）、铁（Fe）、铜（Cu）、锌（Zn）、硼（B）、钼（Mo）、锰（Mn）、氯（Cl）等。前9种，花木需要量较多，约占干物重的百分之几到千分之几，通常称为大量元素；而后7种，花木需要量很少，约占干物重的万分之几，乃至百万分之几，称微量元素。尽管花木对各种营养元素需要量差别很大，但它们对花木的生长、发育却起着不同的作用，既不可缺少，也不可相互代替。

碳、氢、氧是组成花木的主要元素，占干物重的90%以上，它们能从空气和土壤中获得。但对氮、磷、钾，花木的需要量要比土壤的供应量大得多，故必须经常施肥来加以补充。通常把氮、磷、钾称为肥料的"三要素"。在一般条件下，钙、镁、硫、铁和其他微量元素都从土壤中得到。但我国南方地区，因雨水多，钙、镁容易流失，需要适当补充。铁在石灰性土壤中，有效性降低，会引起植株黄化，也需要补充。

（二）土壤有机质的转化

土壤中的动、植物残体由于成分、结构都很复杂，植物不能直接利用。它们经土壤中微生物的分解，可由复杂的有机物变成能被植物吸收利用的简单的无机物质（图2-1）。

有机残体进入土壤后，经微生物活动，有机质向两个方面转化，一是将复杂的有机物分解产生二氧化碳、铵盐、硝酸盐、碳酸盐等简单化合物，即有机和无机化合物，这一转化称矿质化过程。另一方面是有机质在分解的

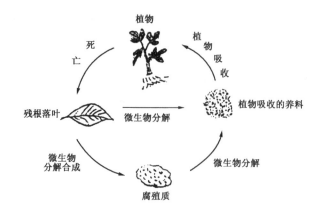

图 2-1 土壤有机质的分解合成

同时部分分解产物，经微生物重新合成为更复杂的有机物——腐殖质，称腐殖化过程。两种过程同时发生的，而且是互相制约又互相促进。

在分解养分的过程中，外界环境条件很重要。若是土壤疏松、通气，水分、温度适宜，好气性细菌活动旺盛，有机物质就能全部被分解，养分被释放出来就以矿质化过程为主。若是土壤通气不好、低温、多湿、则只有嫌气性细菌才能活动，有机质分解不彻底，可能形成腐殖质，养分被积累就以腐殖化过程为主。也有可能产生还原性气体。

（三）土壤有机质对提高土壤肥力的作用

1. 有机质是植物养分的重要来源

有机质分解后，可释放出氮、磷等养分，分解时产生的二氧化碳可供给植物光合作用需要。

2. 利于形成团粒结构

腐殖质是形成团粒结构的胶结物质，可使砂土变得有结构，黏土疏松土质不僵不板，容易耕作。

3. 提高土壤保水保肥能力

有机质中的腐殖质，吸水吸肥能力强，它能吸住溶于水的养分，避免养分流失。

4. 刺激植物生长发育

腐殖质能刺激植物地上部分和根系的生长发育。具有植物生长刺激素的功能。

四、土壤溶液及土壤酸碱性

(一) 土壤溶液

土壤中的可溶性物质溶于水中,成为土壤溶液。

除各种无机盐类外,土壤溶液中还包括可溶性有机物(简单的蛋白质、糖类等)。

土壤溶液的浓度一般为 200~1 000μL/L。如施肥量过大或盐碱土中土壤溶液浓度过大,总盐分大于 0.2%,会造成植物死亡。追肥时应特别注意。

(二) 土壤酸碱性

1. 表示方法

土壤酸碱性由 pH 值表示,一般是:pH = 6.5~7.5 呈中性,pH < 6.5 呈酸性,pH > 7.5 呈碱性。

土壤的水分及溶解在水中的物质组成土壤溶液。土壤溶液的成分很复杂,含有多种无机盐及有机化合物、胶体和氧气、二氧化碳等气体。

土壤溶液酸碱性不同。我国北方的土壤类型繁多,各类土壤的酸碱性差异很大。如黑龙江松花江流域的土壤表土 pH 值在 5.5~6.5,河北、山东土壤 pH 多在 7~8,河西走廊土壤 pH 值为 8~9,长江以南各地土壤 pH < 7,多为酸性。

根据我国土壤的情况将土壤酸碱性分为 5 级(表2-1)。

表2-1 我国土壤酸碱性分级情况

pH 值	<5.0	5.0~6.5	6.5~7.5	7.5~8.5	>8.5
土壤酸碱性	强酸性	酸性	中性	碱性	强碱性

2. 测定土壤 pH 值的方法

用广泛围的 pH 试纸测定。试纸盒上有 14 种颜色表示 pH 标准色板。取 5 克被测土壤样品放入 50 毫升的烧杯中,用量筒取 25 毫升蒸馏水(或者煮沸后的凉水),放入加土样的烧杯中,搅拌 1 分钟后静止 1 分钟,过滤下的清液为待测液。撕下一张试纸,蘸一点待测溶液,试纸很快显色。把它与比色板上颜色对照,找出相同颜色,立即可知道被测土壤的 pH 值。pH 值越小,酸度越强。

3. 土壤酸碱度调节

树种分类中有酸性土树木和碱性土树木。不少外引树木在异地土壤中生长不适应,出现焦边黄叶、营养不良、营养生长受到抑制等反应。除个别属气候因子影响外,绝大多数是土壤因子造成的。一般树木适应中性偏酸或偏碱。对土壤酸碱性的改良投入的成本较高,常采取局部地块或苗木周围局部环境改良的方法。对盐碱性土壤及酸性土壤的改良措施有以下几种方法。

(1) 增加土壤有机质　土壤有机质含量愈高,土壤中的胶体含量愈多,就可以应对过多的游离的矿物离子,增强土壤的酸碱缓冲能力。有机质分解释放的有机酸可以中和土壤中的碱性物质,降低土壤的碱性。

(2) 施硫磺粉　硫磺施入土壤中,经微生物分解和土壤中无机矿物质的化学反应,可增加土壤的酸度,降低其碱性,并为土壤提供硫素营养。由于硫磺粉不溶于水,必须经微生物分解后才能被利用。因此效果较迟缓,但较持久。这个过程需一二年才能完成,但比较安全,不会引起烧苗等副作用。其施用量,大致是每亩①50~100千克左右。

(3) 施石膏肥料　农用石膏有生石膏、熟石膏和含磷石膏3种。生石膏就是普通石膏。主要成分是含有2个结晶水的硫酸钙,水中溶解度比较小,应先磨细通过60目筛,以提高其溶解度。石膏粉愈细,改良土壤效果愈好。

含磷石膏是以硫酸法制磷酸的残渣,石膏可供作物磷、硫、钙等营养元素含石膏约64%,含磷0.7%~5%,同时有改良碱土的作用。碱性土壤中施用石膏,可使土壤中对作物毒害较大的碳酸钠和碳酸氢钠等碱性物质转化为危害小的硫酸钠,同时降低了土壤的碱度。石膏还能减弱酸性土壤中氢离子和铝离子对作物生长的不良影响。

(4) 施硫酸亚铁　硫酸亚铁可酸化土壤,且能供给植物铁元素。因北方碱性土壤的环境易使铁离子固定,所以常和有机肥一起混施。如制成矾肥水,其比例为硫酸亚铁2~3千克,饼肥5~6千克,水200~250千克。日光下暴晒20天全部腐熟后,稀释施用。花卉园艺栽培常用此法。

(5) 施石灰质肥料　主要针对酸性土壤的改良。在酸性土壤中施用石灰,除了中和土壤本身产生的酸性反应外,还可以中和由于有机质分解而产生的各种有害有机酸。此外,在酸性土壤中常含有较多的铝、铁、锰等离子,其浓度超过一定范围时植物就会中毒。石灰的作用主要是中和土壤酸性和供应钙素。在强酸性土壤中石灰(一般用熟石灰)施用量为每亩25~50千克左右。

(6) 有选择地施用化肥　化肥分为生理酸性和生理碱性两大类。对酸

---

①　1亩=0.0667公顷。

性土壤，以施用碱性或生理碱性氮肥，如石灰氮及硝酸钙等为主，以中和土壤酸度，改良土壤结构。同时在酸性条件下，植物也易于吸收硝态氮。碱性土壤以施用硫酸铵、氯化铵为主，以调节土壤酸碱反应。同时在碱性条件下，铵态氮也比较容易被植物吸收。沿海冲积土及常绿树不宜施用氯化铵，防止氯离子毒害作用。

五、土壤改良和管理

园林植物的养护管理工作，在城市园林绿地建设事业中，占据十分重要的地位，人们形容城市绿化施工与树木养护管理工作的关系是："三分种，七分养"。尤其是园林绿化苗木品种多，来源四面八方。因此，对栽培引入地区的土壤理化性能、土壤肥力等条件进行调查后，再做土壤的科学管理。

（一）土壤调查

1. **土壤密度**（土壤容重）

土壤的物理性状可用土壤密度来表示，即每立方厘米自然状态下的土壤干重（克），园林苗圃土壤密度一般以 0.9~1.2 克/立方厘米较好。有机质含量不低于3%（指30厘米深的土层）。

2. **土壤酸碱度**

查明土壤酸碱度是中性还是微碱。微酸性土壤有利于植物生长。

（二）土壤管理措施

一个地区的土壤完全具备理想的要求条件是很少见。相反，土壤状况较差的现象会经常遇到。因此，要科学地管理土壤。

（1）采用客土法。砂土或黏土采用砂掺黏、黏掺砂进行改良。

（2）盐碱度较重（pH＞8）的土壤，必须改造。搞好灌渠的建设，同时要有良好的排水设施。盐碱地除须增施有机肥外，还可施用石膏、硫磺、硫酸亚铁、明矾等，以降低pH值，不施碱性化肥。

第二节 肥 料

一、肥料的概念

凡是施入土壤中或喷洒于花木的地上部分（根外追肥），能直接或间接供给植物养分、提高花木质量、改良花木土壤的理化性状和肥力的物质，都称肥料（表2-2）。

表2-2 肥料种类

有机肥料	人粪尿，家禽、家畜类粪尿等 堆肥、饼肥 腐殖酸类肥料
无机肥料	氮肥：硫铵、硝铵、尿素 磷肥：过磷酸钙、磷矿粉 钾肥：硫酸钾、氯化钾 复合肥料：磷酸二氢钾、磷酸铵、钼酸铵 微量元素肥料：硫酸亚铁、硫酸锌、硼砂、硼酸
微生物肥料	根瘤菌、固氮菌、菌根菌

二、合理施肥的原则

肥料是花木营养的来源。要种好花木，首先要了解各种花木不同生长发育时期对营养条件的要求，还要对土壤的有效养分情况测定，这样才能及时给予合适的营养条件补充，才能使所栽花木枝叶繁茂，花果累累。

1. 有机肥与无机肥配合施用

因有机肥所含元素比较全面，可做底肥（基肥），肥效稳而长。但因各种有机肥所含氮、磷、钾各要素或多或少，应根据某种花木的要求，及土壤中各元素的含量施化肥加以补充（追肥）。

2. 不同花木施不同的肥

如观叶花木，需氮较多，球根花卉需钾较多，观果花木需磷较多。

3. 同一花木不同生长期施不同的肥

营养生长期需氮肥稍多，生殖生长期，需磷钾较多。

4. 看树苗生长势施肥

苗木生长旺盛多施肥，生长势弱少施肥。苗木休眠期控制施肥量或不施。移植苗前期根系尚未完善吸收功能，只宜施有机肥作基肥，不宜过早施化肥。遭遇病虫害或旱涝灾害，根系受到严重损害时，应适当缓苗，不急于施重肥。

三、合理施肥的参考指标

（1）土壤硝态氮含量大于 $20\mu L/L$ 时，证明土壤有效氮水平高；含量为 $10\sim20\mu L/L$ 时，有效氮水平中等，施氮肥有效果；含量小于 $10\mu L/L$ 时，有效氮水平低，施氮肥效果明显。

（2）土壤含速效磷（以 P_2O_5 表示）含量 $>30\mu L/L$ 时为丰富；含 $10\sim30\mu L/L$ 时为中等；含量 $<10\mu L/L$ 时为缺乏磷。

(3) 土壤中含速效钾（以 K_2O 表示）含量 > 150μL/L 时，说明土壤含钾丰富；含速效钾 100~150μL/L 时为高水平；含量为 50~100μL/L 时为中等；含速效钾 25~50μL/L 时为低等；含速效钾 < 25μL/L 时为缺钾，这种土壤施钾肥效果明显。

四、无机肥料

凡是用化学方法合成的或者是开采矿石经加工精制而成的肥料，称化学肥料，又称无机肥料，简称化肥。

（一）无机肥料的特征和分类

(1) 无机肥料养分含量高。如 0.5 千克硫铵所含氮素相当于人粪尿 15~20 千克，0.5 千克过磷酸钙所含的磷素相当于厩肥 30~40 千克。

(2) 无机肥养分单纯，一般化肥只含 1 种或几种营养元素，便于根据植物及土壤情况选择使用。

(3) 无机肥肥效快，但肥效持续时间短。多数化肥易溶于水，施入土壤后很快被植物吸收利用，显出肥效，但肥效不如有机肥持久。

(4) 有酸碱反应，主要是肥料经植物选择吸收后产生了酸碱反应，称为生理酸性肥或生理碱性肥。如硫酸铵，植物主要吸收 NH_4^+，余下 SO_4^{2-} 与 H^+ 结合生成硫酸，增加土壤溶液的酸性。

(5) 长期使用化肥使土壤板结，造成土壤盐渍化，破坏土壤结构。因此，应配合施用有机肥，以利于恢复地力。

(6) 化肥体积小，养分含量高，运输和使用方便，但价格贵。另外化肥贮存时要注意防潮结块，造成养分消耗，施肥时困难。

无机肥料包括氮肥、磷肥、钾肥、微量元素肥料、复合肥料等。

（二）无机肥料的合理施用

施肥是调节植物营养、提高土壤肥力，促进植物生长发育的一项重要措施，但施肥与植物生长发育之间不是简单、机械的增减关系。在一定范围内，多施肥料可促进植物生长发育，但盲目地滥施化肥，不仅造成浪费，反而会引起植物徒长，或易受病虫侵害影响生长发育，并造成环境的二次污染。合理施肥注意以下几点：

(1) 测土施肥。土壤有效养分测定后，针对栽植花木对养分的需求量，参考合理施肥土壤养分指标，确定施肥量和时间。

(2) 养分合理配比。不能单纯施用一种营养元素肥料，如氮、磷、钾按比例施用。

（3）应重视幼苗期充足供肥。

（4）注意植物吸收养分的连续性，及时追肥。

（5）在植物营养最大效率期，加强施肥。

一般植物营养最大效率期常常出现在植物生长的旺盛时期，即营养生长、生殖生长并进的时期。在花卉生产中，常在此期内加大施肥浓度，增加施肥次数来满足其需要。

（三）复合肥料

含有氮、磷、钾等营养元素中 2 种以上成分的化学肥料都称为复合肥料。如硝酸钾（含钾和氮素）、氨化过磷酸钙（含氮和磷素）、磷酸铵（含磷和氮素）等。

除此还有氮、磷、钾三元复合肥料。其中各营养元素的含量习惯用 N—P_2O_5—K_2O 相应的百分含量来表示。如 12—24—12 即表示含氮 12%，含磷 24%，含钾 12%。

复合肥料有以下优点：

（1）含多种营养元素，有效成分高，施用方便。

（2）养分分布均匀，每株植物都可吸收均匀浓度的养分。

（3）无用的副成分含量很少，减少对植物和土壤的不良影响。

（4）生产成本降低，施用时节省劳力。

目前世界上先进国家使用的化肥多向复合肥料方向发展。主要化肥的有效成分见表 2-3。

表 2-3 主要化肥的有效成分

氮 肥	含氮量（%）	磷 肥	含氮量（%）
硫酸铵	20~21	磷矿粉	14
氯化铵	24~25	过磷酸钙	14~19
碳酸氢铵	17		
氨 水	15~17	钾 肥	含钾量（%）
硝 铵	33~35	氯化钾	50~60
尿 素	44~48	硫酸钾	50

（四）缓释肥料

目前，在国内外都发展应用长效复合肥料。就是在粒状水溶性复合肥料表面涂覆半透水性或不透水性物质，形成包膜层，而使其中的有效养分通过包膜的微孔、慢慢释放出来，为植物吸收利用，从而减少养分损失，提高肥料利用率。美国、日本、荷兰等园林发达国家，花肥多是专用缓释肥料。特性是可以控制其释放速度，在施入土壤后逐渐分解，逐渐为植物吸收利用，使肥料中养分能满足植物整个生长期中各个生长阶段的不同需要。一次施用后，肥效可维持数月至1年以上。例如北京园林科研所研究的花灌木专用缓释颗粒肥（长效花肥）和棒状被膜长效树肥，并根据不同花木对营养元素的不同需求，配制成各种系列肥料，使速效型复合化肥达到缓慢释放给植物各种营养成分的目的。同时既节约化肥，防止地下水被污染，又节省劳力。

缓释肥料均为酸性肥料可改良北方碱性土壤，使有效养分更好为植物吸收。减少营养成分的损失，减少对环境的污染，提高肥料利用率和增加经济效益，促进植物生长发育，更好的美化环境。

五、有机肥料

（一）有机肥料分类

有机肥料分为人粪尿类、家畜粪尿与厩肥、堆肥、饼肥类（各种饼肥和糟渣肥）、绿肥类、家禽类和蚕粪、草炭类（草炭、腐殖酸肥料）、泥肥（湖、沟、河塘中的淤泥）、杂肥类（骨粉、毛发、蹄角类等）。

常用有机肥料中所含的氮、磷、钾含量见表2-4。

表2-4　常用有机肥料中所含的氮、磷、钾　　　单位：%

肥效成分	肥料种类									
	人粪尿	畜粪	饼肥	禽类	绿肥	河泥	垃圾	炉灰	骨粉	毛发
氮	0.5	0.5	6	1.63	0.56	0.3	0.2	—	4	12
磷	0.2	0.2	1.32	1.54	0.13	0.3	0.2	0.3	20	0.04
钾	0.2	0.2	2.13	0.85	0.43	0.3	0.2	0.2	0	0

（二）有机肥料的特性

（1）有机肥料中所含营养多是有机状态的，植物不能直接吸收，一定要经过微生物的分解才能转化成可溶解的养分。所以施有机肥后，肥效缓慢，但肥效持续时间长，有的不仅当年有效，也有较长的后效。

（2）有机肥中有大量腐殖质，营养全面，它能吸附土壤中的钾、钠、铵、镁、钙等养分，使这些营养元素不会被水淋失。腐殖质中的腐殖酸和腐殖酸盐可以形成缓冲溶液，减弱因施化肥而引起的土壤酸碱变化，有助于各种促酵作用，保证植物有正常的生长环境条件。

(3) 有机肥料中的腐殖质，可以促土粒形成团聚体，增加土壤孔隙。团聚体多的土壤土温高，水、气相均良好，也有利于养分的转化。所以说有机肥有改良土壤理化性质的作用。

(4) 多数有机肥要在施用前经过腐熟，才能施入土中。有机肥腐熟的作用是：在腐熟过程中，有机态养分分解，植物才能吸收利用。有机肥在腐熟过程中产生高温，能消灭潜藏在肥料中的病菌虫卵、杂草种籽。若施未腐熟的肥料入土，因腐熟而产生的高温，有机酸与氨气会烧坏幼苗。厩肥、堆肥等腐熟后由硬变软，质地由不均变为均匀，更利于施用。

（三）园林植物常用的有机肥料

1. 家畜粪尿与厩肥

牲畜粪尿是富含有机质和多种营养成分的完全肥料。牲畜粪尿的养分含量各有不同，以羊粪中的氮、磷、钾含量最多，猪粪、马粪次之，牛粪最少。另外牲畜粪的粪质粗细和含水量的多少不同，如牛粪含水量多，通体性差，分解缓慢，发酵温度低，肥效迟缓，称为冷性肥料。马粪中纤维素高，粪的质地粗，疏松多孔，水分含量少。同时粪中含有大量的高纤维素分解菌，能促进纤维素分解发出的热量多，腐熟快，称为热性肥料，可做温床的酿热材料。在制造堆肥时加入适量马粪可促进堆肥腐熟。

2. 堆肥

堆肥是利用处理后无害垃圾、树叶杂草等园林垃圾为主要原料，加进氮素或人粪尿、泥土堆积而成。堆积过程以好气性微生物分解为主，发酵时产生高温。微生物越活跃，堆肥腐熟得越快、越好。微生物活动需要有水分、空气、温度、堆肥材料的碳氮比（C/N），以及微生物所处环境的酸碱度等。堆肥时应该尽量满足微生物的需要，以使微生物活跃。

微生物的生活条件主要有：

(1) 水分　没有水分微生物就不能生长与繁殖。

(2) 空气　堆肥的堆制前期,要使肥堆通气良好,使好气性微生物活跃,最好堆肥坑中设通气沟和通气塔，或采取疏松堆积的办法，以促进有机质分解。

(3) 温度　要求的温度为 50～60℃，这样更有利于微生物分解有机质。

(4) 碳氮化（C/N）　微生物生命活动需要碳素作为能源，需要氮素作为建造细胞的材料。微生物的活动和繁殖，对碳素和氮素要求有一定比值，一般以 25∶1 为宜。

(5) 酸碱度（pH 值）　各类微生物只能在一定的酸碱度范围内活动。

堆肥中大多数微生物均适宜在中性微碱性环境（pH值为6.4~8.1）下生长、繁殖，最适的pH值为7.5。

堆肥的堆制方法有普通堆肥和高温堆肥2种。

(1) 普通堆肥　秋天收集落叶杂草等材料，选好平整的地面。先铺10~14厘米草皮或细干土以吸收下渗的肥液；再将树叶、草皮或植物性垃圾均匀铺上，压紧踏实，上面泼洒人粪尿，再撒些石灰或草木灰，上面再盖上一层细土或污泥，若材料多，可一层层堆积到5~6尺①高为止。

(2) 高温堆肥　又叫高温速成堆肥，是在好气的条件下，加上高温纤维分解菌（马、骡粪中较多），加速腐熟。高温堆肥能杀死病菌、虫卵、杂草种子等。堆置方法与普通堆肥相同，但必须加入马粪等材料，还要设置通气沟。高温堆肥适合于在冬季进行。

3. 饼肥及糟渣肥

饼肥是油料作物的种籽榨油后剩下的残渣主要有大豆饼、棉籽饼、蚝子饼、茶籽饼、花生饼等。饼肥含氮量高，是优质的有机肥。但饼肥中的氮、磷为有机态的不能直接供给植物利用，只有经过腐熟，被微生物分解后才能使植物吸收。由于饼肥的碳氮比小，分解速度快，很容易发挥肥效。

苗圃用饼肥做追肥时，事先要充分粉碎。施用时要拌入少量农药，以免招引地下害虫。要适当早施，并与幼苗保持一定距离，以防止饼肥分解发酵时产生的热量灼烧幼苗。

在花卉栽培上，常用饼肥泡水，充分腐熟后，加水浇施。如喜酸花卉杜鹃等就宜于用呈酸性反应的棉籽饼。

糟渣肥，有些农产品加工中产生的各种糟渣，含有不同数量的养分，有的可直接做肥料。如花卉业常用芝麻酱渣做基肥或追肥，它含氮量6.59%，含磷3.30%，含钾1.30%，有很高的肥效。其他像可可壳、咖啡渣、麦芽渣、饴糖渣、甘蔗渣等也都含有一定养分。

糟渣肥多属迟效肥，需经发酵或与厩肥一起堆沤后再施用。为了提高肥效，应集中沟施或穴施，施后覆土。

4. 家禽粪类

家禽粪是指鸡、鸭、鹅、鸽粪等。家禽粪的性质和养分含量与家畜粪尿有所不同，家禽粪中氮、磷、钾的含量比各种家畜粪尿都高。因家禽饮水少，各种养分的浓度也较高。其中以鸡、鸽粪养分含量最高，而鹅、鸭粪的含量较低。

---

① 1尺=0.333米。

禽粪一般多作基肥施用，腐熟良好的，也可作追肥施用。

5. 草炭和腐殖酸类肥

草炭又称泥炭或泥煤，它是一种矿物质不超过50%（干基计算）的可燃性有机矿物。新鲜草炭颜色呈棕褐色。在自然状态下含水很高，分解较浅的泥炭，保留有植物残体，呈纤维状，肉眼看出疏松的结构；分解较深的泥炭呈可塑状。

近年来，为了合理的利用泥炭、褐煤、风化煤这些宝贵的资源，生产出多种腐殖酸类肥料，例如腐殖酸及盐类、硝基腐殖酸及盐类等。这些产品已在农业、畜牧业、医学、园林多方面广泛应用，取得很好的效益。用提纯腐殖酸和无机氮肥、磷肥、钾肥制做的有机、无机复合花肥，效果明显好，根系繁多，花好量大，叶片明显增厚色绿，是理想的园林肥料。施用黄腐酸二铵铁对防治树木黄化病效果胜过硫酸亚铁。

6. 杂肥类

骨粉、蹄角类，骨粉含较多磷素，含磷量可超过20%，但多属难溶性磷，适合施在酸性土壤中。如观花和杂木类苗木，可用骨粉做基肥，或用骨灰1份，加水10份配成骨粉液肥浇施。施量以每月2~3次为宜。

蹄、角类为高氮肥料，含氮量可达10%~14%。氮素为复杂的蛋白形态，不易分解，可将蹄角泡水后埋入土中做花木基肥，或泡发腐熟后，取其清液，兑水浇施。

各种肥料混合使用情况如图2-2所示。

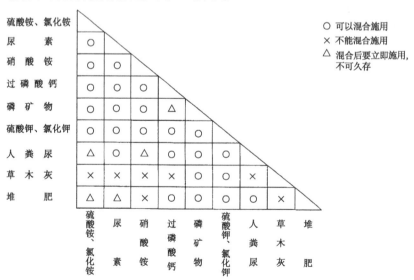

图2-2 肥料混合使用情况

第二章 土壤肥料

复习题

1. 什么是土壤质地？原苏联卡庆斯基土粒分级标准是什么？
2. 土壤结构分几种？哪种结构最理想？
3. 团粒结构土壤的特点？如何促进团粒结构的形成？
4. 土壤中水分以哪3种形式存在？
5. 什么是毛管水？什么叫吸湿水？以上2种水对植物来说，哪种水为有效水？
6. 土壤空气对植物生活的影响是什么？
7. 土壤空气的特性是什么？
8. 土壤透气性大小的决定因素是什么？
9. 土壤温度的来源是什么？
10. 植物需要的9种大量元素和7种微量元素是什么？
11. 土壤有机质的转化有哪两种过程？分别介绍这两个过程是在什么样土壤条件下进行？
12. 什么叫土壤腐殖质？
13. 什么是土壤溶液？土壤溶液浓度一般在什么范围？
14. 我国土壤酸碱性分为5级，pH值分别为多少？掌握测定土壤pH值的方法。
15. 肥料的概念？肥料分哪三大类？
16. 合理施肥的原则是什么？
17. 合理施肥的参考指标有哪些？
18. 无机肥料的特征是什么？无机肥料分哪5类？
19. 无机肥料的合理施用应注意什么？
20. 什么叫复合肥料？掌握复合肥料的优点。
21. 有机肥料有哪些种类？有机肥料的特性是什么？
22. 在做有机堆肥时，应注意哪几种条件？
23. 为什么大多数有机肥要在施用前经过腐热才能用？

模拟测试题

一、填空题

1. 土壤结构有_____、_____、_____、_____、_____。最理想的是_____结构的土壤。
2. 植物需要的9种大量元素：_____、_____、_____、_____、_____、_____、_____、_____、_____。
3. 土壤水分的类型：_____、_____、_____。

二、选择题

1. 土壤水分对植物是有效的水是_____。
   A. 重力水　　B. 吸湿水　　C. 毛管水　　D. 地下水
2. 属复合肥料的是_____。
   A. 硫酸亚铁　B. 尿素　　　C. 硫酸钾　　D. 硝酸钾
3. 属有机肥料的是_____。
   A. 磷矿粉　　B. 鸡粪　　　C. 氯化铵　　D. 过磷酸钙

三、判断题

1. 土壤中的水、肥、气、热是土壤肥力的四大因素。　　　（　）
2. 增加土壤有机质，不利于形成团粒结构。　　　　　　　（　）
3. 土壤pH值在大于7.5时，土壤呈碱性。　　　　　　　　（　）

四、简答题

1. 合理施肥的原则是什么？
2. 什么叫复合肥料？复合肥料的优点是什么？

模拟测试题答案

一、填空题

1. 块状、核状、柱状、片状、团粒结构,团粒结构
2. 碳、氢、氧、氮、磷、钾、钙、镁、硫
3. 吸湿水、毛管水、重力水

二、选择题

1. C   2. D   3. B

三、判断题

1. ✓   2. ×   3. ✓

四、简答题

1. 答:有机肥与无机肥配合施用;不同花木施不同的肥;不同生长期施不同的施;看苗生长势施肥。

2. 答:凡含有氮、磷、钾等营养元素中 2 种以上成分的化学肥料都称为复合肥料。复合肥的优点是:含多种营养元素,有效成分高,养分分布均匀,无用的副成分含量少;生产成本降低,施用方便,节省劳力。

第三章

园林树木

本章提要：介绍树木冬态的概念，冬季和夏季识别树木的主要形态依据。介绍分类的一般知识及植物的命名方法（学名的组成及变种、变型、品种的表示），树木的基本概念及常见树种。

学习目的：掌握冬季和夏季识别园林树木的形态依据，能观察、识别树种。掌握园林树木的2种分类方法的基本内容，园林树木生长发育的特点及规律，合理地选择应用园林树种。

第一节 园林树木的识别

一、冬季识别树种

（一）树木冬态的意义

北京地处北温带内，属大陆性气候。每年10~11月气温急剧下降。从10月中旬初霜至翌年4月初终霜，全年霜期约170天。在近半年的时间里除常绿树和温室植物外，所有树木都落叶，停止生长，进入休眠状态。所谓树木的冬态就是指落叶树种在进入休眠时期，树叶脱落，露出树干、枝条和芽苞，外观上呈现出和夏绿季节完全不同的形态，一般称为树木冬态。

（二）冬季识别树木

从冬态上识别树种一般遵循从整体到局部、由表及里的原则。主要着眼于如下特征。

1. 树形和树干

（1）树形 树形即树木外形。根据树木生长习性的不同，通常将树木分为乔木、灌木及藤木3类。乔木通常指树体高大，有明显的主干的种类。

高度至少在5米以上，如槐树、毛白杨、臭椿、垂柳等。

由于树干及分枝情况的不同，外观上呈现多样变化。泛指较孤立生长的树木通常有以下类型：

圆锥形：如银杏幼树等；

球形：如元宝枫、栾树、槐树、杏、杜仲、榆、千头椿等；

扁球形：如板栗、核桃等；

卵形：如加杨、白玉兰（实生）、毛白杨老树；

圆柱形：如钻天杨、新疆杨等；

阔（广）卵形：如银杏老树、白蜡等；

伞形：如龙爪槐；

半圆形：如馒头柳。

灌木通常指树体矮小，多干丛生或主干低矮者。高度多在5米以下。依枝、干特点可分为如下类型：

单干类：分枝直立型，如榆叶梅、碧桃；分枝拱垂型，如垂枝碧桃、垂枝榆、垂柳；分枝曲枝形，如龙桑、龙枣、龙须柳。

多干类：分枝直立型，如黄刺玫、棣棠、珍珠梅、贴梗海棠、丁香、小叶女贞、蜡梅、天目琼花等多数灌木树种属之；分枝拱垂型，如连翘、迎春、猬实、水栒子、蔷薇类等；分枝匍匐型，如平枝栒子。

在各类型中还可依据树形特点进一步分辨。

藤木茎干不能直立只能靠缠绕或攀附他物才能向上生长。依其生长特点分为以下几类：缠绕类，如紫藤；吸附类，如爬山虎、五叶地锦、凌霄等；钩攀类，如蔓性蔷薇；卷须类，如葡萄。

（2）树干　树干特征主要从干皮看。观察干皮颜色、质地（如光滑或粗糙）、有无皮裂及皮裂的特点（深裂、浅裂、片状裂、鳞状裂、条状裂等）。干皮绿色者有梧桐、竹等。干皮白色或灰白色者如白皮松、朴、胡桃、悬铃木等。灰绿色如毛白杨、新疆杨等。红褐色者如山桃。干皮光滑者幼年胡桃、梧桐、山桃。干皮粗糙不开裂的如臭椿、泡桐、小叶朴等。干皮片状剥落的有悬铃木、木瓜、白皮松等。干皮浅纵裂者，多数树种属之，如槐树、皂角、山杏、苹果等。干皮深纵裂者如加杨、刺槐、元宝枫、栾树、榆、垂柳、丝棉木、胡桃老树等。干皮长方块状裂如柿树、君迁子。

2. 枝

各种树木枝条的粗细、断面形状、节间长短、枝条颜色、皮孔的形状、大小及色泽等存在着程度不同的区别。

（1）枝条粗细　粗的如臭椿、胡桃、香椿、梧桐等。细的如垂柳、旱柳、馒头柳、柽柳等。

（2）断面形状　一般多为圆形。也有方形可近方形者如迎春、石榴、蜡梅、海州常山等。

（3）枝条姿态　有垂枝和曲枝2种。枝条扭曲的如龙爪枣、龙须柳、龙桑等。垂枝的有垂枝榆、垂柳、垂枝碧桃。

（4）枝条颜色　红色者如红瑞木。紫红色者如紫叶李、紫叶桃、杏、山杏等。绿色者如棣棠、梧桐、绿萼梅、槐树等。黄色者如金枝国槐、金枝椋木。

3. 叶痕

叶落后，叶柄在枝上留下的痕迹称为叶痕。依叶着生方式之不同，叶痕有互生、对生、轮生之别。多数树种为互生，如槐树、杨树类、柳树类、胡桃、栾树、榆叶梅、贴梗海棠等。对生者如泡桐、元宝枫、白蜡、丁香、连翘、金银木、锦带花、迎春、紫薇等。轮生者如楸、灯台树等。

从叶痕形状看，有新月形的如紫丁香、山楂、榆叶梅、苹果、丝棉木等。盾形者，如臭椿等。心形的如栾树等。马蹄形者如黄檗、槐树等。圆环形者如悬铃木。半圆形的如银杏、榆树、紫藤、杜仲、南蛇藤等。长圆形的如梧桐等。肾形的如枫杨、桑树等。三角形的如柿树。

4. 叶迹

在叶痕上的点状细小突起，为连接茎与叶柄的维管束在断离后留下的痕迹，称之为叶迹。它的数量和排列比较稳定，可作为鉴别树种的依据。依叶迹数量的不同有以下区分：

（1）1个或1组的　蜡梅、杜仲、紫薇、石榴、柿树等。

（2）2个或2组的　银杏。

（3）3个或3组的　槐树、加杨、刺槐、枫杨、胡桃、文冠果、珍珠梅、棣棠、山杏、黄檗、旱柳、垂柳等多数树种属之。

（4）4个（组）或以上的　桑树、臭椿、木槿、梧桐、悬铃木等。

从叶迹的排列方式看，有2个并列的如银杏。有呈V字形的如臭椿、海州常山等。有圆形的如楸树、五叶地锦等。有倒品字形者如胡桃、文冠果、枫杨、黄檗等。

5. 皮孔

皮孔是生于枝或干上的气孔，它是冬季鉴别树种较可靠的依据之一。不同树种其皮孔形状、大小、颜色、疏密及是否突出等方面各不相同。山桃、臭椿、枫杨等树种皮孔为透镜形。皮孔呈圆形或近圆形的有槐树、泡桐、紫丁香、槲树、栾树、垂柳等。纵椭圆形者如地锦。皮孔密生者如栾树、接骨木、紫穗槐等。疏生者如垂柳、旱柳、贴梗海棠、山楂等。皮孔显著隆起的如连翘、槐树、接骨木、栾树等。皮孔呈细尖状突起的如悬铃木。

6. 冬芽

冬芽为季节性休眠的芽，冬季休眠，翌春萌发。树木的冬芽形态各异。根据冬芽着生的位置、方式，芽的大小、形状、颜色，芽鳞的有无及芽鳞数量的多少等，亦可对树木进行鉴别。有些树种有顶芽如胡桃、白蜡、银杏、玉兰、梧桐、文冠果、元宝枫等。有的无顶芽如臭椿、杜仲、槐树、刺槐、泡桐、旱柳等。有些树种靠近枝端部分节间缩短，近枝端的侧芽萌发抽条，乍看好像有顶芽，这种侧芽称为假顶芽。栾树、柿树、山杏等芽均为假顶芽。多数树种芽的着生方式为单生。亦有 2 至 3 个芽左右并列而生的如桃、山桃、山杏、榆叶梅、毛樱桃等。还有 2 至 3 个芽上下叠生的如紫珠、紫荆、海州常山、皂荚、胡桃的雄花芽、紫穗槐等。此外，连翘的冬芽除并生外，还出现有叠并生的情况。榆叶梅、毛樱桃的冬芽除并生外，短枝及近枝端常有多枚芽簇生。此外，有些树种的芽为叶柄基部覆盖，落叶以后芽才显露，称为叶柄下芽，如悬铃木、槐树、盐肤木、太平花、刺槐等。大多数树种的冬芽外被有芽鳞片称为鳞芽。亦有些树种冬芽无芽鳞称为裸芽，如枫杨、胡桃的雄花芽等（图3-1）。

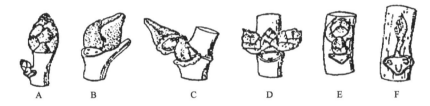

图3-1 冬芽的类型
A. 顶芽 B. 假顶芽 C. 柄下芽 D. 并生芽 E. 叠生芽 F. 裸芽

鳞芽中仅有 1 片芽鳞的如旱柳、垂柳、悬铃木等。具 2 片芽鳞的有柿树、毛白杨、榆叶梅等。不同树种冬芽的形状也多不相同，有冬芽呈圆球形的，如梧桐、雪柳等。有圆锥形的，如樱花、毛樱桃等。有卵形的，如毛白杨、杜仲、椴树、栾树等。有扁三角形的，如柿树。有些树种的冬芽大而明显，如毛白杨、紫藤、紫丁香等。也有小而不太明显的，如刺槐、槐树等。多数树种冬芽的颜色为褐色或暗褐色，亦有些树种冬芽的颜色较有特色。如鸡爪槭、紫叶李、山杏、黄刺玫等的冬芽为紫红色，碧桃的冬芽为灰色，梧桐的冬芽为锈褐色，椴树的冬芽为紫褐色，柳树的冬芽为淡黄褐色，白丁香冬芽呈绿色。

冬芽在枝上着生状态一般多为斜生，但也有冬芽贴枝而生称为伏生。如红瑞木、锦带花等。还有些树木芽与枝呈近垂直状态着生，如金银木、水杉等。有些树种冬芽具树脂或不同程度被有各种茸毛，还有的冬芽具柄，这些特征均可作为识别树种的依据。

7. 枝干附属物及枝条的变态

一些树种枝干上具有特征明显的附属物，如卫矛、大果榆的枝条具有木栓质翅。黄刺玫、十姐妹、玫瑰、月季枝条上生有皮刺等。山楂、贴梗海棠、柘树的枝上具有变态的直生刺。皂荚、日本皂荚的枝干上具有分枝的枝刺。石榴、酸枣、鼠李等树种的小枝先端变态呈棘刺状。爬山虎、五叶地锦，小枝先端变态成吸盘，葡萄的小枝变态成卷须（图3-2）。

图3-2　枝条的变态
A. 卷须　B. 枝刺　C. 吸盘　D. 皮刺　E. 木栓刺

这些比较特殊的特征通常都很明显，在识别树种时容易掌握。而且由于这些特征往往为某些树木所特有，所以仅凭此方面特征即可识别是什么树种。

8. 宿存的果实、枯叶及秋季形成的花序

有些树木果实成熟后经冬不落，如栾树枝端顶生的圆锥果序上，挂着膀胱状蒴果。槐树枝端的念珠状荚果。元宝枫枝端宿存的翅果，状如倒挂的小元宝。泡桐则不仅上年枝上果序宿存，而且当年生枝端生有秋季形成的花序。一些树种如槲树、麻栎、元宝枫等树叶经冬不落或虽脱落大部分，但仍有少量枯叶残存在树上，这也是冬季识别树木的明显的易掌握的依据。

综上所述，各种树木各具其特有的特征。在依据树木冬态特征鉴别树种时，应重点掌握树种以下三方面的形状表现：

（1）冬芽部位、形态及芽鳞数量和排列。
（2）叶痕的基本形状及排列方式。
（3）叶迹的形状及组合。

这些形状是比较稳定的表现，是鉴别树木的主要根据。其他方面亦应注意不可忽视。

二、夏季识别树种

在夏绿季节，各种落叶树木枝繁叶茂，郁郁葱葱，外观上与冬态截然不同。夏季识别树种主要以叶、花、果实等器官的形态为主。由于不同树种开花、结果的时期多不相同，而生长期内，叶片却都着生在树上。因此，我们重点介绍叶的形态，花、果实形态介绍从简。

（一）叶

树木叶片的形态多种多样，大小各不相同。识别时，首先区分是针叶树还是阔叶树。落叶树种一般多属阔叶树种，其叶片薄，开阔而平展。常绿树种多属针叶树种，其叶多呈针刺状或鳞片状。

1. 阔叶树种识别

识别阔叶树种时可从以下方面观察：

（1）单叶或复叶　大多数阔叶树种的叶为单叶，也有部分阔叶树种叶为复叶。根据小叶在叶轴上着生方式及小叶数量，可将复叶分为以下类型：

羽状复叶：小叶在叶轴上呈羽状排列。其中，叶轴顶端生有 1 片小叶子的称为奇数羽状复叶。如臭椿、槐树、刺槐、白蜡、紫藤、玫瑰等。叶轴顶端生有 2 片小叶的称为偶数羽状复叶。如香椿、皂荚等。有些树种的羽状复叶的小叶再分裂成小叶，排列于支轴的两侧，形成二回羽状复叶，如合欢。二回羽状复叶上的小叶再分裂一次，就形成三回羽状复叶，如楝树、南天竺等。

掌状复叶：小叶集生于叶轴顶端，开展如掌状。如七叶树、荆条等。

三出复叶：由 3 片小叶组成的复叶。如胡枝子、葛藤的叶及爬山虎新枝上的叶等。

（2）叶形及大小　叶片的形状多种多样，如银杏的叶片，顶部平圆，下部狭窄呈扇形。紫荆叶片呈心形。河北杨叶片呈圆形。柳树的叶片呈披针形。小檗叶片呈匙形。加杨的叶片近于三角形。合欢复叶的小叶呈镰刀形。多数树种叶呈卵形、椭圆形或介于二者之间的形态。不同树种叶片大小亦多不相同。本市园林树种中，叶片较大者，泡桐、悬铃木、梧桐、黄金树、梓树等的单叶及合欢、栾树、胡桃、火炬树、臭椿等的复叶属之。叶片较小者，如小檗、小叶女贞。平枝栒子的单叶及黄刺玫的复叶等。

（3）叶序　叶在枝上的排列次序称为叶序。叶序有互生、对生及轮生 3 种基本类型。杨、柳类、槐树、银杏、榆叶梅、桃等树种，枝的节上只生 1 叶，为互生叶序。泡桐、元宝枫、丁香、金银木、太平花等树种，每节上着生两叶片，为对生叶序。楸树、夹竹桃等树种，在一个节上生有2片以上的叶，为轮生叶序。

(4) 叶缘和裂叶　树木叶缘的形态存在多种差异。多数树种的边缘不具任何齿缺，称为全缘。如丁香、紫荆、泡桐、胡桃、合欢、槐树、小叶女贞等的叶片或小叶属之。有些树种叶缘具有齿。如大叶黄杨具有齿端圆钝的锯齿；连翘、碧桃、黄刺玫、榆树、柳树等具有齿端尖锐的锯齿；珍珠梅、榆叶梅、樱花等的锯齿中又复生小锯齿，称为重锯齿；栓皮栎、糯米椴的叶缘具芒状锯齿。迎春小叶边缘具短睫毛。臭椿的小叶中上部全缘，近基部具1~2对腺齿。

当叶缘的齿缺凹入较深时，称为裂叶。如毛白杨、槲树、槲栎叶的波状缺刻。山楂叶的裂片为具尖锐锯齿的羽状裂。鸡爪槭的裂片为具齿的掌状5~9深裂。元宝枫叶的裂片为全缘的掌状5裂。

(5) 叶尖与叶基　多数树种叶先端尖或圆钝。有些树种叶尖形态较特殊，如玉兰叶先端平圆，中间突出成一个短尖，形成突尖。银杏叶顶端二裂。鹅掌楸叶先端平截（或微凹）。樱花叶先端呈尾状。刺槐、皂角等一回羽状复叶的小叶先端具有短刺尖。一般树种叶基多呈楔形或近圆形。一些树种，如紫荆、梧桐、泡桐等叶基呈心形。元宝枫叶基呈截形，故又有平基槭之称。小叶朴、椴树、合欢、香椿等树种的单叶或小叶，叶基多不对称呈偏斜。小檗的叶基极狭，状如勺柄。

(6) 叶柄与托叶　叶柄是连接叶片与茎的部分。大多数树种叶片具柄，但亦有树种叶片无柄，如盘叶忍冬。

树种的叶柄断面一般形状多为圆形或近圆形，有些树种如加杨，叶柄呈两侧压扁形状。花椒和枫杨的叶柄具翅。天目琼花、山杏、毛白杨、樱花等树种，叶柄上具有突起的腺点。

托叶为叶柄基部的附属物。有些树种如元宝枫、七叶树、胡桃等不具托叶。有些树种的托叶在展后即脱落如柳树、紫叶李、碧桃、榆叶梅、玉兰等。还有的树种托叶与叶片同时存在，称为托叶宿存。宿存托叶的形态也是我们识别树种的根据之一。如悬铃木的托叶大，整个围绕着茎呈圆领形。贴梗海棠的托叶大，呈肾形或半圆形，托叶边缘具尖锐重锯齿。十姐妹、白玉棠托叶部分与叶柄合生，托叶边缘呈篦齿状。此外，枣树、刺槐的托叶还特化成刺，长期宿存于枝上。

(7) 叶片附属物　叶片附属物是指叶片上着生的柔毛、星状毛、刺毛、腺点、腺毛、鳞片等。这些附属物的特征为树种识别提供了根据。如悬铃木、梧桐、糠椴、溲疏等树种叶片生有星状毛。构树叶片、紫藤及金银花的幼叶密被短柔毛。玫瑰、毛刺槐（江南槐）小叶柄及主脉上生有刺毛。胡桃、紫穗槐等小叶背面生有油腺点。沙枣叶背具银白色鳞片。

除上述叶部的形态特征外，依据叶片的气味，叶片具有的胶丝、乳液等可进一步进行鉴别。胡桃、香椿、黄栌、海州常山、华北香薷、花椒等树种，叶片揉皱后具有不同气味。杜仲叶片撕裂可见白色胶丝。火炬树、杠柳等树种叶片撕裂可见黄色或白色的乳液。

2. 针叶树种识别

识别针叶树种时，首先着眼于叶形。针叶树的叶形主要有4种，即针形、刺形、条形和鳞形。油松、白皮松、华山松、雪松叶为针形叶。杜松、刺柏、铺地柏等树种叶为刺形。辽东冷杉、云杉、水杉、矮紫杉、落叶松、粗榧等树种叶为条形。侧柏、香柏、日本花柏等叶为鳞形。圆柏（桧柏）、叉子圆柏（砂地柏）的叶既有刺形又有鳞形。

在每一类叶形中，还可根据形状、组成情况、叶在枝上着生方式、针叶的长短等特征进一步鉴别。如云杉和冷杉的针叶虽均为条形，但云杉叶呈棱状条形，冷杉叶呈扁平条形。油松、白皮松、华山松的叶均为针形，成束着生，但叶的组成却不相同。油松为2针一束，白皮松为3针一束，华山松为5针一束。樟子松与油松的针叶虽均为2针一束，但针叶长短不相同。樟子松针叶仅长3~9厘米，油松的针叶长10~15厘米。

（二）花

一朵典型的花由花托、花萼、花冠、雄蕊和雌蕊五部分组成。一朵花中雌、雄蕊都有的称为两性花，只有其中1种的称为单性花。单性花生于不同植株上称为雌雄异株，生于同一植株上，称为雌雄同株。同一树种既有单性花又有两性花的称为花杂性。单性花与两性花生于同一植株上称为杂性同株，反之称为杂性异株。多数园林树种的花属两性花，如丁香、连翘、榆叶梅、紫薇、刺槐、泡桐、栾树等。杨柳类、银杏、柘树、杜仲、白蜡等属雌雄异株的树种。胡桃、悬铃木等属雌雄同株树种。臭椿属杂性异株树种。七叶树属杂性同株树种。

不同种类树木花冠的形状各异。蝶形花科树种如槐树、刺槐、紫穗槐、胡枝子等花冠为蝶形。山楂、棣棠、山桃、紫叶李、贴梗海棠、蔷薇等蔷薇科树种，多为花瓣5片、离生的蔷薇形花冠。丁香属、女贞属树种花冠为漏斗形。金银木、泡桐、楸树、黄金树、梓树等的花冠为唇形。连翘、锦带花、海仙花的花冠为钟形。太平花、鸡麻的花瓣4片，相对排成十字形。

花在枝上的排列方式称为花序。花序种类的不同及同一类花序大小、形态、着生位置的差异也是从花的形态特征识别树种的依据。紫薇、珍珠梅、丁香、栾树、臭椿、槐树、七叶树等具圆锥花序。太平花、刺槐、紫藤的花为总状花序。杨树类、柳树类、胡桃、桑、构树（雄株）的花为柔荑花序。合欢、悬铃木、柘树、构树（雌株）的花属头状花序。金银木、金银花、鞑靼忍冬等忍冬属树种花成对生于叶腋。绣线菊属的花序多为伞形，东陵八仙花、天目琼花的花序边缘有一圈大型不孕边花等。此外还可依据花色、花部形态差异及花香等方面的特性进一步鉴别。

（三）果实

园林树木的果实具多种类型。合欢、槐树、刺槐、紫荆、皂角、紫藤等树种果实为荚果。山桃、李、胡桃、枣、小叶朴的果实属核果。元宝枫、榆、白蜡、杜仲等树种果实为翅果。金银木、小檗类、柿、君迁子（黑枣）、枸杞等树种果实属浆果。多数树种为蒴果，如杨树类、柳树类、丁香类、溲疏、泡桐、连翘、太平花、紫薇、香椿、黄金树、栾树、楸树、锦带花、海仙花等。栗、栓皮栎、槲树、麻栎等壳斗科的树种的果实为具有木质化总苞的坚果。绣线菊类、玉兰、梧桐的果实属蓇葖果。苹果、海棠、贴梗海棠、梨、水枸子等果实为梨果。月季、玫瑰、蔷薇类的果实为浆果状的假果，特称蔷薇果，其真正的果实为包藏在假果内的骨质坚果。在每类型果实中，还可依据果实的形状、大小、颜色及着生方式之差异进一步鉴别。例如同属蒴果，栾树果实膨大如灯笼状。梓树的果实，细长如筷子。丁香的果实扁形，成熟后二裂如鸟喙。皂荚与山皂荚的果实均为荚果且大小相近，但皂荚果实肥厚，直而不扭曲，山皂荚果实薄而扭曲。海棠花与小果海棠均俗称西府海棠，果形及大小相近，果序相同，但果色不同，前者果色黄，后者果色红。白蜡树与绒毛白蜡（小叶白蜡）的果实均为翅果，果实形态相近，但前者果实生于当年生枝顶或枝侧，后者果实生于2年生枝侧。

此外，在果实形态差异不显著时，还可从果实内种子的数量、形态的差异进行鉴别，如小叶女贞与水蜡果实形态相似，但从果内种子数量差异可区分。前者果实多具2粒种子，后多为1粒。

总之，各种树木形态表现各异，只要我们根据上述内容，对树木进行细心的观察、比较，在共性中找出树种特有的、较为明显的个性，不断实践，就能达到识别树种的目的。

第二节　园林树木的分类

植物种类繁多，目前世界上已发现和记载的植物有40多万种，就我国而言，就有高等植物3万种以上，其中木本植物7500多种，这样多的植物若没有科学的方法鉴别，人们就无法利用。为了便于识别和研究，必须将不同植物予以分门别类，以便于人们在实践中加以利用。植物分类的具体方法和理论依据有多种，但大致可归为两类，一类是人为分类法，一类是自然分类法。

一、人为分类法

人们凭着植物习性、形态或其效用等方面的某些特点进行分类的方法，称之为植物的人为分类法。如我国明代本草学家李时珍（1508～1578）根据植物的性状和用途，把1000多种植物分为草、谷、菜、果、木五类，写成了著名的《本草纲目》。在欧洲最早进行植物分类的人是希腊学者亚里士多德（公元前384～322）其按植物生长的习性，把植物分为乔木、灌木、半灌木与草本。瑞典植物学家林奈根据植物的生殖器官——雄蕊的数目及其位置作为分类依据把植物界分为24个纲。至于按植物的效用分类，方法种类纷繁。园林树木的分类方式多样，大体可分为下列几种类型。

1. 按树木习性分类

（1）乔木类　树体高大（5米以上）具有明显主干。根据树高又具体分为大乔木（20米以上）如刺槐、毛白杨等；中乔木（10～20米）如玉兰、柿等；小乔木（5～10米）如樱桃、紫叶李、山桃等。

（2）灌木类　树体矮小（5米以下），无明显主干或主干甚矮。如榆叶梅、月季、连翘等。

（3）藤木类　藤木是能攀附他物而向上生长的蔓性树木。如紫藤、金银花、爬山虎（地锦）、五叶地锦、凌霄等。

2. 按观赏特性分类

（1）观叶树木类（叶木类或观叶类）　如黄栌、红枫、紫叶李、红叶小檗、元宝枫等。

（2）观花树木类（花木类或观花类）　如玉兰、蜡梅、榆叶梅、丁香、碧桃、月季等。

（3）观果树木类（果木类或观果类）　如柿、石榴、金银木、水栒子、紫珠等。

(4) 观枝干树木类　如红瑞木、棣棠、白皮松、山桃、悬铃木等。
(5) 观树形树木类　如龙爪槐、垂枝碧桃、雪松、馒头柳、千头椿等。

3. 按树木在园林绿化中用途分类

(1) 行道树与庭荫树类　行道树是指种植在道路两旁的乔木，如毛白杨、槐树、银杏、绒毛白蜡、千头椿等。庭荫树是可供栽植在庭院、绿地，冠大荫浓又具有一定观赏性的树木，如悬铃木、合欢、栾树、七叶树、梧桐等。

(2) 孤植、园景树　在绿地中单株栽植的树木，以其树姿、色彩构景，如雪松、华山松、云杉等。

(3) 地被植物类　地锦、金银花、砂地柏、铺地柏、平枝栒子等。

(4) 花灌木类　丁香、木槿、太平花、榆叶梅等。

(5) 攀援植物类（藤木类）　爬山虎、五叶地锦、紫藤、凌霄等。

(6) 植篱植物类　绿篱：侧柏、桧柏、锦熟黄杨、大叶黄杨、小叶女贞等；彩篱：紫叶小檗、金叶女贞、金心黄杨等；花篱：黄刺玫、珍珠梅、木槿、三裂绣线菊、棣棠等；刺篱：枸橘、小檗、花椒、黄刺玫等。

4. 按树木在园林绿化生产中的作用分类

(1) 淀粉类　板栗。
(2) 油料树类　胡桃、文冠果。
(3) 木本蔬菜类　香椿。
(4) 药用树类　杜仲、连翘、辛夷、牡丹等。
(5) 香料树类　玫瑰、月季、桂花、茉莉等。
(6) 用材树类　泡桐、杨树等。
(7) 干鲜果树类　猕猴桃、桑、桃、梨、枣、胡桃、栗子等。
(8) 观赏树木类　各种花灌木、常绿树等。

二、植物进化系统分类法

（一）自然分类法

自然分类法是依据植物进化顺序及植物之间亲缘关系而进行分类的方法。它基本上反映了植物自然历史发展规律。园林树木分类隶属植物分类。它们的分类原则、分类系统是完全一致的。

（二）植物分类单位和植物命名

1. 分类单位

在自然分类法的具体安排中，常采用一系列的分类单位：界、门、纲、目、科、属、种等，借以顺序地表明各分类等级。有的因在某一等级中不能确切而完全地包括其性状或系统关系，故另设亚门、亚纲、亚目、亚科、亚属、亚种或变种等以资细分。

"种"是分类的最基本的单位，并集相近的种而成属，类似的属而成科，由科并为目，由目集成纲，由纲而成门，由门合为界。这样循序定级，就构成了植物界的自然分类系统。

"种"是具有相似形态特征，表现一定的生物学特性并要求一定生存条件的多数个体的总和，在自然界占有一定的分布区。因此，每一个"种"都具有一定的本质性状，并以此而界限分明地有别于他"种"。如桃、垂柳、雪松等都是彼此明确不同的具体的种。以雪松为例，条列此种植物的分类位置如下：

```
界……………………………………植物界
 门……………………………………种子植物门
  亚门………………………………裸子植物亚门
   纲………………………………球果纲
    目………………………………松杉目
     科……………………………松科
      亚科…………………………落叶松亚科
       属…………………………雪松属
        种………………………雪松
```

因此，在自然分类系统中，每种树木都有其具体的位置。现在应用的树木志、植物志都分门检索，省略了纲和目，直接进入科。对同一物种在不同书中对纲和目的称谓常有不同。

2. 植物命名

植物种类繁多，其普通名随各国语言文字而不同，即在一国之内，同一植物在不同地区也各有不同的名称，这样就常发生同物异名或异物同名等情况，造成较大的混乱，不利于科学交流和生产、应用。因此，在植物名称上，十分有作统一规定之必要。

1753年林奈正式倡用"双名法"，作为学名制定的准则。双名法规定每个植物的学名系由2个词所组成：第一个词示属名，多数是名词；第二个词示种加词，多数是形容词。一个完全的学名，还要在属名、种加词之后附以命名人（多缩写）。学名一律用拉丁文书写，其中属名第一字母要大写。如银杏的学名为：*Ginkgo biloba* L.。属名"Ginkgo"为我国广东方言的拉丁文拼首；种加词"biloba"为拉丁文形容词，意为"二裂的"，系指银杏叶片先端二裂的意思；L. 为命名人林奈 Carlvon Linne，即 Linnaeus 的缩写。

至于野生变种和变型等命名，则系在种加词之后加 var. 或 f.，再列变种名或变型名以及命名人。如：扫帚油松（变种）的学名为：*Pinus tabulaeformis* Cart. var. *umbraculifera* Liu et Wang。

但栽培品种名称，则在种加词名后加 cv.，然后列大写品种名。或只用大写品种名，列单引号内。如龙柏是圆柏（桧柏）的栽培变种（品种），其学名应写作：*Sabina chinensis*（L.）Ant. cv. Kaizuca 或'Kaizuca'。

第三节 园林树木的生长发育及其规律

树木在其生命活动中，通过细胞的分裂和扩大，导致体积和重量的不可逆的增加，称为生长。发育是在细胞、组织、器官分化基础上结构和功能的变化。生长和发育分别体现个体生活史上量和质的变化。不同树种有其自身不同生长发育特点及规律，了解树木生长发育及规律对于正确地选择应用树种（品种），制定合理的养护管理措施，有预见性地调控树木生长发育空间，促进树木苗壮成长，充分发挥园林绿化的多种功能具有十分重要的意义。

一、树木各器官的生长发育

（一）根系的生长

树木的根系生于地下，习惯上称为树木的地下部。树木根系没有自然休眠期，只要条件合适，就可全年生长或随时由停顿状态迅速过渡到生长状态。其生长习性、生长量大小除受树种自身遗传性决定外，还受土壤温度、水分、通气、树体有机养分积累多少等外部因素制约。不同树种，其根系在土壤中分布不同，差异很大。有些树种，如油松、白皮松、圆柏、银杏、柿树、槐树、臭椿、胡桃、榆树等，它们的根系发达，根系直向下生长旺盛，扎根较深，称为深根性树种。有的树种，如灌木树种及部分乔木树种，如刺槐、火炬树、云杉、侧柏等，主根不发达，根系多向水平方向扩展，扎根较浅，称为浅根性树种。园林设计中浅根性树种不便作为路树设计。

树木根系生长的深度和广度因树种不同而存在差异外，在很大程度上受土壤环境及树木地上部生长发育状况的影响，根系的生长都要求适宜的土壤温度，温度过高或过低都不利于根系生长，甚至造成伤害，一般根系生长适宜的土温为20～28℃，低于8℃或超过38℃，根系的吸收功能及生长基本停滞。土壤湿度与根系生长有密切关系，一般土壤含水量在最大持水量的60%～80%时对根系的生长最为适宜。过干易促使根木栓化，导致部分须根衰亡；过湿会使根系呼吸受到抑制，造成生长停止，甚至死亡。此外，土壤养分、土壤通气状况均对根系生长有很大影响。在城市生态环境中，植物的落叶、树枝均被作为垃圾清除掉，造成土境营养循环中断。加上大量无机夹杂物的填埋渗入，土壤趋于贫瘠。此外，由于人流频繁践踏，建筑、地面夯实，车辆的辗压，土壤密实，通气性差，影响树木根系的生长和分布。据北京市的研究资料，一般适宜树木根系生长的土壤硬度为8千克/平方厘米以下，而在城区所有测试点中，符合此标准的测点不足44%。密实土壤使通气孔隙减少，妨碍土壤与大气间的气体交换，增大树木根系生长的机械阻抗，常导致根系因无法穿透植坑外实土层而绕坑壁生长的畸形状态。松类、云杉、银杏、柳树类、元宝枫等树种不适应硬实度大的土壤环境，在栽植及树木养护管理工作中，须通过扩坑、深翻改土、合理灌溉施肥等措施改善根系生长的地下环境，促进树木根系正常发育。

（二）枝条的生长

枝条的生长与根系相反，是背地性的。树木随着每年新梢的生长，树冠不断扩展，树体增高，枝干增粗。1年内新梢生长达到的长度或粗度称为年生长量。生长量大小及变化是反映树木长势强弱、生长规律的指标。枝条的生长始于芽的萌动。随着生长点细胞分裂、扩大，新梢节间不断伸长，枝条的加长生长在有节律地进行，这种节律一般是慢—快—慢。当新梢项端最后形成顶芽、花序或自枯时，表明枝条当年加长生长已结束，树木进入休眠。树木枝条加长生长的起止时间（生长期）的长短、生长量的大小随树种（品种）、树龄的不同而不同。一般北京树种生长期短于南方树种；幼年树较成年树结束生长为迟。在栽培中，可通过水肥调节控制树木生长来达到某种目的。如引种栽培南方树种时，为有利于苗木安全越冬，可在生长后期减少灌水，适量施用磷、钾肥，促使枝条及早结束生长，从而延长营养物质积累，使组织充实，安全越冬。

在枝条加长生长时，加粗生长也在同步进行。枝条加粗生长是形成层细胞分裂的结果，一般形成层的活动稍晚于萌芽。随着新梢不断的延伸生长，形成层的活动也不断进行。春季树木形成层活动所需养分主要由去年贮藏营养提供。以后随着新梢生长，叶片的长大与增加，光合作用产生和同化物质不断满足形成层活动需要。秋季叶片积累的光合产物促进新条的加粗生长，枝条增粗生长高峰稍迟于加长生成。

（三）叶的生长

叶片一般在芽中已经形成，它的生长开始于茎端生长点的叶原基。在叶原基形成幼叶的过程中，由于各部分细胞分裂和扩展的速度和方向不同，就会发生各种变化，形成不同形态特征的叶片。叶的生长期有限，一般经历短时期达到一定大小，叶面积停止增大。生长量大小因不同树种（品种）、枝条上不同部位而异。一般在长枝上基部节上的叶片和秋梢叶均小，而中间节上叶片在旺盛生长期形成，面积较大。短枝上叶片，除基期部因发育时间短面积较小外，其余大体相近。

与根系和枝条在生长过程中，始终保留着由原分生组织组成的生长点不同，叶在达到一定大小后不再生长（竹类由于存在层间分生组织，叶鞘仍随节间生长而伸长），但其仍生存于枝上，发挥着生理功能，直至落叶。对于落叶树而言，叶的寿命（从展叶对落叶经历的时间）不到1年。常绿树叶的寿命较长，油松、华山松一般2~3年，白皮松3~5年（个别达7~8年），云杉、冷杉、紫杉的叶生存时间可达10年左右。

（四）花芽分化及开花

植物经过一段时间的营养生长，植株成长到一定大小后进行花芽分化。在正常的情况下，一旦花芽分化完成、环境条件适宜，树木就会开花。树木开花时间（花期）取决于花芽分化。北京园林中绝大多数早春及春夏开花的树木，如迎春、连翘、玉兰、丁香、榆叶梅、樱花、海棠花、观赏桃品种、紫藤等树种，其花芽分化多在上年夏秋季（6~8月开始，9~10月间完成花芽分化的主要部分）。一些夏秋季开花的树种，如紫薇、木槿、槐树、栾树、珍珠梅等，花芽都是在当年枝顶端或叶腋形成并开花。还有些树种，如月季、四季桂等，花芽分化速度快，在生长期内，多次抽梢，发生新枝就分化花芽。1年中可反复多次开花。

花芽分化受树种遗传特性、树体营养及生长状况、环境条件、栽培技术等诸多方面制约，情况十分复杂。掌握树种（品种）的自然花期，对正确择配树种，创造三季有花、四季常青的优美园林景观具有实际意义。

（五）果实的生长发育

在开花期经受精后，才能结实。从花谢后到果实成熟期间经历着果实的生长发育过程。树木坐果后，通过细胞分裂和增大，果实体积不断增长，形状发生相应变化。伴随着果实形状、大小的变化，果实内含物发生着生理变化，其中，尤以肉质类果实变化为明显。这些变化表现在果实着色、质地由硬变软，一些果实成熟过程中产生香味等。不同树种（品种）果实生长发育所需的时间长短主要受遗传基因控制，如榆树、杨树类、柳树类等当年春季授粉后，经短时期 1~2 个月生长发育，果实即成熟。而松树类，如油松、白皮松、华山松等树种，当年授粉后，翌年受精，秋季球果才能成熟。树木果实的多少及果实品质好坏与树体营养、环境中光照与水热状况及栽培技术措施密切相关。为了促进果实生长发育，首先要提高树体贮藏养分的水平。为此花前追施氮肥并灌水，花期注意防治病虫危害，花后可进行叶面喷肥，果实生长发育后期可施磷钾肥。为了提高结实量还可进行环状剥皮或应用生长激素处理。

上述树木各器官的生长发育并非各自独立进行的，树木各器官生长发育存在着相互关联、相互促进、相互依赖、相互制约的关系。这种即对立又统一的关系是树木在长期生存中，与外界环境不断斗争中形成和发展的。

二、园林树木的生长发育规律

树木的生长发育有自身的规律性，这种规律还体现在它们生长发育的周期现象中。树木从生到死，经历幼年、成年、老年阶段完成其生长发育的全过程，此过程为树木的生命周期。树木在一年中生长发育所表现出的规律性变化，称为树木生命活动的年周期。树木的年周期是通过物候来划分的。所谓物候是指树木各个器官随季节性气候变化而发生形态变化。年周期是生命周期的基础，树木的生命周期包含着若干年周期。

（一）园林树木的生命周期

园林树木因繁殖方式不同，存在 2 种类型的生命周期。

1. 种子繁殖的园林树木

有性繁殖的园林树木个体是由雌雄性细胞受精后产生的种子萌发而长成的单株。它们的生命周期一般分为胚胎期、幼年期、成年期、衰老期 4 个阶段。

（1）胚胎期　从卵细胞受精形成合子开始，至种子萌发前为胚胎期，其特点是树木种子处于休眠状态。

（2）幼年期　指从种子萌发开始，到苗木第一次结果之前所经历的时期。这一时期主要进行营养生长。随着根系和枝干的生长，光合和吸收面积迅速扩大。树体积累的营养物质多用于生长。在幼年期后期，有时可分化少量花芽，但即使形成也多脱落，不易结实。不同树种幼年期长短有很大差异，时间长的需几十年，如雪松、银杏实生树等。短的，如矮本花石榴、紫薇等，当年就能开花。

（3）成年期　指植株从具有稳定的开花结实能力时起，到开始出现衰老特征时结束。树木在这一时期内，经过连续多年自然开花结果产生种子繁衍后代的生命历程。这一时期时间较长。

（4）衰老期　指树体从衰老开始，到最终死亡为止。树木经多年生长、繁衍后，生命活动渐趋衰弱，每年新梢延长生长量低；骨干枝、骨干根逐步枯死；结果量越来越少；树体生理协调力破坏；抵抗力弱，易受病虫危害；无力更新复壮，逐步死亡。

2. 营养繁殖的园林树木

营养繁殖的园林树木，其生命周期中不需再经历较长时间的幼年期，因为，从母株上采集的繁殖材料是实生母株成熟阶段的继承和发展，已经具备开花结果的能力。但是由于营养繁殖的植株树体通常短小，营养积累不足，短时间内不大量开花结实，即使有少量花芽出现，也宜摘除，使树体经过一段时间旺盛的营养生长期，积累了足够的养分，保证正常开花结果。所以，营养繁殖的园林树木，其生命周期可分为营养生长期、开花结果期和衰老期3个阶段。其后两个阶段特点与有性性繁殖的园林树木基本相同。营养繁殖的树苗从生理年龄看已处于成年期，采用适当的栽培技术措施（如环剥、喷施矮壮素等）可促其提早开花结实。而有性繁殖的苗木必须经过幼年期的生长发育阶段才能开花结实。这是有性繁殖的营养繁殖园林树木之间的根本区别。

园林树木生命周期的长短因树种不同而异，主要受遗传因子控制，但与环境条件也密切相关。一般树木寿命十几年、数十年，长的则上百年，甚至上千年。在北京的园林树种中，泡桐类、杨树类、柳树类80年即衰老，趋于死亡。而银杏、侧柏、圆柏等树种经七八百年乃至千年以上，仍能开花结实，生机盎然。

（二）园林树木的年周期

园林树木的年周期是通过树木的候期来体现的。树木物候期是指在年生长周期树木各器官随季节性气候变化而发生形态变化的时期。不同树种（品种）物候期有明显差异，如同为观花乔木的玉兰在北京早春3月即可盛开，而合欢、栾树却要待到夏秋季才开花。同为灌木的金银木，果实要到9

月才着色变红，而忍冬5月份已是满树红果了。这些差异是由树种遗传特性决定的。在相对稳定的环境中，物候期基本不变。但环境条件（光照、温度、降水等）发生变化，物候期也会发生变化。此外，不同的栽培措施也会改变或影响物候期。

树木年周期的变化比较明显，特别是落叶树种变化更为突出。在北方，落叶村种1年中有明显的生长期和休眠期，而常绿树种没有明显的休眠期。生长期内，树木各部分器官会随季节变化而发生变化，如落叶树有萌芽、抽枝展叶、开花坐果、新芽形成或分化、果实发育和成熟、落叶等物候期。每种树木按其固定的顺序通过一系列生命活动。不同树种有些不同顺序，有些先开花后展叶如玉兰、迎春、山桃、连翘等，也有先萌叶芽抽枝展叶而后开花的，如海棠花、贴梗海棠、兰考泡桐等。此外，树木各物候期开始、结束时期的早晚及持续时间长短也因树种（品种）不同而不同。常绿树种由于叶的寿命较长，多在1年以上。每年增生新叶存在活枝上，仅仅脱落老叶，因此，终年树叶常绿。北京园林中的常绿树如油松、白皮松，每年春季先发枝长叶，后开花散粉，其果实需跨年成熟。

第四节　树木各论

一、常绿乔木

1. **白杆**（五台杉、白儿松、云杉）

科属：松科，云杉属。

形态（图3-3）：乔木，高约30米，胸径60厘米；树冠狭圆锥形；树皮灰色，呈不规则薄鳞状剥落，大枝平展，小枝有密毛，淡黄褐色或褐色；冬芽多为圆锥形，或卵状圆锥形，褐色，略有树脂；叶四棱状条形，四面有气孔带；雌雄同株，雄球花单生叶腋，雌球花单生枝顶；花期4～5月；球果长圆状圆柱形，初期浓紫色，成熟时呈黄褐色，当年9～10月成熟，种子有翅。

分布：山西五台山，河北小五台山、雾灵山，陕西华山等地。

图3-3　白杆

习性：耐荫性强，为耐荫树种。性耐寒、抗风，喜空气湿润气候，不甚耐干热。在建筑物北侧、东侧和其他林木庇荫下栽植生长较好。

对城市渣土较能适应，为浅根性树种，耐土壤密实较差，不耐水湿，低湿处栽植烂根，地上部分枯尖落叶或全部枯死。

对二氧化硫、一氧化碳和烟尘有一定抗性，但对氯气及氯化氢抗性弱。白杆为浅根性树种，生长缓慢，但后期较快，15年者开始结实。

繁殖：播种。

园林用途：树形端正，枝叶茂密，下枝能长期存在，最宜孤植，是较好的庭园观赏树，也是高山造林树种。华北城市园林中多见栽培。新中国成立前极少量引入北京市栽植，新中国成立后尤以近年应用较多，多植于庭院内，公园、道路绿地也有栽植。

2. 青杆（魏氏云杉、细叶云杉、刺儿松）

科属：松科，云杉属。

形态（图3-4）：乔木，高达50米，胸径1.3米；树冠圆锥形，2、3年生枝条淡灰或灰色，芽灰色，无树脂；叶较短，较细，横断面扁棱形，有气孔带；雌雄同株，雄球花单生叶腋，雌球花单生枝顶，花期4月；球果卵状圆柱形，成熟前绿色，熟时淡褐色，当年10月成熟。

分布：河北小五台山、雾灵山，山西五台山，甘肃东南部，陕西南部，青海东部，湖北西部及四川。

习性：性强健，耐荫性强，耐寒，喜凉爽湿润气候，不甚耐干热，在墙体或铺装面热辐射强处，树冠下部枝疏叶稀，多生长不良。喜排水良好、适当湿润之中性或微酸性土壤，微碱性土壤亦能生长。不耐水湿，对城市渣土较能适应。对二氧化硫、一氧化碳、烟尘污染有一定抗性，生长缓慢。

图3-4 青杆

繁殖：播种。

园林用途：树形整齐，叶较白杆细密，为城区园林观赏树之一，也是高山造林树种。宜于公园、庭院绿化种植。

3. 华山松（五叶松、果松、青松、五须松）

科属：松科，松属。

形态（图3-5）：乔木，高达35米，胸径1米，树冠广圆锥形；幼树皮灰绿色，平滑，老则灰色，纵裂成厚块片固着树干上；1年枝灰绿色，平滑无毛，微具白粉；针叶5针一束，叶鞘早落，针叶长而柔软；花单性，雌雄同株；球果圆锥状长卵形；种子无翅或两侧及顶端具棱脊。花4~5月，果翌年9~10月成熟。

分布：山西、河南、陕西、甘肃、青海、四川、湖北、云南、贵州、台湾等地。

习性：喜光树，也较耐荫。喜凉润气候，不甚耐干热。在城区下垫面热辐射较强处树皮易灼伤，树干西南面皮变棕褐、流脂、树势变弱。耐寒，但不耐强风，在市区风口或高层建筑北侧栽植易受回头风侵袭而落叶枯梢。

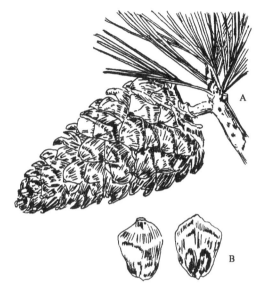

图3-5 华山松
A. 果枝 B. 种鳞

喜深厚、疏松、排水良好的土壤。对城市渣土适应性较强。一般在少量渣土上生长良好。较耐干旱，公园内干旱土山坡上生长较同地栽植的油松、辽东冷杉、杜松、樟子松等为优。但在多量渣土上因保水性差，土壤含水量减少，表现针叶枯黄，主尖干枯，生长势下降。对土壤通气要求较高，不耐密实。在盐碱、低湿之地多黄化、枯梢、生长不良。浇水量过大时也易引起黄化及落叶。

生长较快，北京市区栽植一般枝条生长量30厘米左右，最大可达70厘米。据北京市区多处绿地调查，年生长量均较同地之油松、白皮松为快。

繁殖：播种。

园林用途：华山松高大挺拔，针叶苍翠，冠形优美，生长较速，是优良庭园绿化树种。适作园景树、庭荫树及林带树，亦可用于丛植、群植及高山风景区之风景林。北京市百花山、西山、九龙山林场及植物园从20世纪50年代开始引起，于近山区试种。城区栽植以西郊友谊宾馆最早（1965年），现已正常生长、结实多年。70年代中期以来，在北京市内部分公园、街头绿地、居住小区及庭院内逐步推广应用。

4. 河南桧柏、西安桧柏

科属：柏科，圆柏属。

形态（图3-6）：河南桧柏属于桧柏的品种，小乔木，树干单一，主尖明显，树冠圆锥形（河南鄢陵）至狭圆锥形（河南潢川）。河南地区分称为胖桧、瘦桧。其主要形态同桧柏，特点是侧枝向上抱拢、小枝及叶密集。树冠刺叶、鳞叶皆有。西安桧柏又称西安刺柏，和河南桧柏同为小枝及叶密集形，所不同的是，树形为广圆锥形，基部较肥大，树冠全为刺叶。

分布：同为桧柏的园艺品种，由人工选育的无性系发展形成，具有明显的地域性。西安桧柏产于西安，河南桧柏则产于鄢陵、潢川。现在华中、华北、东北各地均有栽培。

图3-6 西安桧柏

习性：主要习性同桧柏。河南桧抗寒性、抗干旱气候能力弱于桧柏实生苗（北京桧）。有些年份的春夏交接季节会发生焦尖现象。

繁殖：西安桧没有种子，河南桧种子很少，为了保留延续其园艺优良特性，主要用扦插方法进行繁殖。

园林用途：树形独特、优美，树冠整齐、小枝密集，观赏性强于桧柏实生苗。

5. 蜀桧（笔柏）

科属：柏科，圆柏属。

形态：小乔木，高达10米。枝近直立向上，叶全为鳞叶，对生，紧贴枝上，三角形至卵形，基部有腺体。二回或三回分枝均从下部到上部逐渐变短，使整个分枝的轮廓成塔形。球果近球形，长约6~8（10）毫米，深褐色至蓝黑色。

分布：四川北部高山，华东、华中地区均有栽培，北京有引种。

习性：喜光，喜温暖湿润气候，并较耐干热，背风向阳处生长良好，不甚耐寒，对冬春西风侵袭反应敏感，植于迎风处或开阔地越冬小枝易枯梢。对土壤要求不严，较能适应城市渣土，亦较耐盐碱，于北京市各处绿地栽植，长势尚好。

繁殖：扦插、嫁接。

园林用途：蜀桧叶色翠绿、枝叶紧密，侧枝向上紧凑，树形锥形很优美，为长江流域及华北地区城市绿化常见的优良庭园观赏树。园林中常以规则式列植于建筑前厅两旁，或自然种植于绿地草坪上。亦可用作盆景材料。

二、常绿灌木

6. 凤尾兰（波萝花）

科属：百合科，丝兰属。

形态：灌木或小乔木。干短，有时分枝，高可达5米。叶密集，螺旋排列茎端，质坚硬，有白粉，剑形，长40~70厘米，顶端硬尖，边缘光滑，老叶有时具疏丝。圆锥花序高1米多，花大而下垂，乳白色，常带红晕。蒴果干质，下垂，椭圆状卵形，不开裂。花期6~10月。

分布：原产北美东部及东南部，现长江流域各地普遍栽植。

习性：适应性强，耐水湿。扦插或分株繁殖，地上茎切成片状，水养于浅盆中，可发育出芽来作桩景。

繁殖：分株。

园林用途：凤尾兰花大树美叶绿，是良好的庭园观赏树木，常植于花坛中央、建筑前，草坪中、路旁及绿篱栽植用。

三、落叶乔木

7. 二乔玉兰（朱砂玉兰）

科属：木兰科，木兰属。

形态：落叶小乔木或灌木，高7~9米。叶倒卵形至卵状长椭圆形，花大，呈钟状，内面白色，外面淡紫，有芳香，花萼似花瓣，但长仅达其半，亦有呈小形而绿色者。叶前开花，花期与玉兰相同。为玉兰与木兰的杂交种。在国内外庭园中普遍栽培，而有较多的变种与品种。

（1）大花二乔玉兰　灌木，高2.5米；花外侧紫色或鲜红，内侧淡红色，比原种开花早，栽培较多。

（2）美丽二乔玉兰　花瓣外面白色，但有紫色条纹，花形较小。

（3）塔形二乔玉兰　树冠柱状。

各种二乔玉兰均较玉兰、木兰更为耐寒、耐旱，移植难。

分布：原产我国中部山区，现国内外庭园常见栽培。

习性：喜光，略耐半荫，于庇荫条件下能生长，但多不开花。喜温暖湿润气候，嫁接苗木耐寒性弱，实生苗木耐寒性稍强，露地栽植宜选择楼南或东侧避风并有林木分布、空气较湿润的处所。不耐干燥、高温,多易焦叶,故植于北京市近山风景区者较城区生长为好,植于公园、庭院者又较街头绿地生长为佳。

在含夹杂物较少的渣土上生长较好,但忌石灰渣土。根肉质,畏积水,不耐低湿及盐碱。在栽培管理中如浇水量过大也易引起烂根死亡。较不耐瘠薄及土壤密实,常因此而加重焦叶。

嫁接玉兰生长较慢,实生苗木则生长显著为快,适应性也强于嫁接玉兰,但开花较迟且花朵较小,观赏稍差。

繁殖:播种、嫁接。

园林用途:玉兰花大而洁白、芳香,是我国著名之早春花木,自古即有栽培。北京园林中栽培历史有200余年。古树多见于皇家园林、寺庙及私宅庭院内,据1983年统计,北京市有古树9株。西山大觉寺内清乾隆年间所植玉兰,现株高达7米,冠幅7米,分枝点1.2米处胸径37厘米,至今长势好。玉兰宜列植室前,点缀庭院,于建筑物前配植或以常绿树为背景丛植于草坪。

8. 悬铃木

科属:悬铃木科,悬铃木属。

形态:(1)法桐(三球悬铃木)(图3-7) 乔木,高达30米;树冠阔钟形,干皮灰褐色或灰白色,呈薄片状剥落。幼枝及叶密生褐色星状毛。叶掌状5~7裂,裂深达中部或中部以上,裂片长大于宽,叶基广楔形或截形,缘有大齿。聚合果成球形,果序3~10个1串,小坚果具棱角,宿存花柱长,呈刺毛状。花期4~5月,果熟9~10月。

(2)美桐(一球悬铃木) 乔木,高达40~50米;树冠圆球形或卵球形。叶3~6浅裂,裂片宽大于长。果序常单生,偶有2个1串者。宿存之花柱短,故果序表面较平滑;小坚果无突出之毛。

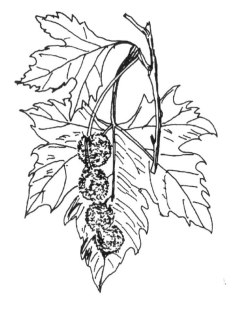

图3-7 法桐

（3）英桐（二球悬铃木、槭叶悬铃木）　本种为前两种之杂交种。高35米，胸径4米；叶广卵形至三角状广卵形，掌状3～5裂。果序通常2个1串，偶有单生或3个1串者，有宿存花柱形成之刺毛。花期4～5月，果熟期9～10月。有金斑、银星、塔型等变种。

分布：法桐原产欧洲东南部及小亚细亚至印度，美桐原产北美东南部，英桐产英国伦敦，现广栽于世界各地。这3个品种我国均有引种栽培。

习性：性喜温湿气候，有一定耐寒力，在北京可露地栽植。在北京市区栽植分布上多局限于庭院。道路栽植存活率低，未获成功。

悬铃木在道路及空旷地上栽植存活率低，主要原因是越冬灼条。据对北京市区道路上现存植株调查，有规律地表现为：南北向道路栽植的较东西向道路栽植的成活要好，南北向道路中又以路西较路东成活好。说明建筑楼体阻挡冬春主风，对悬铃木安全越冬的影响。悬铃木萌芽较早，春季干冷风直接导致树体水分蒸腾加剧，又使冻土层加深，解冻较迟，从而形成冻旱现象，加速地上部分失水而灼条。据初步调查，悬铃木的耐寒性及生长速度以美桐较强，英桐次之，法桐较弱。

悬铃木喜光，适于避风向阳处栽植。对城市含夹杂物土壤有一定适应性。在夹杂物含量过多时可因供水状况恶化而削弱生长势，均可使灼条现象加重。耐干旱，喜湿润，水边栽植生长显著为快。萌芽性强，耐修剪。较耐烟尘，对二氧化硫、氯气等有毒气体污染有较强抗性。

繁殖：播种或扦插。

园林用途：悬铃木树形雄伟，叶大荫浓，树冠开阔，枝干光洁，是世界著名的遮荫树及行道树。其生长迅速，对城市环境适应能力强，故世界各国园林中广为应用。在北京市园林中，宜作庭荫树及水边护岸固堤树种，或用于工厂区绿化。道路绿化宜选背风一侧。因悬铃木幼枝幼叶上的星状毛脱落时被吸入能引起呼吸道炎症，故不宜在幼儿园绿化应用。园林养护管理中亦应注意采取劳动保护措施。

北京市园林中习惯上将美桐、英桐、法桐统称为悬铃木或法桐，生产及栽培管理上同一对待且习性相近。

9. 垂丝海棠

科属：蔷薇科，苹果属。

形态（图3-8）：小乔木，高5米，树冠疏散。枝开展，幼时紫色。叶卵形至长卵形，长3.5～8厘米，基部楔形，锯齿细钝或近全缘，质较厚实，表面有光泽，叶柄及中肋常带紫红色。花4～7朵簇生于小枝端，鲜玫瑰红

色,径3~3.5厘米,花柱4~5,花萼紫色,萼片比萼筒短而端钝,花梗细长下垂,紫色,花序中常有1~2朵花无雌蕊。果倒卵形,径6~8毫米,紫色。花期4月,果熟期9~10月。

分布:江苏、浙江、安徽、陕西、四川、云南等地。

习性:喜温暖湿润气候,耐寒性不强,北京在良好的小气候条件下勉强能露地栽植。

繁殖:多用海棠为砧木进行嫁接。

园林用途:本种花繁色艳,朵朵下垂,是著名的庭园观赏花木。在江南庭园中尤为常见,在北方常盆栽观赏。

变种有重瓣垂丝海棠和白花垂丝海棠等。

图 3-8 垂丝海棠

10. 山桃

科属:蔷薇科,李属。

形态(图3-9):落叶乔木,高10米。树皮暗紫色,有光泽,白色横生,皮孔明显;枝条多直立,紫红色,小枝纤细,无毛。芽2~3个并生,中间为叶芽,两侧为花芽。叶卵状披针形,边缘具细锐锯齿,两面无毛。花单生,先叶开放,近无梗;萼筒钟状,无毛,花瓣粉红色或白色。核果球形,有柔毛,果肉薄、干燥、离核、核小,有沟纹。花期3~4月,果熟期8月。

分布:黄河流域,西南地区。垂直分布

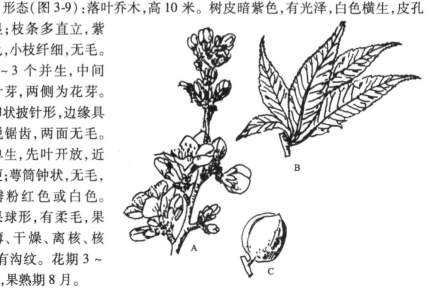

图 3-9 山桃
A. 花 B. 叶 C. 果实

可达 500~2 000 米。

习性：耐寒、耐旱，喜光，对城市土壤适应性强，能抗多种有害气体污染。生长较快，寿命较短。有多种病害危害，管理上需加强防治。

繁殖：播种。

园林用途：本种花期早，开花时美丽可观，并有白花等变异类型。园林中宜成片植于山坡并以苍松翠柏为背景，能充分显示出其娇艳之美。在庭院、草坪、水际、林缘、建筑物前零星栽植也很合适。本种枝干呈赤铜色，有光泽，亦可观赏。

11. **榆树**（白榆、家榆）

科属：榆科，榆属。

形态（图 3-10）：落叶乔木，高达 25 米，胸径 1 米，树冠圆球形。树皮纵裂，粗糙，暗灰色。小枝灰色，细长，排成二列状。叶卵状长卵圆形，先端尖，基部稍歪，缘多为不规则之单锯齿。早春叶前开花，簇生于去年生枝条上；翅果近圆形，种子位于翅果中部。花期 3~4 月，4~5 月果熟。

分布：我国东北、西北、华北，南至长江流域；华北、淮北平原地区普遍栽培。

习性：喜光、耐寒，能适应干冷气候，喜排水良好土壤。对城市土壤适应性强，较耐水湿，耐干旱、瘠薄和轻度盐碱土，在石灰性冲积土及黄土高原上生长较快。对多种有害气体有较强的抗性。寿命可达百年以上。萌芽力强，耐修剪。主根深，侧根发达，抗风，保土力强，抗污染。

图 3-10　榆树

繁殖：播种为主。

园林用途：榆树适应性强，宜作遮荫树、防护林、工矿区及四旁绿化树种应用。在干瘠、严寒之地常呈灌木状，可修剪作绿篱。又因其老茎残根萌芽力强，可掘取制作盆景。

其变种有垂枝榆，经高接换头形成伞形树冠。

12. 樱花（山樱桃）

科属：蔷薇科，李属。

形态（图3-11）：乔木，高15~25米，胸径达1米。树皮暗栗褐色，光滑。小枝无毛。叶卵形至卵状椭圆形，长6~12厘米，先端尾尖，缘具尖锐重锯齿或单锯齿，齿端短刺芒状，两面无毛，叶表浓绿色，叶背色稍淡，幼叶淡绿褐色，叶柄长1.5~3厘米，无毛，常有2~4腺体。花白色或淡粉红色，径2.5~4厘米，无香味。3~5朵成短总状花序。萼筒钟状，无毛，萼裂片有细锯齿。卵形或披针形。花瓣倒卵状圆形或倒卵状椭圆形，先端有缺凹；雄蕊多数，花柱平滑；核果球形，径6~8毫米，先红而后变紫褐色。花期4月，与叶同放，果7月成熟。

图3-11 樱花

分布：长江流域，东北、华北地区；朝鲜、日本均有分布。

习性：喜光，喜深厚、肥沃、排水良好疏松土壤，不耐水涝，不耐盐碱，在盐碱土地栽植易发生黄化、焦叶现象。喜空气湿润小环境。不甚耐寒，迎风处栽易灼条。对烟尘、有害气体抗性较弱。根系较浅。

繁殖：嫁接、播种。

园林用途：樱花为北京市春季观花树种，盛开时烂漫美丽但观赏期较短，仅1周左右。园林应用宜于山坡、庭院、建筑物前及园路旁栽植。新中国成立后北京市公园内有少量栽植。

13. 火炬树（鹿角漆）

科属：漆树科，漆树属。

形态（图3-12）：灌木或小乔木。树皮黑褐色，稍具不规则纵裂。枝具灰色茸毛，幼枝黄褐色，被黄色茸毛。叶互生，奇数羽状复叶，小叶11~13，长圆形至披针形，先端渐尖，基圆形或阔圆形，上面深绿色，下面苍白色，均被茸毛，老时脱落。雌雄异株，顶生直立圆锥花序，密被茸毛，花小，密生，淡绿色。小核果扁球形，被红色刺毛，聚为紧密的火炬形果穗。种子扁圆形，黑褐色，种皮坚硬。花期5月中旬~7月中旬；9月果熟。

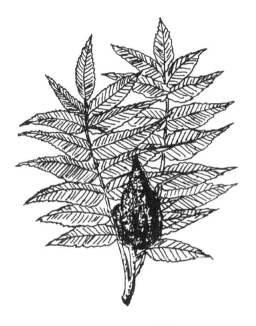

分布：原产北美。北京、河北、山西以及西北地区有引种。

习性：喜光，适应性强。喜生于河谷沙滩、堤岸及沼泽地边缘，又能生于干旱、石砾多的山坡荒地。喜湿、耐寒、耐旱、耐盐碱，对二氧化硫污染抗性较强。根系虽浅，但很发达，根萌发能力极强，是一种良好的护坡、固堤及封滩、固沙先锋树种。寿命较短，10～15年开始衰老。

繁殖：播种、分蘖、分根均可。

园林用途：本种果穗色红，形似火炬，秋叶红艳，为园林风景佳木，著名的秋色叶树种。宜植于园林观赏或用于点缀山林秋色，也适于工矿区绿化应用。

图 3-12　火炬树

14. 枣

科属：鼠李科，枣属。

形态（图 3-13）：落叶小乔木，高达 15 米。树皮灰褐色。枝分长枝、短枝和无芽小枝，长枝（在生产上称枣头）开展，光滑，红褐色，呈"之"字形曲折，具托叶刺；短枝（生产上称"枣股"或"枣门"）矩状，生长在 2 年以上枝上；无芽小枝（生产上称为"枣吊"），纤细下垂，秋后脱落，常 3～7 簇生于短枝上。叶互生，卵形，短圆卵形至卵状披针形，先端尖或钝，基部楔形、心形或近圆形，稍偏斜，基出三主脉，侧脉明显，缘具细钝锯齿，两面光滑；花小，2～4 簇生叶腋或成短聚伞花序，黄绿色。核果，熟

图 3-13　枣

时黄红色、红色，后变暗红，卵圆形、矩圆形等。花期6～7月，果熟9～10月。

分布：我国原产，引种至欧洲、亚洲、美洲。北纬45°以南，东北南部至云南，华北地区黄河两岸普遍栽培。

习性：喜光，耐热、喜干，耐寒，耐干瘠，耐涝和微碱地，适应性强。根系发达，深且广，根萌蘖力强。

繁殖：分根和嫁接，华北地区以分根为主。

园林用途：枣树是我国栽培历史最久的果树，已有3000年的历史。结果早，寿命长，产量稳定，号称"铁杆庄稼"，是园林结合生产的良好树种。枣花芳香为蜜源；枣仁、树皮及根皆入药；果实供食用，果肉营养丰富，加工后可成干枣、乌枣、焦枣、熏枣、醉枣以及制果脯、蜜饯和酿酒作醋等。园林中可栽作庭荫树、园路树，亦可观赏种植。

其变种有龙枣，为曲枝形，可供枝形欣赏。

15. 梧桐（青桐）

科属：梧桐科，梧桐属。

形态（图3-14）：落叶乔木，高达20米，胸径50厘米。树皮幼时绿色，老时灰绿色，平滑。树冠圆球形。小枝粗壮，绿色。顶芽大，卵圆形，略有5个棱角，侧芽小，球形，芽鳞多数。叶长15～20厘米，3～5掌状分裂，裂片全缘。基部心形，上面近无毛，下面密被或疏生星状毛；叶柄等于或较叶片稍长。顶生圆锥花序，花单性同株，无花瓣，花萼白色或黄白色，外面密生淡黄色绒毛，开展或反卷。花后心皮分离成5枚荚果，远在成熟前开裂呈舟形；种子黄棕色，表皮皱缩。花期6～7月，果熟期9～10月。

分布：我国及日本原产，现北京以南广泛栽培。

习性：为暖温带喜光树种，略耐半荫，在建筑及林木庇荫下也能生长。喜温暖湿润气候，幼苗抗寒性弱，越冬易灼条，但随

图3-14 梧桐
A. 花枝 2. 果实

根系下扎，抗性增强。一般适于楼南背风向阳处或公园、庭院林间栽植。干皮西南面易受日灼伤。

深根性，喜湿润、深厚之酸性土壤，对北京市城区偏碱渣土尚能适应，但于土壤瘠薄、低湿、盐碱较重地区多生长不良，易感病害招致死亡。

对二氧化硫、一氧化碳烟尘抗性较强。适于工厂区绿化。

繁殖：播种、分蘖均可。

园林用途：本种树干通直，树皮光滑绿色，叶大而形美，洁净可爱。为北京市庭园绿化优良树种，于草地、庭院孤植或丛植均相宜，可在北京市绿化覆盖较高、湿度较大的地区（如近郊使馆区）选择风力较弱的道路上试种，以扩大其应用范围。

16. 柿子（朱果、猴枣）

科属：柿树科，柿树属。

形态（图3-15）：落叶乔木，高可达20米。树皮暗灰色。长方形块状浅裂。树冠阔卵形，小枝褐色，被淡褐色短柔毛。冬芽三角状卵形，先端渐尖，与枝同色或黄褐色，芽鳞数枚有毛。叶较大又厚，卵状椭圆形、广椭圆形或矩圆形，先端渐尖或急尖，基部圆形或宽楔形，上面光绿色，下面淡绿色，沿脉有黄褐色毛。雌雄异株或同株，花黄白色或近白色，萼与花冠皆4裂。浆果扁球形、圆卵形或扁圆方形。熟时橙红或橘黄色，萼宿存。花期5~6月，果期9~10月。

分布：北自河北，西北至陕西、甘肃南部，西南至四川、云南、贵州东部，南至沿海各地，垂直分布可达2800米。

习性：喜光树种，亦稍耐荫，在建筑物或大树冠荫侧方庇荫下尚能正常生长，惟着果较差。喜温暖湿润，但北方柿树相当耐旱，亦较耐寒。幼树耐寒性稍差，冬春低温及温差过大或雪后易于树干向阳面处发生冻裂，不甚耐风，叶受风袭多易碎裂。于避风向阳、空气湿润的庭院或绿地林丛栽植效果为佳。

图3-15 柿树
A. 花枝　B. 果实

为深根性树种,喜深厚肥沃土壤,近郊原为农田土的地区所植者长势最佳。对城市渣土适应性较强,于城区公园、庭院及道路、街巷各类渣土上栽植多长势良好。北京北海公园琼岛东侧路边旧建筑渣土上栽植16年的柿树,高达8.4米,干径18.4厘米,最大冠幅达7.8米,干径年增长0.8厘米,但较不耐土壤密实。柿树对氟化氢有较强抗性。寿命长,生长快,结实早,产量高,管理简便。

繁殖:嫁接,以黑枣为砧木。

园林用途:本种冠形开展,枝繁叶大,夏时叶色浓绿光亮,入秋丹红似火,红橙色大型果挂满枝头,为观叶观果均佳的树种,宜于庭园、公园内推广种植。道路绿化可据其习性选择适宜地段栽植。

17. 君迁子(黑枣、软枣)

科属:柿树科,柿树属。

形态(图3-16):落叶乔木,高达20米。树皮灰暗色,深裂成小方块状。树冠卵形或卵圆形。小枝灰色,被灰色短柔毛,不久脱落,皮孔明显,条形。冬芽卵圆形,先端尖,紫红色,芽鳞3,腋生。叶薄革质,椭圆状卵形,上面初有毛,后脱落,下面灰绿色,被灰色毛,叶柄稀有毛。雌雄异株,花淡黄至淡红色。浆果球形或长椭圆形,熟时黄色,晒干后变蓝黑色,外被蜡质白粉,萼宿存。果柄短。种子长椭圆形,扁平。花期5月,果熟期10~11月。

图3-16 君迁子

分布:分布同柿树,是华北山区常见的果树。

习性:喜光性树种。深根性,侧根发达,耐瘠抗旱,耐微碱,不耐湿,对土壤要求不严。

繁殖:播种。

园林用途:树干挺直、树冠圆整,适应性强,园林中可作庭荫树应用。果实脱涩后可食用。播种苗主要用作繁殖柿树的砧木。

四、落叶灌木

18. 牡丹（富贵花、木本芍药、洛阳花）

科属：毛茛科，芍药属。

形态（图3-17）：落叶灌木，高达2米，枝多挺生，1年生枝粗壮，灰黄色、无毛。叶互生，为宽大的二回羽状复叶，小叶长4.5～8厘米，阔卵形至卵状长椭圆形，先端3～5裂，基部全缘，叶平滑无毛，表面绿色，背面有白粉。两性花，单生枝顶，花大型，径10～30厘米；花型多种；花色有紫、红、粉、白、黄、绿等色；雄蕊多数，心皮5枚，有毛，基部全被花盘包裹。蓇葖果卵形，密生短柔毛，成熟时开裂，内藏5～15枚大粒褐色或黑色种子。花期5月上、中旬，果熟期9月。

图3-17 牡丹

牡丹为我国传统名花，栽培历史悠久，品种甚多，宋代欧阳修著《洛阳牡丹记》（1031年）中记载有24个品种，明代王象晋著《群芳谱》（1621年）中载有183个品种。现在约为800多个品种。品种分类常以花色、花期、花型分类。

分布：我国西部及北部，秦岭、伏牛山、中条山、嵩山至今有野生。现各地有栽培。

习性：喜光，亦较耐荫，开花期稍加遮荫，更有利生长开花，较耐寒，不甚耐高温；根肉质，喜疏松、肥沃、排水良好的壤土或砂壤土。耐干燥，不耐涝，忌黏土及积水之地栽植。牡丹属长寿类花灌木，在良好的栽培管理条件下寿命可达百年以上。

繁殖：播种、分根、嫁接。

园林用途：园林中孤植、丛植、群植均为适宜，既可于花台、花池种植，又可自然种植于山石旁、草坪边缘或庭院中。在大型公园或风景名胜还可建专类园供重点美化观赏。此外，亦可盆栽或作切花应用。

19. 水枸子（多花枸子）

科属：蔷薇科，枸子属。

形态（图3-18）：落叶灌木，高2~4米。小枝细长拱形，幼时有毛，后变光滑，紫色。叶卵形，长2~5厘米，先端常圆钝，基部广楔形或近圆形，幼时背面有柔毛，后变光滑，无毛。花白色。径1~1.2厘米，花瓣开展，近圆形，花萼无毛；6~21朵成聚伞花序，无毛。果近球形或倒卵形，径约8毫米，红色，具1~2核。花期5月，果熟期9月。

分布：东北、华北、西北和西南，亚洲西部和中部其他地区也有。生于海拔1200~3000米的沟谷或山坡杂木林中。

习性：性强健。耐寒，喜光而稍耐荫，极耐干旱和瘠薄，不耐水湿及盐碱土壤。

繁殖：播种。

图3-18 水枸子
A. 花枝 B. 果枝

园林用途：本种花果繁多而色艳如火，宜丛植于草坪边缘及园路转角处观赏。

20. 平枝枸子（铺地蜈蚣、铺地枸子）

科属：蔷薇科，枸子属。

形态：落叶或半常绿匍匐灌木，高可达80厘米；枝近水平开展呈整齐的2列单叶互生，叶72小，近革质，宽椭圆形或近圆形，长0.5~1.5厘米，绿色，表面光亮；花两性，粉红色，1~2朵并生，径5~7毫米，花瓣直立。梨果近球形，鲜红色。花期5月，果实9月成熟。

分布：陕西、甘肃、青海、湖北、四川、贵州、云南。

习性：喜光亦耐半荫，较耐寒，对土壤要求不严，耐干旱瘠薄，性强健，不耐水涝。

繁殖：扦插、播种、压条。

园林用途：本种树姿平卧、低矮，春季枝上盛开粉红小花，秋红果累累，经冬不落，秋叶变红，冬始落，为优良的观赏灌木及岩石园种植材料，宜池畔、山石旁、岩石园及草坪坡地丛植或作基础种植。

21. 贴梗海棠（皱皮木瓜、贴梗木瓜、铁脚海棠）

科属：蔷薇科，木瓜属。

形态（图3-19）：落叶灌木，高达2米，枝条直立或开展，有枝刺。小枝紫红色，无毛。叶卵形至椭圆形，长3～8厘米，先端尖，缘有尖锐锯齿，两面光滑无毛或叶背脉上稍有毛；托叶大，肾形或半圆形，缘有尖锐重锯齿。离瓣花，5花瓣，朱红、粉红或白色，3～5朵簇生于2年生或2年生以上老枝上。萼筒钟状，无毛，萼片直立。果实卵形或球形，径4～6厘米，黄色或黄绿色，芳香。花期3～4月，果熟期9～10月。

分布：陕西、甘肃、四川、贵州、云南、广东等地区。

习性：喜光、亦耐半荫，耐寒性较强，耐旱、耐热。对土壤要求不严，但喜肥沃、深厚、排水良好壤土，浅根性，不宜盐碱低涝地栽植，否则易引起叶黄化、焦边、早落。根蘖能力强，耐修剪。

图3-19 贴梗海棠

繁殖：播种、分根、扦插、压条。

园林用途：本种春季叶前开花，花色鲜艳夺目，秋季果实鲜黄、芳香，是一种花果兼赏的优良观赏灌木，宜公园、庭院及道路绿化、美化种植。

22. 野蔷薇

科属：蔷薇科，蔷薇属。

形态（图3-20）：落叶灌木，茎长，偃伏或攀援，托叶下有刺。小叶5～9(11)，倒卵形至椭圆形，缘有刺，两面有毛；托叶明显，边缘箆齿状。花多朵

图3-20 野蔷薇

茂密集成圆锥状伞房花序，白色或略带粉晕，芳香，萼片有毛，花后反折，果近球形，褐红色。花期5~6月，果熟期10~11月。

变种、品种有：

(1) 粉团蔷薇　小叶较大，通常5~7，花较大，单瓣，粉红至玫瑰红色，数朵或多朵成平顶之伞房花序。

(2) 荷花蔷薇　花重瓣，粉红色，多朵成簇，甚美丽。

(3) 七姐妹　叶较大，花重瓣，深红色，常6~7朵成扁平伞房花序。

(4) 白玉棠　枝上刺较少或无刺，小叶倒广卵形，花白色，重瓣，多朵簇生，有淡香，北京常见。

分布：华北、华东、华中、华南及西南。

习性：性强健，喜光，耐寒，对土壤要求不严，在重黏土上也可正常生长。

繁殖：播种、扦插、分根均易成活。

园林用途：在园林中最宜作花篱，坡地丛栽也颇有野趣。且有助于水土保持，原种作各类月季、蔷薇之砧木时亲和力很强，故各地普遍应用。

23. 玫瑰

科属：蔷薇科，蔷薇属。

形态（图3-21）：直立灌木，高约2米。枝干粗壮，灰褐色，密生刚毛和倒刺。羽状复叶，小叶5~9，椭圆形或椭圆状倒卵形，缘有纯齿，质厚；表面亮绿色，多皱，无毛，背面有柔毛及刺毛；托叶大部附着于叶柄上，花单生或数朵聚生，常为玫瑰红或紫色，芳香。花期5~6月，7~8月零星开放。此外，北京地区还有白玫瑰（变种，花白色）。

图3-21　玫瑰

分布：全国各地有栽培。

习性：生长健壮，适应性强，耐寒，耐旱，对土壤要求不严，在微碱性土壤也能生长。喜阳光充足、凉爽而通风及排水良好之处，在肥沃的中性或微酸性轻壤土中生长和开花最好。在荫处生长不良，开花稀少。不耐积水，遇涝则下部叶片黄落，甚至全株死亡。萌蘖力很强，生长迅速，盛花期在5~6月间，以后仅有零星花开，约至8~

9月停止。

繁殖：分株为主。还可用嫁接和扦插方法。

园林用途：玫瑰色艳花香，适应性强，最宜作花篱、花境、花坛及坡地栽培。此外，玫瑰还是园林结合生产的好材料，特别适合山地风景区结合水土保持大量栽种。

24. **紫荆**（满条红、裸枝树、鸟桑）

科属：豆科，紫荆属。

形态（图3-22）：乔木，高达15米。经栽培后，通常为灌木。小枝灰色，无毛，叶圆形，全缘，先端渐尖，基部深心形，两面无毛，有光泽，叶脉明显。花先叶开放，4～10朵簇生于老枝条上，小苞片2个，阔卵形；花玫瑰红色，花瓣不等长；荚果条形、扁平，沿腹缝线有狭翅，成熟时不开裂。花期4月，果期8～9月。

分布：华北南部、华东、华中、西南及西北东南部。

习性：喜光，光照充足处花簇繁密。亦较耐荫。喜温暖，耐高温，畏风寒，迎风处易灼条。适于城区少量渣土上栽植，较耐干旱，不耐水涝，但在过量渣土及低温、盐碱地均生长不良。

图3-22 紫荆

繁殖：以播种为主。

园林用途：紫荆早春繁花簇生枝上，满树紫红，艳丽可爱。在园林中多丛植于草坪边缘或建筑物近旁，若与黄刺玫并植，开花时金紫相映，相得益彰。此外，其变型白花紫荆，花纯白色，与原种混植时，花紫白也能相映成趣。

25. **黄栌**（紫叶黄栌）

科属：漆树科，黄栌属。

形态（图3-23）：灌木或小乔木，高达8米。冠圆球形，树液有强烈气味，小枝有短柔毛。叶近圆形至长圆形，先端圆或微凹，基部圆形或阔楔形，全缘，下面沿中脉密生灰白色绢状短柔毛，侧脉的毛较少。花小，杂

图 3-23 黄栌

性,不育性花的紫绿色羽毛状细长花梗宿存。核果小,肾形。花期 4 月,果期 7 月。

分布:河北、山西及河南各地,海拔 600~1 500 米。华中、西南、西北也有。

习性:喜温暖,耐庇荫,常生于背阴山坡,耐干旱瘠薄,在岩石裸露的干燥阳坡上也能生长。生长较快,萌芽力强。根系发达,侧须根多而密布。对土壤要求不严,中性、酸性、石灰性土壤均能生长,但以石灰岩山地生长较多。不耐涝,低洼积水处易烂根。夏季雨水多、湿度大时易生霉病可用波尔多液、石硫合剂或粉锈宁喷布防治。

繁殖:播种为主。

园林用途:本种秋叶变红美观,北京香山著名的红叶区即由此树种为主所组成。初夏花后有淡紫色羽毛状的伸长花梗留存枝上,成片栽植时远望犹如紫云缭绕林间,观赏亦很美。

26. **木槿**(篱障花、朝开暮落花)

科属:锦葵科,木槿属。

形态(图3-24):落叶灌木,稀小乔木,高达 3~6 米。树皮灰褐色,小枝褐灰色,幼时有绒毛,后渐脱落。叶菱状卵形,常 3 裂,先端渐尖,基部楔形,有明显三主脉,叶缘有不规则粗大锯齿或缺刻,上面深绿,光滑无毛,下面具稀疏星状毛或近无毛;托叶条形,常脱落。花单生叶腋,花冠钟形,有白、紫、红等色,单瓣或重瓣。蒴果矩圆形,密生星状绒毛,先端具短嘴。种子褐色,背脊有棕色长毛。花期 6~9 月,果熟期 9 月。

图 3-24 木槿

分布：全国各地均栽培。

习性：喜光，能耐半荫，喜温暖湿润气候，抗寒性较弱。耐干燥贫瘠土壤，不易在低洼积水处生长。抗烟尘、抗有害气体能力较强。

繁殖：播种、扦插均可。

园林用途：本种适应性强，栽培容易，夏秋开花，花期长而花朵大，且有许多不同花色、花型的品种，是良好的观花灌木。常作围篱或基础种植用，也宜丛植于草坪或林缘。

27. **石榴**（安石榴）

科属：石榴科，石榴属。

形态（图3-25）：灌木或小乔木，高2~7米。小枝四棱形，平滑，顶端多为刺状。叶光亮无毛。倒卵形至矩圆状披针形。花1至数朵生于枝顶或叶腋；花萼紫红色，质厚，顶端5~7裂；花瓣与萼片互生，倒卵形，略高出花萼裂片，红色，皱缘；花丝细弱，着生于花萼上，浆果皮厚。种子外种皮肉质。花期5~7月，果期9~10月。

石榴栽培历史悠久，培育的品种分花石榴和果石榴两大类。花石榴常见品种：

（1）白石榴　花白色，单瓣。

（2）重瓣红石榴　花大型，重瓣，红色。

图3-25　石榴
A. 花枝　B. 果实

（3）玛瑙石榴　花大型，重瓣，红色，有黄、白色条纹。

（4）墨石榴　矮生种，枝条细软，略呈开展状。叶狭小。花小红色，单瓣，果小，熟时呈黑色。

（5）月季石榴　矮生种。枝条细软上伸。叶矩圆状披针形，对生或簇生。花小，红色，多单瓣。果小，成熟时粉红色。

（6）重瓣月季石榴　矮生种，枝条密而上伸。叶细小。花红色，重瓣。

（7）黄石榴　花黄色，单瓣。

果石榴以食用为主，亦可观赏，花单瓣，品种近70个。

分布：原产伊朗和阿富汗，汉代引入我国，华北、华南、西北、西南均有栽培。

习性：喜光，喜温暖气候，耐热，不甚耐风寒，故现存生长较好的植株，多分布于庭院及庭院建筑物南侧避风向阳处。公园绿地林间栽植，初期尚须防寒，以后可正常越冬，迎风处则严重灼条，展叶迟缓，萌生壮枝，无花果，观赏欠佳。

对城市渣土适应性较强，并较耐土壤密实，耐旱能力也较强，在污染厂区种植长势较好。寿命长，80年的老树仍可结果。

繁殖：播种、扦插、分株等法均可。

园林用途：石榴既是著名果树又是很好的庭园观赏树。树姿优美，枝叶秀丽，花色红艳而花期长，又值花少的夏季，最宜成丛植，每当花开季节形成一片如火如荼的艳丽景色，十分引人注目。石榴又是盆栽和制作盆景、桩景的好材料。

28. 海州常山（臭梧桐、泡花桐）

科属：马鞭草科，赪桐属。

形态：落叶灌木或小乔木，高达8米，嫩枝和叶柄少有黄褐色短柔毛，枝内髓中有淡黄色薄片横隔。叶片宽卵形、三角状卵形，先端渐尖，基部截形或宽楔形，全缘或有波状齿。两面疏生短柔毛或近无毛。伞房状聚伞花序，顶生或腋生；萼紫红色，花萼宿存。花冠白色或带粉红色，具香气。核果近球形，成熟时蓝紫色。花期6~10月，果期9~11月。

分布：华北、华东、中南、西南地区。

习性：喜光，亦略耐荫，在树荫下能生长，但生长慢，花量稀少。喜温暖、湿润气候，不甚耐寒，生长期内易受早霜伤害，迎风处栽植多易灼条，故多于避风向阳处及庭园内栽植。对土壤要求不严，对城市渣土适应性较强，较耐密实。萌蘖性强。

繁殖：播种或分蘖。

园林用途：花萼紫红色，宿存。果为蓝色，而且观赏时期较长，为秋后观花、观果树种。

29. 小紫珠

科属：马鞭草科，紫珠属。

形态（图3-26）：落叶灌木，高1~2米。小枝带紫红色，略具星状毛。单叶对生，狭倒卵形至卵状长圆形，两面无毛，叶背面有黄色腺点，缘上半部疏生锯齿。聚伞花序总花梗为叶柄长度的3~4倍，花冠淡紫红色。核果球形，紫色。花期7月，果熟期10~11月。

第三章　园林树木

分布：我国东部及中南部，北京有栽培。

习性：喜光，喜肥沃湿润土壤，耐寒性尚强，北京可露地栽培。

繁殖：扦插或播种。

园林用途：入秋紫果累累，色美而有光泽，状如玛瑙，为庭园中美丽的观果灌木，常植于草坪边缘、假山旁，效果较好。果枝可作切花。

图3-26　小紫珠　　　　　　　图3-27　锦带花

30. **锦带花**（五色海棠、文管花、五色梅、山脂麻、红花秸子）

科属：忍冬科，锦带花属。

形态（图3-27）：灌木，高达3米。小枝细弱，幼时有2列短柔毛，枝开展。单叶互生，叶椭圆形至倒卵形，先端渐尖，基部近圆形至楔形，叶缘锯齿状，上面疏生短柔毛，下面毛较密，尤以中脉为聚伞花序生于短枝叶腋及顶端，每梗具1~4花，花冠先开时为玫瑰色，后变为浅粉色，漏斗形，蒴果长，种子小，多数。花期4~5月，果期10~11月。

分布：东北、华北和江苏北部。

习性：喜光，耐寒，对土壤要求不严，能耐瘠薄土壤，但以深厚、湿润而腐殖质丰富的壤土生长最好，怕水涝，生长较快。

繁殖：播种、扦插及分株。

园林用途：本种着花茂密，花色艳丽，花期较长，为华北主要花灌路边、建筑物前，亦可密植为花篱或盆栽观赏。

近年引进众多花色品种，如四季锦带、红王子锦带、花叶锦带等供观赏。

31. 海仙花（朝鲜锦带、临界海棠）

科属：忍冬科，锦带花属。

形态（图3-28）：灌木，高达5米，小枝粗壮近无毛。叶阔椭圆形或倒卵形，叶柄长10厘米。花1~3朵腋生，常成聚伞花序；花初开时为淡玫瑰色或黄白色，后变为深玫瑰红色，但裂片边缘常带白色。蒴果柱状，种子有翅。花期5~6月，10~11月果熟。

分布：山东、江苏、浙江、江西。

习性：喜光，稍耐荫。喜湿润肥沃土壤，生长快，生长势强。耐寒性不及锦带花，但北京仍能露地越冬。

图3-28 海仙花

繁殖：扦插。

园林用途：枝叶较锦带花粗大，花开时节，花繁叶茂，花越开色彩越艳，是北京初夏季节的观花灌木之一。宜庭园丛植或作花篱。

32. 猬实

科属：忍冬科，猬实属。

形态（图3-29）：落叶灌木，高2~3米。幼枝有柔毛，老枝皮剥落。叶椭圆形至卵圆形，近全缘或疏具浅齿，两面疏生短柔毛，下面脉上有长毛。聚伞花序，生于侧枝顶端，总梗具长毛，每个聚伞花序有2花，2花的萼筒下部合生，花粉红色至紫色；花冠钟状，基部甚狭，外有微毛，粉红至紫色。瘦果状核果，2个合生，生刺状刚毛，萼裂片宿存。花期5~6月，果期8~9月。

分布：山西、河南、陕西、湖北、四川、甘肃及安徽，北京有栽培。

图3-29 猬实

习性：性耐寒，喜光，喜排水良好、肥沃土壤，亦有一定耐干旱、耐瘠薄能力。

繁殖：播种、扦插、分株均可。

园林用途：猬实着花茂密，花色娇艳，系国内外著名花木。宜丛植于草坪、角隅、径边，亦可盆栽或作切花用。

33. 糯米条（茶条树）

科属：忍冬科，六道木属。

形态（图3-30）：落叶灌木，高达2 。枝开展，幼枝红褐色，小枝皮撕裂。叶卵形，长2~3.5厘米。圆锥聚伞花序顶生或腋生，花萼粉红色，花漏斗状，裂片5，花冠白色至粉红色，芳香。瘦果似核果状。花期7~9月，果熟期10~11月。

分布：秦岭以南各地，低山湿谷多有生长。

习性：喜光，耐荫性强，耐寒性稍差，北京露地栽培中，枝梢受冻害。对土壤要求不严，有一定的抗旱，耐瘠薄能力。生长旺盛，根系发达，萌蘖力、萌芽力强。

繁殖：北京地区常用扦插方法繁殖。

图3-30 糯米条
A. 花枝 B. 花

园林用途：枝叶弯垂，树姿婆娑，花开枝梢，素雅可爱，花谢后其粉红色萼片相当长时间宿存，花期正值盛夏，且花期长，花香浓郁，是不可多得的秋花灌木。

34. 天目琼花（鸡树条荚蒾、鸡树条子）

科属：忍冬科、荚蒾属。

形态（图3-31）：灌木，高3米，老枝和茎暗灰色，浅条裂。叶圆状卵形，常3裂具掌状3出脉，裂具不规则齿，生于分枝上部的叶常呈圆形至长椭圆状披针形，不裂，叶柄基部有2托叶，顶端有2~4腺体，花序复伞形，有白色大型不孕边花，萼齿微小，花冠乳白色，辐状，浆果近球形，红色，核扁圆形。花期5~6月，9~10月果熟。

分布：东北南部、华北、内蒙古、陕西、浙江、江西等地。

图 3-31 天目琼花

习性：海拔 1200～2200 米的林下，自然生长在夏季凉爽湿润林间谷地，耐荫，耐寒性强，引种于北京市城郊平原地区栽植者，均可正常越冬。但对空气相对湿度要求明显。在日照强烈和气候干热处越夏常枯枝焦叶，不能正常开花结实。喜肥沃微酸性土壤，但对北京市偏碱城市渣土也较适应，不甚耐干旱。

繁殖：播种、扦插。

园林用途：本种叶浓绿，花白色，果鲜红，白绿相间，红绿相映，既可观花，又可观果，是庭园花木，宜植于林下、林缘、水边、石隙或房基、屋后。此外，果序可作插瓶用花。

五、藤 木

35. **紫藤**（藤萝）

科属：豆科，紫藤属。

形态（图3-32）：大型木质攀援藤木。枝灰褐色，无毛。小叶 7～13，卵形至卵状披针形，先端渐尖，基部圆形或楔形，幼时两面有白色疏柔毛，全缘；小叶柄密生短柔毛；总状花序下垂；花梗有短柔毛。花大，萼钟状，疏生柔毛；花冠堇紫色或淡紫色，芳香。荚果扁平，长条形，密生黄色绒毛。种子扁圆形。花期 4～5 月，果熟期 9～10 月。

分布：辽宁、内蒙古、河北、河南、山东、山西、陕西、四川、湖北、湖南、江苏、安徽、浙江、广东。现各地广泛栽培。

习性：喜光，亦较耐荫。喜暖湿环境，耐干热，具一定抗寒性，于迎风处栽植越冬枝梢灼条较轻。

图 3-32 紫藤
A. 花枝　B. 果实

对城市渣土适应性强,在含石灰、炉灰、砖瓦等渣土上均能生长,并较耐干旱、瘠薄和水湿,在地表坚实条件下也生长较好。生长较快,寿命长,栽植8年者地径可达13.4厘米。对二氧化硫、氯及氯化氢抗性强,植于污染厂区内者生长较好。

繁殖：播种。

园林用途：先叶开花,花期5月上、中旬,开花日数半月余。盛开时串串淡紫色花垂挂于缠绕之枝蔓上,芳香四溢。是优良的棚架、门廊、枯树及山石绿化材料,也可盆栽供室内装饰。在街头绿地修剪成灌丛状,观赏也别具一格。

紫藤有白色变种,花白色,北京市西郊友谊宾馆内有栽植。耐寒性较差,越冬地上部分易灼条,年年萌生新枝,栽植多年终未成大树。

36. 扶芳藤

科属：卫矛科,卫矛属。

形态（图3-33）：常绿藤木,茎匍匐或攀援,长可达10米。枝密生小瘤状突起,并能随处生根。单叶对生,革质,长卵形至椭圆状卵形,长2~7厘米。聚伞花序,花绿白色,蒴果近球形,径约1厘米,黄红色,种子有橘红色假种皮。花期6~7月,果熟期10月。其变种有小叶扶芳藤或称爬行卫矛（var. *radicans* Rehd.）,叶片较之狭窄,枝条较之细弱,攀援及爬行能力极强,入秋叶色变红褐色。是耐荫常绿地被的优良树种。

分布：陕西、山西、河南、山东、安徽、江苏、浙江、江西、湖南、湖北。

图3-33 扶芳藤

习性：耐荫,喜温暖,较耐寒,北京地区可安全越冬。对土壤要求不严,耐干旱、耐贫瘠。

繁殖：扦插为主。

园林用途：本种叶色浓绿光亮、有似大叶黄杨,入秋观红果。有较强的攀援能力,是立体绿化好材料。在北京地区基本保持常绿,仅在1~2月在小气候较差环境下发生落叶。可作常绿耐荫地被材料配置。

图 3-34 美国凌霄

37. 美国凌霄（紫葳、女葳花、武葳花）

科属：紫葳科，凌霄属。

形态（图 3-34）：大藤木，茎、枝具气根，借以攀援。羽状复叶有小叶 9～13 片，叶片椭圆形至卵状长圆形，先端渐尖，基部圆形或宽楔形，两侧不对称。叶缘疏生锯齿。上面平滑无毛，下面具白色短柔毛。花大型，呈顶生聚伞状圆锥花序，花冠鲜红色，漏斗形；蒴果长如豆荚，先端尖。种子扁平，有透明的翅。花期 6～8 月，果熟期 11 月。

分布：原产北美，北京、山西、山东、河南各公园多有栽培。

习性：喜光，稍耐庇荫，喜温暖，湿润，尚耐寒。耐干旱，也较耐水湿。对土壤要求不严。萌蘖性强。

繁殖：播种、扦插、压条、分株等均可。

园林用途：花大而色彩鲜艳，花期长，宜栽于庭院、公园及游览场所，攀援于大树、假山、墙垣、棚架，为良好的垂直绿化材料。

38. 金银花（忍冬、金银藤、鸳鸯藤）

科属：忍冬科，忍冬属。

形态（图 3-35）：半常绿缠绕藤本。茎细长中空，褐色或红褐色，幼枝密生柔毛和腺毛。叶卵形至卵状椭圆形，端短或渐尖，基圆形或近心形，全缘，幼时两面密生柔毛，老后光滑。花成对腋生，苞片叶状，花冠开始白色，略带紫晕，后渐变成黄色。浆果球形，熟时黑色。花期 5～7 月，果熟期 8～10 月。

变种：

（1）红金银花 叶近于光滑，幼时常带红紫色，叶柄及小枝亦为紫红色。花冠表面大红色，幼时为紫红色。

图 3-35 金银花

(2) 白金银花　花初开时为纯白色，后变黄色。幼枝及叶均为绿色。
(3) 黄脉金银花　叶较小，脉为黄色。

分布：北起辽宁，西至陕西，南达湖南，西南至云南、贵州。生长在溪边、山坡、灌丛中。北京、天津常见栽培。

习性：性强健，喜光，也耐荫，不怕旱涝，耐寒性强，喜肥沃砂质壤土，忌重碱土，过瘠薄土壤生长弱。根系繁密，萌蘖性强。

繁殖：扦插、分株、压条，播种也可。

园林用途：金银花于秋末虽老叶枯落，但叶腋间又簇生新叶，常呈紫红色，凌冬不凋，故名"忍冬"。春夏开花不绝，先白后黄，黄白相映，故名"金银花"。金银花为色香具备的藤木植物，可攀援篱垣、棚架、花廊等作垂直绿化，或附在山石上、植于沟边、爬于山坡、用作地被等，其老桩作盆景，姿态古雅，兼赏花、叶。花可入药，还是优良的蜜源。

六、竹　类

39. 早园竹

科属：禾本科，刚竹属。

形态（图3-36）：秆高8米，胸径5厘米以下。幼秆绿色具白粉，箨环与秆环均略隆起，笋淡紫褐色，有极狭的黄白边，箨舌淡紫棕色，先端弧形或弧状，并具灰色纤毛。小枝具叶3～5片，带状披针形，叶下面基部中脉有细毛。笋期5月上旬。

分布：华东，北京、山西、河南有栽培。

习性：喜光，亦耐半荫，喜温暖湿润气候，不甚耐寒，也不耐干热，迎风处易受冻，秆叶枯干。故宜选择背风向阳且较湿润处（附近有水面尤佳），或于绿地林丛间、东南林缘处栽植。

喜腐殖质多而湿润的土壤，不甚耐盐碱、积水。且不甚耐干旱，土壤过淤也是

图3-36　早园竹

其生长不良及越冬干枯的原因之一。据测定，以土壤含水量17%左右的潮湿土壤上生长较好，地表5厘米以下土壤经常保持湿润，竹叶不易萎蔫，浇

水方式不宜漫灌,否则土壤易板结影响竹鞭生长,沟灌为宜。因不耐涝,低洼处种植应注意排水。对二氧化硫、一氧化碳、烟尘等有一定抗性。

繁殖:母竹移栽和埋鞭。

园林用途:早园竹干高叶茂,生长强壮,是华北园林中栽培观赏的主要竹种。宜庭园、墙边角隅或亭、廊、轩、榭旁点景栽植。

40. 阔叶箬竹

科属:禾本科,箬竹属。

形态(图3-37):秆高约1米,径0.6~1厘米。秆基部常留有残箨。箨鞘坚硬而脆,边缘内卷。背面密生有锈色小刺毛,无箨耳。箨片披针形,箨舌截平。每枝端常具叶1~3。笋期5月上、中旬。

分布:山东、河南及长江流域。生于海拔1000米以下,北京有栽培。

习性:喜温暖、湿润气候,在干旱处枝梢及叶常枯萎。耐荫,林下、林缘处生长好。

繁殖:移栽母株。

图3-37 阔叶箬竹
A. 叶枝 B. 笋

园林用途:阔叶箬竹植株低矮,叶宽大,在园林中栽植观赏或作地被绿化材料,也可植于河边护岸。

复习题

1. 什么叫树木的冬态?从冬态上识别树种一般遵循什么原则?
2. 针叶树的叶形主要有哪些种?每种中结合应识别树种举例具体树种。
3. 按藤木的生长习性通常可将其分为哪几类?举例说明树种。
4. 指出北京园林树种中具有下列形态特征的树种:
(1)分别列举北京市园林中具有圆锥花序的乔、灌木树种(至少各2种)。
(2)分别列举各芽为叶柄下芽、裸芽、芽的树种。
(3)分别列举髓心为空心髓和片状分隔的树种。
(4)分别列举叶为羽状复叶、掌状复叶的树种。
(5)分别列举雌雄异株的常绿、落叶树种各2种。

（6）分别列举果实为蒴果、浆果的树种各2种。

（7）分别列举具有枝刺、皮刺、托叶刺的树种。

5. 什么是自然分类法？什么是人为分类法？

6. 什么是种？种以下还有哪些分类单位？举例说明。

7. 按园林树木的观赏特性通常可将其分为哪几类？每类中列举1~2个树种。

8. 结合应识别树种列举宜作垂直绿化应用的树种。

9. 结合应识别树种列举宜作行道树应用的树种。

10. 结合应识别树种列举宜作绿篱、彩篱应用的树种。

11. 什么是浅根性树种？列举北京园林树种中属浅根性的树种。

12. 什么叫花芽分化？分别列举北京树种中花芽当年分化、上年分化的树种。

13. 什么是树木的生命周期？

14. 种子繁殖及营养繁殖的园林树种其生命周期各包括哪些具体阶段？

15. 什么是树木的物候期？北京地区那些树种先开花后展叶？哪些树种先展叶后开花？各举3~5种。

16. 影响根系生长的外部因素主要有哪些？

模拟测试题

一、名词解释
1. 生物学特性
2. 秋色叶树
3. 树木冬态

二、填空题
1. 我国著名的"活化石"树种有_____和_____等。
2. 北京园林中开黄色花的观赏灌木有_____、_____和_____等；观赏乔木有_____等。
3. 针叶树的叶形主要有4种，即_____形、_____形、_____形和_____形。

三、选择题
1. 北京园林中夏、秋季开花的树种有_____。
  A. 北京丁香 B. 贴梗海棠 C. 紫荆 D. 合欢
2. 下列树种中小枝断面呈方形的是_____。
  A. 海仙花 B. 石榴 C. 紫珠 D. 迎春
3. 下列树种中对二氧化硫污染抗性强的树种是_____。
  A. 大叶黄杨 B. 油松 C. 榆叶梅 D. 石榴
4. 北京园林中观红果的树种是_____。
  A. 红叶小檗 B. 红瑞木 C. 山楂 D. 海棠花

四、判断题
1. 华山松的针叶为3针一束。（ ）
2. 火炬树、银杏、臭椿、绒毛白蜡均为雌雄异株的树种。（ ）
3. 侧柏和圆柏的球果均为当年成熟。（ ）
4. 树木在冬季的增温效果远不如夏季的降温效果显著。（ ）

五、简答题
1. 按藤木的生长习性通常可将其分为哪几类？
2. 列举木本园林中观枝干的乔木、灌木树种各2种。
3. 什么叫"种"？

六、综述题
将下列树种按要求进行归纳：
玉兰、雪松、白杆、华山松、山楂、火炬树、龙爪槐、贴梗海棠、红叶小檗、黄栌、紫叶李、北京丁香、太平花、迎春、五叶地锦、馒头柳。

1. 属白色系花的观赏树种：
2. 秋叶变红的秋色叶树种：
3. 叶色常年成异色的观赏树种：
4. 雌雄异株的针叶树种：
5. 属于种以下分类单位（变种、品种）的树种：

模拟测试题答案

一、名词解释
1. 指树木本身生长发育的规律。
2. 在秋季叶色有显著变化的树种。
3. 落叶树种在进入休眠时期，树叶脱落、露出树干、枝条和芽苞，外观上呈现出和夏季完全不同的形态，一般称为树木冬态。

二、填空题
1. 银杏、水杉
2. 连翘、迎春、黄刺玫、栾树
3. 针、刺、条、鳞

三、选择题
1. AD　　　　2. BD　　　　3. AD　　　　4. AC

四、判断题
1. ×　　　　2. ×　　　　3. ×　　　　4. √

五、简答题
1. 答：缠绕类、吸附类、卷须类、钩攀类。
2. 答：乔木：山桃、白皮松；灌木：红瑞木、棣棠。
3. 答："种"是具有相似形态特征，表现一定的生物学特性并要求一定生存条件的多数个体的总和，在自然界占有一定分布区。

六、综述题
1. 答：玉兰、山楂、龙爪槐、北京丁香、太平花。
2. 答：山楂、火炬树、黄栌、五叶地锦。
3. 答：红叶小檗、紫叶小檗。
4. 答：雪松。
5. 答：龙爪槐、红叶小檗、紫叶小檗、馒头柳。

第四章

花 卉

本章提要： 主要介绍花卉的生长发育与温度、光照、水分、土壤等环境因子之间的关系。介绍花卉的繁殖方法，即有性繁殖、无性繁殖和单性繁殖。

学习目的： 掌握植物与环境因子的关系，了解各种繁殖方法，对于常用的方法如播种繁殖、扦插繁殖和嫁接繁殖要能操作。

第一节 花卉的生长发育及其与环境的关系

花卉的生长发育除取决于自身的遗传因素外，还取决于环境因子，花卉的生长发育与环境的关系非常密切。不同的花卉对环境有不同的要求，这主要是与原产地的气候条件长期依存而形成的生物学特性。外界环境因子中影响最大的是温度、光照、水分、空气和土壤，这些因子互相联系又互相制约。只有满足对环境因子的要求，花卉才能正常地生长发育。因此花卉栽培的关键在于掌握和了解花卉生长发育与外界环境因子的相互作用机理，人为地创造适宜的环境条件，才能更好地进行科学化的栽培管理。

一、温 度

温度是影响植物生长发育的最重要的环境因子之一，一切植物的生长必须在一定的温度条件下才能进行，温度的高低直接或间接影响植物的生长发育，影响着花卉的分布、引种和栽培。

（一）温度对生长的影响

不同的气候带中分布着不同的花卉，因此各种花卉的抗寒能力与耐热能力也不同。根据抗寒力的高低，可以将花卉分为耐寒性花卉、半耐寒性花卉、不耐寒性花卉三类。

耐寒性花卉：原产寒带或温带，抗寒性较强，一般能耐0℃以下的低温，在北方地区能够露地越冬。二年生露地花卉及露地宿根花卉多属于此类，如菊花、玉簪、大花秋葵、三色堇、金鱼草、诸葛菜、石竹等。

半耐寒性花卉：原产温带较暖地区，耐寒力较强，在北方冬季稍加保护即可越冬，露地二年生花卉中一部分耐寒力稍差的种类属于此类。如金盏、紫罗兰、贵竹香、美女樱等。

不耐寒性花卉：原产热带或亚热带，生长期需要高温，不能耐0℃以下温度，露地一年生花卉和温室花卉属于此类。

花卉的耐热能力也各不相同，有的种类耐热力较差，夏季需要适当降温才能正常生长，否则进入休眠状态，如仙客来、马蹄莲、天竺葵、石蒜等。

植物生长一般指细胞增殖、伸展与内含物积累而引起体积、重量的增加。在影响花卉生长的因子中，温度是最重要的。

1. 基点温度

各种花卉在原产地气候条件的长期影响下，形成各自的感温特性。它们的生长发育都受限于一定的温度范围内，即从最低温度到最高温度之间，在这个范围内的某个局部又是最适合花卉生长的，最低温度、最适温度和最高温度称为温度三基点，即最低点、最适点和最高点。温度三基点不是一个常数，花卉种类不同，原产地不同，基点温度也不同。另外，它还随着植物的不同发育阶段、生理活动和其他环境条件的变化而变化。原产热带地区的花卉，其温度基点较高，一般在18℃开始生长；而原产温带的花卉，其基点温度相对前者较低，一般10℃开始生长，地上部分营养器官的最适温度约为20~25℃，最高温度为35℃左右；而原产寒带或高山的花卉，温度基点则更低。

一般情况下，温度越高呼吸作用越强，但若温度过高，则反而会抑制呼吸作用，使呼吸作用减弱。大部分植物进行呼吸作用的最高温度约为35~55℃，呼吸的最适温度为25~35℃，最低温度为0℃。植物的光合作用的最适点比呼吸作用低一些，一般温度降到0~2℃时光合作用停止，大多数植物在20~28℃时光合作用最强烈，在35℃以上光合作用下降。

根的生长，最适温度点比地上部分要低3~5℃，因此在春天大多数花卉根的活动要早于地上器官。大多数植物根系生长最适温度约在15~25℃，高温能使根老化，因此在育苗时不要使土温过高。

各种花卉从种子萌发到种子成熟，对于最适温度的要求常随着发育阶段而改变。如一年生花卉的种子发芽要求较高的温度，幼苗期要求温度较低，以后成长到开花结实对温度的要求又逐渐增高。二年生花卉种子发芽在较低温度下进行，幼苗期要求温度较低，而开花结实则要求温度稍高。

2. 温周期现象

在植物生长过程中，不仅受基点温度的影响，还受温度周期的影响，包括年周期和日周期。温度的年周期是指1年中温度的季节性变化，而日周期则指1天中昼温与夜温的变化。这种温度的周期性变化对植物生长发育的影响叫温周期现象。温带植物随季节的变化表现为周期现象，春季开始萌发，夏季进入旺盛生长阶段，秋季生长缓慢，冬季进入休眠状态，这是典型的年周期现象。但有些植物的周期反应完全不同，到夏季进入休眠或半休眠状态（如仙客来、倒挂金钟等）。温度的日周期是直接影响植物生长的温度条件。昼夜温差是普遍存在的。在植物栽培中，可以适当地增大昼夜温差。白天适当的高温有利于光合作用，从而积累更多的营养物质；而夜间的适当低温则可抑制呼吸作用，从而降低光合产物的消耗，这样有机物的积累就会增加，植物的生长就更快。另外适当的温差还能延长开花时间，使果实着色更鲜艳等。

3. 地温

植物生长除了受气温影响外，还受地温的影响。通常情况下，最适的地温是昼夜气温的平均数。灌溉或盆花浇水时要考虑到水温与地温接近，水温与地温温差过大，根部就会萎蔫，严重时会导致死亡。因此，一般夏季浇水在早晚进行，而冬季则在中午前后进行。地温最低不得低于10℃，如金盏菊、紫罗兰、金鱼草等草花，以15℃左右的地温最为适宜。

4. 积温

花卉的生长发育不但需要一定的热量水平，而且还需要一定的热量积累，这种热量积累常常以积温来表示。全年凡每日平均温度在0℃以上的温度的总和，即为积温。花卉，尤其是感温性强的花卉，在各个生育阶段所要求的积温是比较稳定的。如月季从现蕾到开花所需要的积温为300~500℃，而杜鹃由现蕾到开花则为600~750℃，象牙红从开始生长到形成花芽需要10℃以上的活动积温1350℃，它在大于20℃气温环境中仅需要2个多月就能形成花芽并开花，而在15℃的环境中则需要3个月形成花芽。了解各种花卉原产地的热量条件以及它们的生命过程中或某一发育阶段所需要的积温，对于引种推广或促成栽培与抑制栽培工作都有重要意义。

（二）温度对发育的影响

自顶端分生组织形成花原基开始到花的各部分器官的形成为花芽分化阶段。温度对花卉的花芽分化和发育有很大的影响，有些花卉必须经过低温阶段才能进行花芽分化,这种低温对花芽分化的促进作用即春化作用。许多原产于温带中北部以及各地的高山花卉,都具有这种特点。二年生花卉如金盏菊、雏菊等在子叶开展后不久经过一段时间的低温(0~5℃)才可能进行花芽分化。牡丹、芍药如果进行春播则不能解除上胚轴的休眠。丁香、碧桃若无冬季的低温则春天不能开花。为了使百合、水仙、郁金香在冬季开花,就必须在夏季进行冷藏处理。

温度对分化后的花芽的发育同样有很大的影响。研究表明,花芽在春化阶段形成后,必须在适宜的温度条件下才能正常发育。花芽分化和发育所要求的适温也不同。如碧桃在7~8月进行花芽分化后,必须经过一定的低温条件才能正常开花,而山茶花的花芽是在25℃左右形成,但其生长和开花则是在10~15℃的温度条件下。研究表明,秋植球根花卉的花芽分化以高温为宜,花芽分化后的发育,初期温度较低,以后温度逐渐升高能起促进作用,必要的低温时期为6~13周。郁金香的花芽分化的适温为20℃,花芽伸长的适温为2~9℃;风信子的花芽分化最适温为25~26℃,花芽伸长的适温为9~13℃;水仙的花芽分化的适温为13~14℃,伸长的适温为5~9℃;百合、小苍兰、唐菖蒲等是在叶子伸长后才进行花芽分化的,适温为7~8℃,唐菖蒲为10℃以上。

二、光 照

光是绿色植物生活的必要条件,它关系到叶绿素的形成,是光合作用的能源。光还影响到大气温度和湿度的变化,影响气孔的开闭和各器官的生长发育。一般地讲光在3个方面影响花卉的生长发育,即光照强度、光质和光周期。

(一) 光照强度

各种花卉需要的光照强度差异很大,有些在光照减少到全光照的75%时就生长不良,而有些花卉在5%~20%的相对光照条件下还能生长繁茂。花卉的喜光程度也随着不同的发育阶段、年龄以及其他生态条件而变化。根据花卉对光照强度的要求不同,可以将其分为4类:

(1) 强耐荫花卉 一般在1000~5000勒克斯的光照强度条件下能正常生长发育的花卉,如大部分的蕨类植物、天南星科部分植物、兰科部分植物等。栽培时通常要求遮光率保持在80%左右。

(2) 耐荫性花卉 一般指在5000~12000勒克斯的光照强度条件下能正常生长发育的花卉,如大部分的观叶植物、凤梨科、秋海棠科、茶花、玉簪、铃兰、麦冬、杜鹃等。栽培环境通常有散射光照射，光照过强时要遮光，遮光率通常保持在50%左右。

（3）半耐荫性花卉　又称为中性花卉，一般指在12000～30000勒克斯的光照强度条件下能正常生长发育的花卉，或对光照强度要求不严格的花卉。此类花卉不喜强光，尤其是直射光，栽培时要求稍遮光，避免烈日暴晒。如茉莉、文殊兰、桂花、天竺葵、南天竹、夹竹桃等。

（4）喜光花卉　指在30000勒克斯以上光照强度条件下能正常生长发育的花卉。通常在全光照条件下生长良好，不耐庇荫。大部分露地绿化的花灌木以及仙人掌类、鸡冠花、半支莲、荷花等都属于此类。

光照的强弱对花蕾的开放时间也有影响。有些花卉必须在强光下开放，如半支莲、酢浆草等；而有的花卉必须在弱光下开放，如月见草、紫茉莉、晚香玉等需要在夜间开花；而牵牛花、亚麻等只在于每日的晨曦开放。绝大多数花卉白天开放，夜晚闭合。

（二）光质

太阳光是由各种波长不同的光和一些射线组成。人们视觉感觉到的可见光是白光。白光是赤橙黄绿青蓝紫等7种不同波长的光组成的，此外还有红外线、紫外线等不可见光。在光合作用中，绿色植物只吸收可见光的大部分，其中红、橙、黄光是被吸收最多的光。这些光有利于促进植物生长，而青、蓝、紫光则抑制植物的伸长而使植株矮小，绿色光很少被植物吸收利用。在不可见光谱中，紫外线也能抑制茎的伸长和促进花青素的形成，红外线是转化热能的光谱，使地面升温并增加植物体的温度。花卉在生活环境中受光质的影响很大，在高原、高山地区，太阳辐射所含的蓝、紫光及紫外线成分较多，因此高原、高山花卉常具有形态矮小、茸毛发达、花色艳丽的特点。喜光花卉的生活环境需要较多的蓝紫光成分，有利于形成和积累较多的有机物。室内培养的花卉常常不如露地栽培的花卉花色鲜艳，生育健壮，这与室内光谱中紫外线成分较少，红光及其他中波段色光多有关。

（三）光周期

光周期是指每天光照明暗交替呈现周期性变化的规律。光照时间随纬度、季度的不同而变化。在北半球，春分和秋分昼夜平分，夏至白天最长，夜间最短，冬至白天最短，夜间最长。

光周期对植物从营养生长到花原基的形成常常有决定性的影响。例如翠菊在昼短夜长的季节，植株试种呈莲座状，春季日照延长，才抽薹开花；秋菊在春夏只长枝叶，待到秋季昼短夜长时才出现花蕾。

根据植物开花对日照长短的反应，将植物分为3类：

（1）短日照花卉 指花芽分化需要日照时间在12小时以下才能完成的植物，如菊花、一品红、蟹爪兰、波斯菊、旱金莲等。这类花卉通常在早春和深秋开花，如用人工缩短光照，也可以使之提前开花。

（2）长日照花卉 指花芽分化需要日照时间在12小时以上才能完成的植物，如果日照短于12小时，植物只进行营养生长而不形成花芽。长日照类花卉通常在夏季开花，如唐菖蒲、飞燕草、绣球、凤仙花以及各种秋播二年生花卉等。

（3）中日照花卉 光照时间的长短对花芽分化无明显的影响，即在长日照和短日照的条件下均能开花的花卉，如月季、香石竹、天竺葵、紫茉莉、仙客来、矮牵牛等。

日照长度促进还能某些植物的营养繁殖，如落地生根属的一些种类，叶缘上的幼小植株体只能在长日照条件下产生，虎耳草的腋芽发育成匍匐茎，也只有在长日照条件下才能形成。短日照能促进某些植物块茎、块根的形成和生长，某些在正常日照中不能很快产生块根的种类，经短日照处理诱导形成块根，并且在日后的长日照也能继续形成块根。具有块茎类的秋海棠与大丽花块根的发育为短日照所促进。

三、水 分

植物的一切生命活动都离不开水分，水是植物细胞的主要组成部分，也是植物进行光合作用的必要条件。另外，土壤中的养分只有溶解于水中才能被植物吸收。

花卉种类不同，需水量也不同。依据花卉对水分的关系，可以将其分成3类：

（1）旱生花卉 此类花卉耐旱性强，能够忍受长期空气或土壤的干燥而继续生活。为了适应干旱的环境，它们在外部形态和内部结构上都产生了许多适应性变化，如叶片变小或退化等。如仙人掌、景天等。

（2）湿生花卉 此类花卉耐旱性弱，生长期间要求经常有大量水分存在，或有饱和水的土壤和空气，它们根、茎、叶内大多有通气组织于外界相互通气，吸收氧气以供给根系需要。如荷花、睡莲等。

（3）中生花卉 此类花卉对水分的要求介于以上二者之间。大多数花卉属于这一类。

在园林中，一般根系分枝能力强，并能深入地下的种类，其抗旱力也强，如宿根花卉，而一、二年生花卉与球根花卉根系不及宿根花卉强大，耐旱力也弱。

另外，同一种花卉在不同生长阶段的需水量也不同。种子发芽时需要较多的水分；种子萌发后，幼苗必须在湿润的土壤中才能保持生长旺盛，蹲苗期可以适当控水，以促进根系的生长；处于生长旺盛的苗木，需水量较大；进入花芽分化阶段后，大多数花卉应该适当控制水分，以抑制枝叶生长而促进花芽分化；进入孕蕾和开花阶段，水分不能短缺。花后土壤不可过湿，果实与种子成熟阶段宜偏干一些。花卉在休眠阶段要减少或停止水分供应，保持土壤不过分干燥即可。

环境中的水分存在于土壤和空气中，以土壤含水量和空气湿度的形式表示。生长时期的花卉要求适度的空气湿度和土壤湿度。空气中的相对湿度过大，往往使一些花卉的枝叶徒长，常有落蕾、落花、落果、授粉不良的现象，影响结实，并且容易孳生病害，尤其种子成熟时更要求空气干燥。耐荫观叶植物要求的空气湿度相对较高，否则叶片变小、叶色暗淡，降低观赏价值。土壤干旱会使花卉因缺水而生长不良，表现为萎蔫等。但水分过多，尤其是排水不良的土壤，常引起根系窒息，表现为叶色发黄或植株徒长，易倒伏。北京地区夏季雨少干旱，7～8月雨量又过大，对花卉栽培极为不利。因此在园地规划时要注意地下水位的高低，设置必要的灌溉雨排水设施。

水分对花芽分化和发育有很大的影响。控制水分供给，能够控制营养生长，从而促进花芽分化，这种手段在花卉栽培中经常用到。为了促进梅花开花，进行"扣水"就是这个道理。使水仙、风信子、百合等脱水也能促进花芽分化。

四、土　壤

土壤是植物赖以生存的基础。它由矿物质、有机质、微生物、水分、空气组成，能够为植物提供所需要的营养元素、水分等。因此土壤的理化性状以及肥力大小与植物的生长有密切的关系。

（一）土壤酸碱度与花卉生长发育的关系

土壤酸碱度又称"土壤pH值"，通常用以衡量土壤酸碱反应的强弱。主要由氢离子和氢氧根离子在土壤溶液中的浓度所决定，以pH值表示。pH值在6.5～7.5为中性土壤；pH值6.5以下为酸性土壤；pH值7.5以上为碱性土壤。土壤的酸碱度一般分7级。不同土壤的pH值虽然差异很大，但大多数土壤的pH值都在4～9。土壤酸碱度是植物根系生长的重要环境条件，它影响土壤的理化性质以及植物营养元素的有效性。pH 值的高低还影响土壤微生物的活动，从而影响有机质的分解和营养元素的转化。各种植物对土壤 pH 值的要求不同，但大多数的植物都适宜在中性、弱酸或弱减的条件下生活，而不喜欢过酸或过碱的土壤。依据花卉对土壤酸碱度的要求，可以将花卉分为以下几种：

（1）耐酸花卉　这类花卉只有在 pH 值 4~6 的酸性土壤中才能生长良好。如杜鹃、山茶、栀子、兰花、紫鸭跖草、彩叶草等。

（2）弱酸性花卉　这类花卉只有在 pH 值 5~6 的酸性土壤中才能生长良好。如百合、秋海棠、仙客来、大岩桐、樱草、蒲包花、非洲菊、唐菖蒲、八仙花等。

（3）中性偏酸花卉　这类花卉只有在 pH 值 6~7 的微酸性或中性土壤中才能生长良好。如菊花、金鱼草、文竹、月季、一品红、茉莉等。

（4）中性偏碱花卉　这类花卉只有在 pH 值 7~8 的中性或偏碱的土壤中才能生长良好。如天竺葵、石竹、仙人掌、扶郎花等。

为了满足喜酸性花卉在 pH 值偏高的土壤中生活，要对土壤进行改良。除多施有机肥料改良土壤物理性质外，露地花卉可施用硫磺或硫酸铝，盆栽花卉可浇灌 1∶50 的硫酸铝或 1∶200~1∶100 的硫酸亚铁水溶液。施用硫磺粉见效慢但持久，施用硫酸铝需要补充磷肥，硫酸铝见效快但作用时间短，需要经常施用。

另外，土壤酸碱度对某些花卉的花色变化有重要的影响，八仙花在土壤呈酸性时花色为蓝色，土壤呈碱性时花色为粉红色。

（二）各类花卉对土壤的要求

花卉的种类繁多，对土壤的要求也各不相同。同一种花卉在不同的生长发育时期对土壤的要求也有差异。大多数花卉都要求肥沃疏松、富含腐殖质、排水良好的土壤。

1. 露地花卉

一般露地花卉适应性较强，对土壤要求不严，除砂土和重黏土外，其他土壤能适应大部分花卉。

一、二年生花卉在排水良好的砂质壤土、壤土或黏质壤土均可生长良好，但以表土层深厚，富含有机质的壤土为宜。重黏土及过度疏松的土壤生长不良，

宿根花卉的根系较一、二年生花卉强健，入土较深，表土层一般要求有 40~50 厘米的富含腐殖质的壤土或黏质壤土层。

球根花卉对土壤的要求较严格，大多数的球根花卉喜富含有机质的砂壤土或壤土，尤以下层为排水良好的砂砾土，而表层为深厚的砂质壤土最为理想。但水仙、风信子、石蒜、郁金香等以黏质壤土为宜。

2. 温室花卉

温室花卉通常局限于盆栽或栽植床中，花卉的根系活动范围受到限制。因此，对土壤的要求更高，通常要求使用人工配制的营养土。理想的培养土是腐殖质含量高、通气良好又具有一定的保水能力的混合土。

第二节　花卉的繁殖

花卉的繁殖是为了延续后代，增加数量的一种生理功能。花卉的种类繁多，繁殖方法也各不相同，按照其性质可以分为有性繁殖、无性繁殖、单性繁殖和组织培养等几种方法。

一、有性繁殖

有性繁殖是利用植物的雌雄配子结合后形成的种子进行播种，从而得到后代的繁殖方法。因此有性繁殖又叫种子繁殖，播种得到的幼苗称为实生苗。

有性繁殖的优点是繁殖系数大，在短期内可以得到大量的植株；实生苗的根系强健，生活力旺盛、适应性强；寿命长；在品种间的自然杂交中容易出现变异从而产生新品种。

种子繁殖也有缺点，不经过严格控制得到的种子，其后代容易失去母本的优良性状；播种繁殖开花结实时间较迟；另外有不少重瓣品种结实困难。

种子繁殖常常用于一、二年生花卉和部分宿根花卉，木本花卉很少用此法繁殖。

（一）优良种子的条件

种子品质的优劣是花卉栽培的关键。优良种子应具备以下几个条件：
（1）经过严格的杂交或自交隔离得到，后代的性状表现完全一致；
（2）发育充实，粒大饱满，具有较高的发芽率；
（3）富有生命力，后代健壮；
（4）无病虫害。

（二）种子的采收及贮藏

1. 种子成熟时期

种子成熟可以分为3个阶段：

（1）乳熟期　果实充分达到最大体积，开始减少水分及变色。

（2）蜡熟期　果实已经变色，但仍然柔软呈现干硬状态。

（3）全熟期　果实已经变色，并且变硬变脆。

2. 种子的采收

根据各种花卉种子成熟的特征来鉴定种子成熟与否，如三色堇种子成熟时蒴果向上仰，将要开裂，种粒黄褐色有光泽；凤仙花成熟时果实由青变黄呈透明状，种粒褐色。同一株的种子成熟度也不同，早熟的质量最高，必须及时采收。

种子采收时期一般应在种子充分成熟之后采收，而蓇葖果、荚果等一些容易开裂的种类，宜提早在蜡熟期采收；成熟后易自行飞散或脱落的种类，应分期分批采收；果实不开裂的种类，可在全株种子大部分成熟时，整株收割。

采种时间在在晴天、无风的早晨进行，通常在上午9：00以前，此时种子不易开裂。

种子采收后，要进行晾晒、脱粒、去杂等工作，在晾晒时，各品种要隔开一定的距离，避免混杂。

3. 种子的贮藏

种子的贮藏条件是保证种子寿命的关键。一般花卉种子在充分干燥后密封，存放在低温、干燥的条件下，以减少种子的呼吸作用，降低养分的消耗，这样可以长时间保持其生活力。因此种子的贮藏大都采用种子柜、种子罐、纸袋、玻璃瓶等，按不同的品种分别装入，加以标明和编号。贮藏室应保持干燥冷凉、空气流通，贮藏适宜温度为 $0 \sim 5℃$。少量名贵品种可以存放在冰柜中。有些水生花卉，如睡莲、王莲等的种子，必须贮藏在水中，否则会失去生活力。又如牡丹、芍药的种子，采收后立即播种或砂藏，否则会降低发芽率。

（三）影响种子发芽的条件

种子通常在适宜的水分、温度和空气的条件下发芽。

1. 水分

种子发芽首先需要吸收大量的水分，使种皮软化，二氧化碳和氧气即可通过种皮，胚及胚乳吸水后使种皮破裂，种子内部发生一系列生理变化而发芽。不同种类的种子发芽需要的水分也不同，常见的土壤含水量比植物正常生长多3倍。但水分过多土壤通气不良，则会引起种子腐烂；水分不足又使种子发芽迟缓。为了促进种子发芽，可以采用播种前用温水或冷水浸种。

2. 温度

种子发芽需要一定的温度，若低于要求的温度，则发芽时间变长，高于所要求的温度则发芽过快，导致幼苗发育不正常。不同的花卉，发芽所需要的温度也不同，原产热带的花卉需要的温度高，亚热带及温带次之，原产温带北部的则需要一定的低温才能萌发。

通常情况下，种子萌发所需要的温度比其生育适宜温度高 $3 \sim 5℃$。多数一、二年生花卉的发芽温度为 $20 \sim 25℃$，适宜春播；有些种类的发芽温度为 $15 \sim 20℃$，如金鱼草、三色堇、飞燕草等，适宜秋播。

3. 氧气

种子萌发需要足够的氧气，氧气不足影响萌发。因此播种基质选用通气良好的营养土，播种前苗床不宜灌水太多，播种后覆土不应太深。

（四）播种前的种子处理

多数种子播种前不需要处理，但一些大粒种子或种皮坚硬、发芽困难的种类则需要进行适当的处理。

1. 浸种

多用于休眠期短或不休眠的种子。播种前用冷水或温水将种子浸泡，温水温度一般为 $40℃$ 左右，浸种时间以不超过一昼夜为宜。但香豌豆、牵牛花等可以用 $20℃$ 浸一夜后播种，过久则容易腐烂。

2. 擦伤种皮

对于部分种皮坚硬、颗粒很大、萌发时吸水困难、胚根和胚轴很难突破种皮的种子，可在播种前将种皮擦伤或刻伤，然后用温水浸种，待种仁吸水后再播种，这样能够促进种子萌发。如美人蕉、荷花、榆叶梅等。但注意再擦伤时只能伤及种皮，而不能伤及胚。

3. 药物处理

对于一些种皮坚硬的种子，也可以先以浓硫酸或氢氧化钠等药物浸泡，然后再用清水冲洗干净后播种，这样可以明显改善种皮的通透性，促进发芽。如美人蕉、棕榈等。注意浸泡时间不能过长，以免腐蚀胚。

4. 砂藏

对于那些尚处于休眠期，并且低温或湿润环境能够打破休眠的种子，可以采用砂藏的方法处理，如牡丹、鸢尾、蔷薇、芍药等。在入冬前将种子与3倍的湿沙混匀，装入容器，置于冷室，翌年春天取出播种。

（五）播种

播种方式可以分为露地播种和保护地（包括温室、冷床、温床等）播种。温室花卉一般在室内播种。露地花卉为了提早育苗或便于管理，也常采用温室、温床或冷床播种。

1. 露地播种

大多数的露地花卉都需要经过育苗后再定植。依据播种季节的不同，可以分为春播、秋播及春秋播3类。

（1）春播花卉　常常春季播种，夏秋开花。适宜春播的花卉有：鸡冠花、千日红、醉蝶花、凤仙花、一串红、翠菊、百日草、半支莲、美女樱、万寿菊、波斯菊、紫茉莉等。这些花卉中植株低矮、株型紧凑、花量大的可以用来布置"十·一"的花坛，如鸡冠花、百日草、万寿菊等。

（2）秋播花卉　秋季播种，翌年春季开花。适宜秋播的花卉有：三色堇、金盏菊、蜀葵、贵竹香、月见草、飞燕草、石竹、打火草、矢车菊等。其中植株低矮、株型紧凑、花量大的可以用来布置"五·一"的花坛，如三色堇、金盏菊等。

（3）春秋播花卉　春季和秋季播种都可以，这类花卉开花受环境影响不大，如金鱼草、福禄考、翠菊等。

宿根和木本花卉除了不耐寒的种类须春播外，一般春秋两季播种都可以。

播种床的准备　选择通风向阳、土壤肥沃、排水良好的圃地作床，有高床和低床之分。在南方及雨水充沛的地区常作高床，即床面高于地面，两侧有低于地面的沟，这样利于排水。北方干旱地区通常作低床，即床面低于地面，两侧有高出的畦埂兼作步道，这样利于保持水分。畦埂宽度一般为20厘米，床面宽约1.5米，长约6米，东西向排列，使苗木得到均匀光照。

播种床要求深翻，将土块打碎、耙平，然后稍加镇压，使床土松紧一致，以免灌水后发生塌陷。

覆盖土的准备　可以选用播种床附近的上层表土过细筛即可，也可以选用细沙土过筛。注意此土不宜过干，以稍湿润为宜，作为播种时的覆盖土。

播种前的灌水　播种前将整好的播种床灌足水，播种后覆盖一层细土，以减少水分蒸发。对于发芽时间短的种类，这种湿润程度可以维持到出苗，而对于发芽较慢的种类或气候干旱的条件，可以在出苗过程中用喷壶喷水。

播种期和方法 秋播一般在三伏至白露期间,即 8 月下旬至 9 月上旬。春播一般在清明前后,如果在阳畦播种,可以在 3 月中旬进行,"十·一"用花可以在 6 月播种。

播种方法有点播、撒播和条播。大粒种子可以点播,小粒种子可以撒播,还可以沿着一个方向开沟后条播。草花种子大多比较细小,通常采用撒播方法,要求播种均匀。过于细小的种子,可以将其与细沙混合后再播,播种后覆盖土的厚度以刚刚盖住种子为宜,不宜过厚,否则影响出苗。

播种后可以再苗床上方覆盖塑料薄膜,以保持温度和湿度,在幼苗出土后要及时揭开薄膜。

2. 温室播种

温室播种大都比较精细,容器和基质都不同于露地播种。容器通常采用浅盆、豆腐屉或穴盘等。基质要求具有良好的理化性状,即腐殖质含量高、排水及透气性良好,同时具有一定的保水性,无病虫害及杂草种子等,通常由草炭土与蛭石、珍珠岩混合配制而成,使用前对其消毒。播种前将基质装好,压紧后浇透水,待容器表面无积水时即可播种。

播种方法 有人工播种和机器播种 2 种方法。人工播种有点播、撒播。大粒种子可以点播在穴盘中,可以省去间苗的过程;小粒种子则可以撒播。机器播种,大多采用穴盘育苗,比人工播种的速度快得多,基本能够做到一穴一苗,提高成苗率,节省人力、物力。

覆土 对于发芽时不需要光的种子,可以采用细的播种土或细蛭石覆盖,覆土厚度一般以种子大小的 1~2 倍为宜。对于那些发芽时需要光或种子极其细小的种类,播种后可以不用覆土,如四季海棠、蒲包花、矮牵牛等。但上方最好覆盖玻璃、报纸或塑料薄膜,以保温保湿,但应该注意适当通风。

播种后的管理 播种后如果浅盆中的基质过干,则可以采用浸盆法补充水分。如果穴盘中过干,则采用细喷头适当喷灌,注意千万不能将基质表面冲翻,种子冲跑。种子发芽后及时揭开玻璃、报纸、塑料薄膜等覆盖物,以免幼苗徒长。

二、无性繁殖

无性繁殖是利用花卉的根茎叶等营养器官的一部分,经过人工培育得到新的植物体的方法。因此无性繁殖又叫营养繁殖。

无性繁殖的优点是绝大多数花卉通过无性繁殖能够保持母本的优良性状;能够提前开花。缺点是繁殖系数小,根系常常不发达,适应能力较差,寿命较短。

无性繁殖分为扦插、嫁接、压条、分株和组织培养。

（一）扦插

扦插繁殖是利用植物营养器官（根、茎、叶）的一部分插如基质中，使之生根发芽，从而成为独立的植株的繁殖方法。

1. 扦插的种类及方法

根据扦插材料的不同，可以分为茎插、叶插、叶芽插和根插。

（1）茎插 又叫枝插，即以植物的茎段为插穗，根据枝条的木质化程度可以分硬枝扦插、半硬枝扦插和嫩枝扦插3种。

硬枝扦插：休眠期选取成熟枝条进行，多用于乔灌木类。插穗为1～2年生的枝条的中部，带3～4个芽，长度为10厘米左右。插穗剪好后进行砂藏或埋在窖中，早春插入基质中，暖地也可以于当年进行露地扦插。

软枝扦插：又称为嫩枝扦插，生长季节选取当年生枝条进行扦插，多用于草本花卉、温室花卉以及露地花灌木。嫩枝扦插要选择生长健壮、成熟度适中的当年生枝条。若枝条幼嫩柔软，则扦插后容易腐烂，若枝条老化坚硬，则扦插后生根缓慢。插穗长度一般为5～10厘米，保留上部叶片，若保留全部叶片则水分蒸发过快，影响插穗成活，若去掉全部叶片则生根缓慢。对于叶片较大的种类可以剪掉叶片的一部分，扦插的深度为插穗的1/3～1/2。

半硬枝扦插：又称为半软枝扦插。插条的成熟度介于硬枝和软枝之间。选取当年生较成熟的枝条，留2～3片叶，插穗长度10厘米左右，扦插的深度为插穗的1/3～1/2。此法多适用于木本和常绿植物。

（2）叶芽插 插穗仅有一叶一芽，芽下方带有2厘米左右的枝条。插入基质后仅露出芽尖和叶片。此法用于繁殖材料少或难产生不定芽的种类，如桂花、橡皮树等。

（3）根插 有些花卉如蓍草、宿根福禄考、芍药、荷包牡丹等能够从根上产生不定芽形成植株，因此可以采用根插繁殖。根据不同的操作的方法又可以分为直插和平插。

直插法：将根剪成3～8厘米长的根段，垂直插入基质中，上端稍露。芍药、补血草、宿根霞草、荷包牡丹多用此法。

平插法：将根剪成3～5厘米的根段，撒播在基质中，覆土1厘米，保持湿度。宿根福禄考、毛蕊花、蓍草、剪秋罗等多用此法。

（4）叶插 凡是能够从叶上产生不定根或不定芽的花卉种类均可采用

此法繁殖。这些花卉大多具有肥厚的叶片、粗壮的叶柄和叶脉。

根据花卉种类的不同及操作方法的不同，可以分为全叶插、片叶插。

全叶插：以完整的叶片为插穗进行扦插。全叶插又分为直插法和平插法。直插法即将叶柄插入基质中，将叶片立于基质之外，如大岩桐、豆瓣绿、非洲紫罗兰等均用此法。平插法即将剪掉叶柄的叶片平铺在基质上，使二者紧密结合。如落地生根、秋海棠等多用此法，为了促进生根，可以将粗壮的叶脉切断。

片叶插：是将完整的叶片分成数块后，分别进行扦插。根据不同叶片进行平铺和直插。大岩桐、秋海棠、虎尾类等均适用此法。

（二）嫁接

将优良品种的枝条或芽接到另外一个植株上，使之形成新的个体，这种方法称为嫁接。取来的枝条、芽称为接穗，承受接穗的植株称为砧木。

嫁接法大多用于花木的繁殖，一些扦插不易成活的种类，以及不产生种子的重瓣品种多采用此法。草本花卉中只有菊花、仙人掌等少数几种采用此法。

1. 砧木和接穗的选择

砧木与接穗有较强的亲和力，对不良气候抗性较强，对土壤适应性强，适宜本地生长的健壮植株。接穗要从优良品种的健壮植株上采取，枝条要充实，芽要饱满。

2. 嫁接的方法

常用的嫁接方法有3种，即枝接、芽接和平接。

（1）枝接　以枝条为接穗。枝接又可以分为切接法、劈接法、靠接法、腹接法。

切接法：应在春季树液萌动前进行，砧木选用茎粗1~1.5厘米的幼苗，在离地5~10厘米处截断，在接面的木质部和韧皮部之间向下切2.5厘米左右的切口；接穗选择一、二年生的充实枝条，直径0.5厘米左右，长5~10厘米，并带有2~3个芽。将接穗下端削成2~2.5厘米的斜面，反面则削掉皮层，将接穗的斜切面向内插入砧木的切口，紧密结合后，用塑料薄膜等不透水的材料绑扎。

劈接法：又称割接。接穗长10厘米左右，带有3~4个芽。将接穗基部两面削成楔形。将砧木截断后，在截面中央处垂直向下切开5厘米左右，将接穗插入切口，并对准形成层，然后用塑料薄膜等不透水的材料绑扎。草本花卉中的菊花、仙人掌等常用此法。

靠接法：靠接时砧木与接穗距离很近。将砧木的适当部位削成平面或凹面，再在同样粗细的接穗上选取一适当的枝条，削成同样大小的平面或凸面，使二者吻合，对准形成层后绑扎。经过1~2个月后，切口愈合，此时将砧木与接穗分离。并将砧木的上部剪断，从而形成新的植株。

腹接法：将砧木的一侧斜切一刀，长约2厘米左右，将接穗基部削成两个长度不等的切面，将长的一面向里插入砧木，使形成层吻合后绑扎好。

（2）芽接　用芽作接穗，多在生长期进行。砧木一般不除去枝条，常采用"T"形接法，即将砧木上刻一"T"形切口，将接穗插入。

（3）平接　又称为对口接。常用于仙人掌类花卉。嫁接时先将砧木上面削平，保留的高度根据需要而定，再将接穗基部也削成一个平面，然后两个平面切口对接到一起，注意中间的髓心对合，最后用细绳连盆底绑扎牢固，放置在半荫干燥处，1周内不浇水。

（4）根接　以根作砧木进行嫁接。常见的是牡丹嫁接于芍药的根上。当秋季芍药分根移植时，选直径2~3厘米，长10~15厘米的健壮根，先将其阴干2~3天，稍显萎蔫以利于嫁接。接穗选当年生光滑而节间短、带有1~2个芽的牡丹枝条。利用切接法或劈接法嫁接。

3. 嫁接成活的条件

嫁接成功与否，主要取决于以下3方面。

（1）形成层的再生能力　形成层能够将接穗和砧木紧密结合，从而形成一个整体。

（2）接穗和砧木的亲和力　亲和力是指砧木和接穗之间在生理生化、形态解剖等方面相近或相同的程度。一般情况下，亲缘关系越近，亲和力越强。

（3）砧木与接穗的生活力　如苗龄、健康状况等也会影响嫁接成活。

（三）压条

压条就是将接近地面的植物枝条的下部埋入土中，使之生根并成为一个新的植株的繁殖方法。对于较高的枝条则采用高压法，即用湿润的基质包裹枝条，使之生根，如木兰、玉兰、朱蕉等。此法大多用于花灌木类和乔木类，尤其不易繁殖的种类，如贴梗海棠、米兰、玉兰、叶子花、扶桑、龙血树等，而一、二年生花卉和宿根花卉则很少采用此法。压条繁殖的优点是能够保持母本的遗传性状，但繁殖系数较低。

为了促进生根，在包裹前对枝条入土部分进行部分切割、环剥或扭枝。

(四) 分生繁殖

分生繁殖是植物营养繁殖的方法之一，指人为地从母体分离出幼小植物体（如吸芽、珠芽等），或将母本营养器官的一部分（走茎、变态茎等）分割后另行栽植，从而形成一个独立的植株。此法的优点是后代能够保持母株的遗传性状，繁殖方法简便，但繁殖系数较低。

因花卉的生物学特性不同，又可分为分株法和分球法。前者多用于丛生性强的花灌木和萌蘖力强的多年生草花，而后者用于球根类花卉。

分生繁殖依据花卉种类的不同，分生的方法也不同，时间也不同，有的在生长季节进行，大多数在休眠期或球根采收及栽植前进行。

1. 分株法

分割从母体上发生的根蘖、茎蘖、吸芽、走茎、根茎等另行栽植从而形成独立的植株。大多数宿根花卉均采用分株繁殖，如萱草、玉簪、蜀葵、菊花、芦荟、百合、美人蕉、香蒲等。

分株的时期一般为春季开花的植物于秋季进行分株，而秋季开花的则于春季进行分株，通常要避开炎热的季节。分生吸芽、走茎的要在生长期进行。春季分株应该在植株发芽前进行，如玉簪、八宝景天等，一般以 3~4 月间为好；秋季分株应该在地上部分进入休眠，而地下部分仍然处于活动阶段进行为好。如牡丹、芍药的分株以 9~10 月间为好。

（1）露地花卉　分株前个别的种类需要将母本从基质中挖出，并尽可能多带根系，将整个株丛分成几丛，每丛都带有较多的根系，如芍药、牡丹等。另有分蘖力强的花灌木和藤本植物，在母株四周经常萌发出许多幼小的株丛，在分株时不必将母株挖出，只挖出分蘖苗另行栽植即可，如蔷薇、凌霄、月季等。

（2）盆栽花卉　盆栽花卉的分株繁殖多用于草花。分株前将母本从盆内脱出，抖掉大部分基质，找出萌蘖根系的延伸方向，并把缠绕在一起的根分解开来，尽量不伤根，然后用刀将分蘖苗与母株分离后另行栽植。如兰花、鹤望兰、四季海棠等。

2. 分球法

分球法是分割或分离植物体的地下变态茎（球茎、鳞茎、块茎）从而使之形成独立植株，球根花卉大多采用此法繁殖。如分割唐菖蒲及慈姑的球茎，郁金香、水仙和百合的鳞茎等，都能够得到新的独立植株。水仙小球分离母体后，大约需要 3 年时间才能长成大球，而郁金香的大球 1 年后可以形成 2~3 个小球，其中较大的小球栽植后次年可开花，而较小的则需要 2~3

年才开花。对于块茎类花卉的生长点位于每一地下分枝的顶端，因此每块分割的块茎都必须带有顶芽。对于块根类花卉如大丽花等，其生长点位于靠近地面处的茎基部，分割时必须纵向切割使带有茎基部的生长点。而根茎类花卉则在节上发芽，因此分割后必须保证每一部分都带有节。

分球繁殖大多在球根采收前以及栽植前进行。

三、单性繁殖

蕨类植物没有两性生殖器官，它们除了用分株繁殖外，还可利用叶背面的孢子进行繁殖，因此单性繁殖有称孢子繁殖。孢子繁殖要求较严格，必须掌握以下技术：

（1）选择叶面健壮，并且未受病虫害危害的成熟孢子叶片作为繁殖材料。

（2）基质、容器必须消毒，基质以通气良好的泥炭土为好，浇足水后，经高压锅灭菌后，冷凉备用。

（3）将孢子叶平铺在盆土表面，稍加压紧，使孢子紧密接触基质，然后盖上玻璃，保温、保湿、并适当留出缝隙利于通气。

（4）将播种盆放在庇荫处，保持温度为18~24℃，相对湿度90%以上。发芽过程以浸盆法保持盆土湿润。发芽时间为1~2个月。

复习题

1. 影响花卉生长发育的环境因素要有哪些？
2. 光照影响花卉的生长发育的因素有哪些？
3. 花卉的繁殖方法有哪些？举例说明。
4. 播种前处理花卉种子的方法有哪些？举例说明。
5. 花卉的播种繁殖方式有哪两种？举例说明。
6. 花卉的无性繁殖方法主要有哪些？如何操作？举例说明。

模拟测试题

一、填空题

1. 花卉的无性繁殖方法按照性质可以分为_____、_____、_____、_____、_____五类。
2. 用种子繁殖后代的方法称为有性繁殖，又称_____。
3. 蕨类植物以_____、_____的方法繁殖。

二、选择题

1. 植物发育的某一阶段，特别是发芽后不久，由于受到低温影响，而促进花芽形成的现象叫_____。
   A. 春化作用　　B. 温周期现象　　C. 日周期现象　　D. 光周期现象
2. 以下花卉中，属于短日照的花卉是_____。
   A. 香石竹　　　B. 唐菖蒲　　　　C. 月季　　　　　D. 菊花
3. 以下花卉中，喜酸性土壤的花卉有_____。
   A. 石竹　　　　B. 仙人掌　　　　C. 彩叶草　　　　D. 天竺葵

三、判断题

1. 种子发芽时，通常只要有适宜的水分和温度就能发芽。（　　）
2. 宿根花卉的繁殖方法一般采用分球法。（　　）
3. 要想保持花卉品种原有特性及繁殖优良品种，可进行有性繁殖。
（　　）

四、简答题

1. 种子采收时要注意什么？
2. 什么是植物的无性繁殖？有何优缺点？共有哪几种方式？宿根花卉常采用什么方法繁殖？
3. 在实际工作中，针对光照强度这一单一因子，应如何进行花卉栽培管理？

第四章 花 卉

模拟测试题答案

一、填空题
1. 扦插、嫁接、分生、压条、组织培养
2. 种子繁殖
3. 分株法、孢子繁殖法

二、选择题
1. A   2. D   3. C

三、判断题
1. ×   2. ×   3. ×

四、简答题

1. 答：采种时期：通常要在种子充分成熟时采收。对于成熟不一致的种子，应该随熟随采；对于成熟时容易开裂散落的种子则应在成熟未开裂时采收；对于成熟期一致，并且又不容易开裂的种子，则成熟时一次性采收。采种一般在上午9：00以前进行。

2. 答：无性繁殖是利用花卉的根茎叶等营养器官的一部分，经过人工培育得到新的植物体的方法，因此无性繁殖又叫营养繁殖。

无性繁殖的优点：绝大多数花卉通过无性繁殖能够保持母本的优良性状，能够提前开花。缺点是繁殖系数小，根系常常不发达，适应能力较差，寿命较短。

无性繁殖分为扦插、嫁接、压条、分株和组织培养5种方法。

宿根花卉通常采用分株法繁殖。

3. 答：各种花卉需要的光照强度差异很大，有些在光照减少到全光照的75%时就生长不良，而有些花卉在5%~20%的相对光照条件下还能生长繁茂，栽培管理时要根据花卉对光照强度的不同要求，要采取不同的措施。

强耐荫性花卉：栽培时通常要求遮光率保持在80%左右。

耐荫性花卉：栽环境通常有散射光照射，光照过强时要遮光，遮光率通常保持在50%左右。

半耐荫性花卉：此类花卉不喜强光，尤其是直射光，栽培时要求稍遮光，避免烈日暴晒。

喜光性花卉：通常在全光照条件下生长良好，不需要任何遮荫措施。

另外，花卉的喜光程度也随着不同的发育阶段、年龄以及其他生态条件的变化而变化。

第五章

园林植物保护

本章提要：介绍病虫害基本知识、主要虫害与病害的发生及防治以及常用农药和使用。

学习目的：掌握病虫害基本知识、综合治理，掌握主要病虫害的发生与防治方法。

第一节 病虫害基础知识

一、昆虫基础知识

（一）昆虫的识别

大自然中的昆虫种类繁多，以定名的有100万种。危害园林植物的昆虫称之为园林植物害虫，我国有园林植物害虫有5000多种。

1. 昆虫的命名

昆虫的名称有拉丁学名、中文学名和俗名。拉丁学名由属名、种加词、定名人组成。例如：舞毒蛾是中文学名，其拉丁学名为 *Lymantria dispar* (L.)。

2. 昆虫的形态特征

昆虫的种类很多，由于对不同生活环境和生活方式的长期适应，其身体结构也发生了多种多样的变化。但昆虫有共同的基本结构。成虫的主要形态特征为：身体明显地分为头、胸、腹；有3对分节的胸足；胸部大多有2对翅；头部长有触角、眼和口器。

口器是昆虫取食的器官，由于取食方式不同，危害的症状也不同。与园林有关的种类主要有咀嚼式口器、刺吸式口器、虹吸式口器、锉吸式口器。

触角是昆虫的主要感觉器官，具有触觉、嗅觉作用，借以觅食、避敌、求偶和寻求产卵产所等作用。其种类主要有丝状、羽状、棒状、鳃片状、栉齿状、锯齿状、膝状、环毛状等。

眼是昆虫主要的视觉器官，昆虫的眼有复眼和单眼二类。

昆虫的足和翅是运动器官。足的类型主要有步行足、跳跃足、开掘足、捕捉足、携粉足、游泳足。翅的类型主要有鳞翅、膜翅、鞘翅、直翅、双翅、缨翅、半鞘翅等。

3. 常见园林植物害虫分类

昆虫共分为33个目，与园林植物相关的常见昆虫目有：

（1）鳞翅目　蝶类和蛾类均属于此目。体形大小不一，颜色变化丰富，翅膜质，翅上有许多鳞片覆盖，各色鳞片构成多种花纹。成虫口器为虹吸式，幼虫口器为咀嚼式。如金星尺蠖、黄刺蛾等。

（2）鞘翅目　所有的甲虫均属于此目。此类昆虫身体坚硬，头部发达。前翅角质化程度高，坚硬并无翅脉。口器为咀嚼式。如光肩星天牛、瓢虫等。

（3）同翅目　种类丰富且变化多端。前翅膜质，或略加厚，或略变革质；后翅膜质。有的种类为无翅型。如蚜虫、蚧虫、粉虱、叶蝉等。

（4）直翅目　身体中到大型。前翅狭长且革质，无翅脉；后翅膜质。复眼大，足发达。口器为咀嚼式。如蝗虫、蝼蛄、蟋蟀等。

（5）膜翅目　蜂类和蚂蚁均属于此类。身体小到中型。翅膜质，翅薄而透明，翅脉明显。口器为咀嚼式。如蔷薇叶蜂、胡蜂、赤眼蜂等。

（二）昆虫的生物学

1. 昆虫的繁殖

昆虫的繁殖有两性生殖、孤雌生殖和卵胎生等方式。

（1）两性生殖　雌雄经过交配，以受精卵发育成新的个体，称为两性生殖。两性生殖又分为卵生和卵胎生。

（2）孤雌生殖　是一种无性生殖方式，即雌成虫不经过交配繁殖新个体的现象称为孤雌生殖。分为偶发性孤雌生殖（如家蚕）、经常性孤雌生殖（如蜜蜂）、周期性孤雌生殖（如蚜虫）。

2. 昆虫的变态和发育

（1）昆虫的变态　昆虫从卵发育到成虫过程中，在外部形态和内部构造上都有显著的变化，这种变化现象叫做变态。

常见的变态有完全变态和不完全变态。完全变态经过卵、幼虫、蛹、成虫4个虫态。如槐尺蠖。不完全变态经过卵、若虫、成虫3个虫态。如蚜虫、蝼蛄等。

(2) 孵化　昆虫在卵期完成胚胎发育后，幼虫破卵而出称之为孵化。从卵孵化到第一次蜕皮之前称之为一龄幼虫，以后每蜕皮一次增加一个龄期。

(3) 羽化　昆虫由幼虫或蛹蜕皮变成成虫的过程，称之为羽化。

3. 昆虫的世代和生活史

(1) 世代　昆虫离开母体，发育到成虫产生后代为止的个体发育过程称为一个世代。

(2) 生活史　昆虫在1年内的发育史，称为生活年史，简称为生活史。

各种昆虫世代的长短和1年内所能完成的世代数有所不同。如槐尺蠖1年4代，桃蚜1年10多代。同一种昆虫因受环境因子的影响，每年的发生代数有所不同，如黏虫在东北每年1~2代，华北每年3~4代，华南每年6~8代。

4. 昆虫的习性

昆虫的习性包括昆虫的活动和行为，是昆虫的生物学特征和重要组成部分。主要有食性、活动的昼夜节律、趋性、群集性、假死性、休眠和滞育。

(1) 活动的昼夜节律　多数昆虫的飞翔、取食、交配等活动有其昼夜节律。在白天活动的昆虫称之为日出性，在夜间活动的昆虫称之为夜出性昆虫。如叶甲是日出性昆虫，槐尺蠖是夜出性昆虫。

(2) 趋性　昆虫对某种刺激进行趋性或背向的有定向活动。如趋光性、趋化性、趋热性等。

(3) 群集性　同种昆虫的大量个体高密度聚集在一起的习性。如天幕毛虫幼虫有在树杈上结网，并群集栖息在网内的习性。

(4) 休眠与滞育　由于外部条件的刺激而引起的停育称为休眠。由光周期引起的遗传性停育叫滞育，如天幕毛虫在7月产卵滞育。

二、病害基础知识

1. 病害的定义与分类

植物在其生长发育过程中，由于受到不良环境条件的影响，或有害生物的侵染，使植物在生理上、组织上、形态上产生一系列病理变化，甚至死亡，这种现象称之为植物病害。园林植物病害一般分为非侵染性病害和侵染性病害。

(1) 非侵染性病害　由非生物病原如营养条件不良、温度、湿度、肥、土壤、大气污染、日光、化学药剂等引起的病害。这类病害没有传染性，因此称之为非侵染性病害。如盐害、灼伤、缺素症、药害等,此病也叫生理性病害。

（2）侵染性病害　由生物病原如真菌、细菌、病毒、类菌质体等引起的病害,这类病害可以进行再侵染,造成病害的传播,称之为侵染性病害。如真菌性病害月季白粉病。侵染性病害按病原分为真菌性、细菌性、病毒性、类菌质体病害、线虫病害。

2. 病害症状

植物发病后的一切不正常表现称之为症状。症状可分为病状和病征。病状是指发病植物本身所表现的不正常状态,如叶斑、肿瘤、畸形、花叶、矮化等。病征是指发病植物感病部位上的病原所表现出的特征,如霉层、小粒点等。病状的类型主要有变色、坏死、腐烂、萎蔫、畸形等。病征的主要类型有粉霉、真菌子实体、菌核和菌索、细菌溢浓等。

三、病虫害主要防治方法

（一）综合防治概念和特点

1967年联合国粮食与农业组织在罗马召开的有害生物防治专家讨论会,提出害虫综合管理（IPM）的概念。害虫综合管理是有害生物的一种管理系统。该系统考虑到有害生物的种群动态和与之相关的环境关系,尽可能协调地运用适当的技术和方法,使有害生物种群保持在经济危害水平之下。

（二）害虫综合管理特点

其一是它容许一部分害虫存在,这些害虫为天敌提供了必要的食物。其二是强调自然因素的控制作用,最大限度地发挥天敌的作用。

（三）主要防治方法

1. 植物检疫法

植物检疫是国家或地方行政机关通过颁布法规禁止或限止国与国、地区与地区之间,将一些危险性极大的害虫、病菌、杂草等随着种子、苗木及其植物产品在引进、输出中传播蔓延,对传入的要就地封锁和消灭,是病虫害综合防治的一项重要措施。

从国外及国内异地引进种子、苗木及其他繁殖材料时应严格遵守有关植物检疫条例的规定,办理相应的检疫审批手续。

2. 栽培管理法

病虫害的发生和发展都需要一定的适宜的环境条件,栽培管理法是通过改变栽培技术措施,控制病虫害的发生和危害的方法。如选用抗病虫品种;合理的水肥管理;实行轮作和植物合理配置;及时清除病叶及虫枝,消灭病源和虫源等措施。

3. 物理机械和引诱剂法

物理机械防治法是根据某些害虫的生活习性,应用光、电、辐射等物理的手段来防治害虫。如高温处理防治土壤中的根结线虫;黑光灯诱杀鳞翅目成虫;微波辐射防治蛀干害虫;设置塑料环防治草履蚧、松毛虫等。

4. 生物防治

生物防治是用有益生物来控制病虫害的方法。主要有以虫治虫。如螳螂捕食尺蠖;有微生物治虫或治病,如利用苏云金杆菌防治黄刺蛾;以鸟治虫,如采用保护和招引食虫鸟类来防治害虫等。

保护和利用病虫害的天敌是生物防治的重要方法之一。主要天敌有天敌昆虫、微生物和鸟类等。天敌昆虫分寄生性和捕食性两类。寄生性天敌主要有赤眼蜂、跳小蜂、姬蜂、肿腿蜂等。捕食性天敌主要有螳螂、草蛉、瓢虫、蜻象等。

5. 化学防治

当害虫大发生时可使用化学药剂压低虫口密度。在使用化学药剂时尽量选用毒性低且对环境无害的种类。

使用化学药剂防治病虫害时,要根据病虫的发生时期、发生量、发生规律,选用适当的药剂和合理的防治时期,采用正确的施药方法和使用浓度,才能达到很好的防治效果。

常用施药方法主要有喷雾、土施、注射、毒土、毒饵、毒环、拌种、飞机喷药、涂抹、熏蒸等。

第二节 主要虫害的防治

一、食叶性害虫的防治

1. 双齿绿刺蛾

属鳞翅目,刺蛾科,又名棕边绿刺蛾。

分布与危害:全国分布。食性杂,寄主植物种类多,危害白蜡、月季、紫薇、西府海棠、山杏、樱花、紫荆等。严重危害时,常把叶子吃光。

形态特征(图5-1):成虫体长约10毫米左右,体和前翅绿色,外缘为棕色宽带,近臀角处为双齿状。老熟幼虫体长约17毫米左右,体粉绿色。

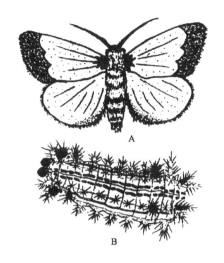

图 5-1 双齿绿刺蛾
A. 成虫　B. 幼虫

背中线为天蓝色，两侧为杏黄色宽带。体上有枝刺和黑色瘤，瘤上着生毒毛。蛹褐色。茧扁椭圆形，灰褐色，紧贴于树皮。

生活习性：河北 1 年发生 2 代，以幼虫在寄主枝干上结茧越冬。翌年 5 月化蛹，6 月成虫羽化，有趋光性。雌蛾将卵产在叶背面，卵期约 8 天。初孵幼虫群栖食叶肉，形成网状花叶，3 龄后分散危害，造成叶片缺刻和孔洞。北京地区 6~9 月为幼虫危害期。

防治方法：

（1）消灭越冬幼虫。春秋季节刮除树干上越冬虫茧。

（2）利用 3 龄幼虫以前集中危害习性，摘除虫叶。幼虫分散危害，采用化学药剂灭幼脲 10000 倍液或烟参碱乳油 1000 倍防治。

（3）保护和利用天敌。

2. 杨扇舟蛾

属鳞翅目，舟蛾科，又名杨社天蛾。

分布与危害：全国分布，以三北地区发生较为严重。幼虫危害杨、柳，对树木生长影响极大，具有突发性危害。

形态特征（图 5-2）：成虫体长 15 毫米左右，前翅灰褐色，顶角有个褐红色扇形大斑。卵，扁圆形，橙红色。幼虫体长 37 毫米，灰绿色，体上有灰白色细毛和黑瘤。腹部第 1、8 节背部各有枣红色毛瘤。蛹，褐色，尾刺分叉。茧，灰白色，椭圆形。

生物学特性：华北地区 1 年 4~5 代，以蛹在茧内于枯叶、杂草、土中、树皮缝及建筑物缝隙处越冬。4 月下旬为成虫羽化产卵期，卵呈块状，每块有 100 多粒

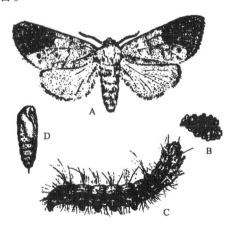

图 5-2 杨扇舟蛾
A. 成虫　B. 卵　C. 幼虫　D. 蛹

卵，卵期 10 天左右。5 月至 9 月为幼虫危害期，世代重叠严重。

防治方法：

（1）及时摘除虫苞或卵块，消灭虫源。

（2）保护和利用茧蜂、舟蛾赤眼蜂、黑卵蜂等。

（3）用化学药剂如灭扫利 3000 倍、来福灵 5000 倍等防治幼虫。

3. 蔷薇叶蜂

属膜翅目，三节叶蜂科，又称"黄腹虫"。

分布与危害：分布于北京、山东、河南等地。幼虫危害月季、蔷薇、黄刺玫、十姐妹、玫瑰等。危害严重时，常常把树叶吃光。

形态特征（图 5-3）：成虫体长 8 毫米左右，黑色。前翅半透明黑色，带有金属蓝光泽，腹部橙黄色。卵椭圆形，淡黄绿色。幼虫长 23 毫米，体黄绿色，体背有黑褐色突起。蛹褐色。

生物学特性：北京 1 年发生 2 代，以幼虫在土中作茧越冬。5 月成虫羽化飞出，羽化后当天可交尾，卵多产在距顶梢 10～20 厘米半木质化枝条的组织内，卵排列成"八"字形，每雌虫产卵 20 多粒。初孵幼

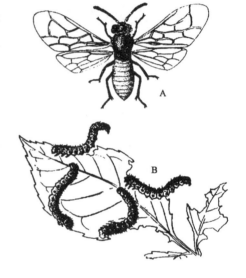

图 5-3 蔷薇叶蜂
A. 成虫 B. 幼虫

虫群集于嫩叶上取食，有迁移危害的习性，幼虫昼夜取食，有自相残杀的习性。幼虫共 4 龄，3 龄前体呈翠绿色，4 龄幼虫身体各节出现黑色瘤状突或斑点。两代幼虫分别发生在 6 月和 8 月，9 月底老熟幼虫一般在深 5 厘米左右的土中结茧越冬。

防治方法：

（1）结合残花修剪，及时剪除卵枝并烧毁。

（2）幼虫危害期 6 月和 8 月使用化学药剂氧化乐果 1000 倍、苦参碱乳油 1000 倍等防治。

4. 黄杨绢野螟

属鳞翅目，螟蛾科，又名黄杨卷叶螟。

分布与危害：分布于江苏、河北、河南、山东、北京等地。幼虫危害锦

熟黄杨、朝鲜黄杨、雀舌黄杨、大叶黄杨、冬青、卫矛等植物。严重危害时叶片变色、枯萎脱落，具有突发性危害。

形态特征（图5-4）：成虫体长23毫米左右。体密被白色鳞片，在前翅前缘的黑褐色带中有1个新月形白斑。卵，长圆形。老熟幼虫体长40毫米，圆筒形，体绿色背线深绿色，两侧为黄绿色及青灰色带。各节有黑色瘤状突起。蛹褐色，臀部有8个刺钩。

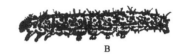

图5-4 黄杨绢野螟
A. 成虫 B. 幼虫

生物学特性：华北地区1年2代，以幼虫在缀叶中过冬。3月下旬至4月上旬越冬幼虫开始活动危害。5月上旬危害盛期，5月中下旬在缀叶中化蛹。成虫有趋光性，产卵于叶背。幼虫有吐丝结巢的习性，将数片叶用丝缀合成巢，导致叶片不能正常生长。第1代幼虫危害期为6月中旬至7月下旬，第2代于7月下旬至9月上旬，此代发生普遍且危害严重。9月中下旬幼虫越冬。

防治方法：

（1）及时摘除带虫缀叶，消灭虫源。

（2）可用氯氰菊酯3000倍或吡虫啉2000倍液等防治幼虫。

了解和掌握的其他常见食叶害虫简介见表5-1。

表5-1 常见食叶害虫

害虫名称	主要寄主	代数	越冬虫态	危害期
槐尺蠖	槐树、龙爪槐等	3~4	蛹在土中	5~9月
柳毒蛾	杨、柳	2	幼虫	4~5月，7~8月、9月
黄刺蛾	黄刺玫、榆叶梅等	2	幼虫在茧内	6~9月
天幕毛虫	碧桃、紫叶李等	1	卵	3月下旬~5月
榆绿叶甲	榆树、垂枝榆	2	成虫	5~7月

二、刺吸性害虫的防治

1. 日本龟蜡蚧

属同翅目，硕蚧科。

分布与危害：全国分布，食性杂，危害玉兰、柿树、常春藤、夹竹桃、碧桃、海棠、紫薇等园林植物。该虫繁殖力很强，受害严重的新梢及叶背中

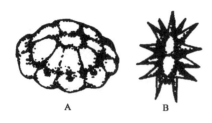

图 5-5 日本龟蜡蚧
A. 雌成蚧　B. 若蚧

脉往往被虫体所覆盖，刺吸汁液，并引起煤污病，导致树势衰弱，甚至枯死。

形态特征（图 5-5）：雌成虫体长 4 毫米，紫红色，背面有白色厚蜡壳。雄虫体长 1.3 毫米，翅透明。卵椭圆形。若虫初孵若虫体扁平，足 3 对，固定后，身体背部全部被蜡，周缘有 12 个三角形蜡芒。

生物学特性：1 年发生 1 代，以受精雌虫在枝上越冬。5 月开始产卵，6 月中旬为产卵盛期，卵产于母体腹下，每头雌成虫可产卵 1000 多粒。6 月下旬至 7 月中旬为若虫孵化盛期，初孵若虫沿枝条爬行到叶柄或叶面危害，固定取食后开始分泌蜡质，逐渐形成星芒状蜡壳。雄若虫 2 龄，于 9 月上旬羽化为成虫，交尾后死亡。雌成虫 3 龄，受精后于 10 月下旬开始越冬。

防治方法：

（1）在园林植物调运时应加强检疫，杜绝虫源。

（2）保护和利用天敌，如红点唇瓢虫等。

（3）危害期采用根施呋喃丹或喷施 3000 倍吡虫啉、1500 倍速蚧克等防治。

2. 温室白粉虱

属同翅目，粉虱科，俗称"小白蛾子"。

分布与危害：全国分布。危害菊花、蜀葵、一串红、一品红、天竺葵、大丽花、扶桑、倒挂金钟等园林植物。造成枯梢、黄叶、落叶、不能开花，严重时植株死亡，并可导致煤污病。

形态特征（图 5-6）：成虫体长约 1 毫米，体浅黄色或浅绿色，体表有白粉。复眼红色，喙发达。卵形似朝天椒，乳白色。幼虫体扁平，椭圆形、黄绿色、半透明。蛹椭圆形，背部凸起，体乳白色，体表有白蜡层和蜡丝。

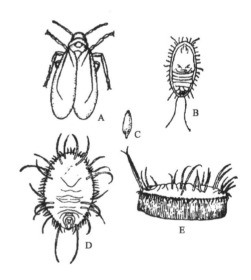

图 5-6 温室白粉虱
A. 成虫　B. 若虫　C. 卵
D. 蛹（正面）　E. 蛹（侧面）

生物学特性：北京1年可发生9代，此虫不能在露地越冬，在温室、塑料大棚内，各种虫态均可越冬。繁殖适宜温度为25℃左右。可进行两性生殖或孤雌生殖。成虫喜欢在嫩叶上危害及产卵，中午气温高时飞翔力强。卵产于叶背，多散产。成虫有趋黄性。初孵幼虫在叶背作短暂爬行，之后固定在叶背刺吸危害，幼虫共4龄。此虫的繁殖能力强，代数多，有世代重叠现象。

防治方法：

（1）利用成虫趋黄性，进行黄板诱杀。

（2）保护和利用天敌，如中华草蛉、丽蚜小蜂、跳小蜂等。

（3）秋末花卉进入温室前要严格检查并加强防治，降低室内虫口密度。

（4）危害期采用烟参碱1500倍乳液或扑虱灵2000倍液防治。

3. 梨网蝽

属半翅目，网蝽科，又名"军配虫"。

分布与危害：全国分布，危害月季、海棠、樱花、蜡梅、杜鹃、地锦等园林植物。成虫和若虫群栖在叶背危害，被害叶片褪绿，叶面呈黄白斑点，叶背呈黄褐色锈斑，引起早期落叶，影响长势和果品质量。

形态特征（图5-7）：成虫体长4毫米，黑褐色，翅半透明，布满网状纹。卵长椭圆形，似香蕉状，初产时浅绿色。若虫体形似成虫，无翅，3龄后有翅芽，腹节两侧有数个刺突。

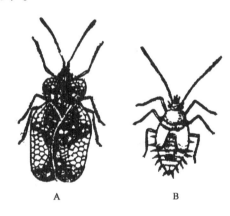

图5-7 梨网蝽
A. 成虫 B. 若虫

生物学特性：北京1年可发生3~4代，以成虫在落叶、杂草、树皮缝、土缝等处越冬。4~10月均可危害，以7~8月危害严重，有世代重叠现象。雌成虫在叶背叶肉中产卵，常常十几粒产在一起。若虫成虫在叶背危害，并分泌黄褐色黏液和粪便，成锈状斑。

防治方法：

（1）清除落叶和杂草，刮除树干上的翘皮，减少虫源，重点防治越冬代成虫和第一代若虫。

（2）保护和利用天敌，如草蛉、小花蝽等。

(3) 危害期喷施 3000 倍吡虫啉、1500 倍净叶宝乳液等。

4. 山楂叶螨

属叶螨科，叶螨属，俗称山楂红蜘蛛。

分布与危害：国内分布较广。危害植物种类较多，如山楂、海棠、樱花、碧桃、红叶李、榆叶梅、贴梗海棠以及核桃、槐树、柳、泡桐、毛白杨、木槿等植物。该螨多在叶背栖息危害，刺吸叶片汁液。被害叶初期出现褪绿斑点，后逐步扩大成褪绿斑块。危害严重时，整张叶片发黄，干枯，造成大量落叶、落花和落果，抑制植物生长，甚至干扰当年花芽形成，从而影响翌年正常开花。

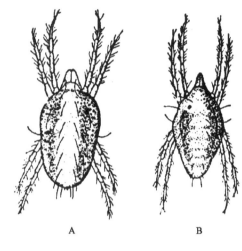

图 5-8　山楂叶螨
A. 雌螨　B. 雄螨

形态特征（图 5-8）：卵，圆球形、半透明，多产于叶背主脉两侧绒毛中或悬挂在蛛丝上。初孵幼螨足 3 对，蜕皮后成为若螨，足 4 对。雌螨体卵圆形，体长 0.56 毫米，为鲜红色或暗红色。雄螨背面观呈菱形，体长约 0.4 毫米，末端稍尖，体色淡黄或黄褐色。

生物学特性：河北地区 1 年发生 8 代左右，以受精雌成螨在树干缝隙、树皮下、枯枝落叶中或地面土缝中越冬。翌年春天，当树芽开始萌动和膨大时，雌螨爬到芽、叶片上取食危害。4 月上旬开始产卵，产卵高峰与苹果、梨的盛花期基本吻合。卵经 10 天左右孵化，此时虫态相对整齐，为药剂防治关键时期。第 2 代后，出现世代重叠。6~8 月高温干旱时，繁殖迅速，数量猛增，此时受害严重。9 月份出现越冬型雌螨，11 月下旬全部进入越冬状态。

防治方法：

(1) 人工防治，冬前在树干上捆绑草绳等物，诱集越冬雌成螨并进行处理；冬季刮除粗老树皮，清除杂草，以减少越冬螨源。

(2) 生物防治，如瓢虫、塔六点蓟马、小花蝽、草蛉、捕食螨等，对山楂叶螨的危害具有一定的控制作用。

(3) 化学防治，于花木发芽前喷洒晶体石硫合剂 50 倍液，可防治越冬成螨。幼若螨盛发期，每叶有螨 3~4 头及 7 月份以后每叶有螨 6~7 头时，喷施三唑锡悬浮剂 1500 倍液；或浏阳霉素 1000 倍液或 73% 克螨特乳油 2000 倍液防治，效果显著。

了解和掌握的其他刺吸式害虫（附螨类）简介见表 5-2。

表 5-2　常见刺吸式害虫

病虫名称	主要寄主	代数	越冬虫态	危害期
蚜虫	多种树木花卉	20 代左右	成、若虫、卵	5~6 月，9 月严重
草履硕蚧	槐树、白蜡等	1 代	卵和初孵若虫	2~5 月
叶螨类	多种树木花卉	10 代左右	成螨、卵	4 月中旬~9 月

三、蛀食性害虫的防治

1. 双条杉天牛

属鞘翅目，天牛科。

分布与危害：分布于北方大部分地区。幼虫蛀食危害侧柏、桧柏、龙柏、罗汉松等针叶树，是柏树的一种毁灭性蛀干害虫。幼虫蛀食韧皮部、木质部，轻者枯梢，重者整株死亡。

形态特征（图 5-9）：成虫体长约 10 毫米，扁圆筒形。鞘翅为黑褐色，有两条棕黄色的横带。前胸背板有 5 个突起点。卵白色，形似大米。老熟幼虫 15 毫米左右，乳白色。圆筒形，扁粗，无足。蛹黄色。

生物学特性：北京 1 年发生 1 代，以成虫在树干蛹室内越冬。3 月上中旬至 4 月上旬为成虫活动高峰。成虫将卵产在树皮表面的缝隙中。幼虫孵化后蛀食危害韧皮部，同时将木质部表面蛀成弯曲不规则的坑道。4~8 月为幼虫危害期。受害树木的树皮松动，造成枯梢，重者整株死亡。

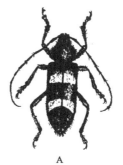

图 5-9　双条杉天牛
A. 成虫　B. 危害症状

防治方法：

（1）在调运苗木时应严格检疫，杜绝带虫树木的调进及调出。

（2）危害严重时，应清除被害木，进行熏蒸，消灭虫源。

（3）3~4 月利用柏木油或柏木枝干作诱饵，诱杀成虫。也可以在此期间对新移植的或生长衰弱的大桧柏每隔 7~10 天喷一次 1000 倍氧化乐果乳液或阿克泰4000倍液等灭杀产卵成虫和初孵幼虫。

（4）加强水肥管理，提高树势，减少受害。

（5）幼虫危害期可根施呋喃丹，或利用高压注射机注射药剂防治害虫。

（6）挂置鸟巢，招引啄木鸟等益鸟防治害虫。

2. 国槐小卷蛾

属鳞翅目，卷蛾科，又称国槐叶柄小蛾。

分布与危害：分布于华北、西北等地。危害槐树、龙爪槐、蝴蝶槐等。以幼虫蛀食羽状小枝基部，花穗和种子，造成叶片脱落，树冠枝梢出现光秃枝。

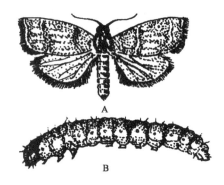

图5-10　国槐小卷蛾
A. 成虫　B. 幼虫

形态特征（图5-10）：成虫体黑褐色，长约5毫米。卵扁椭圆形。老熟幼虫体长8毫米左右，圆柱形，黄色，透明。蛹褐色。

生物学特性：北京1年发生2代，以幼虫在槐豆内越冬为主，其次在枝条和树皮缝内越冬。5月底至6月上旬为成虫羽化高峰期。卵散产，多产在靠叶柄基部或小枝上叶片背面。初孵幼虫经2小时左右，即可钻蛀危害幼嫩复叶叶柄基部，老熟幼虫有迁移危害习性，一头虫可造成几个小枝干枯脱落。6月中旬至7月上旬，7月下旬至8月为幼虫危害期，以第2代幼虫危害严重，8月中旬树冠上出现明显的光秃枝现象。9月幼虫开始转移槐豆危害，并在槐豆中越冬。

防治方法：

（1）抓住幼虫在槐豆内越冬的习性，结合冬季修剪，剪除槐豆。

（2）幼虫危害期，6月中旬，7月底为药剂防治适期可喷施菊杀乳油2000倍液等防治。

（3）利用性诱剂诱杀成虫。

3. 松梢螟

属鳞翅目，螟蛾科。

分布与危害：分布很广。危害油松、马尾松、红松、黑松、华山松、樟子松、云杉、冷杉等梢部枝条，也危害球果。幼虫蛀食主梢，引起侧梢丛生，影响顶端生长，使树冠畸形，降低其观赏价值。

形态特征（图5-11）：成虫体长约12毫米，灰褐色，前翅中室有一肾形白点。卵椭圆形。老熟幼虫25毫米，头部与前胸背板赤褐色，体表有褐色毛片，着生刚毛。蛹，纺锤形，红褐色。

生物学特性：华北地区1年发生1代，以幼虫在树松梢髓部越冬。4月幼虫开始危害，5月上旬化蛹。5月下旬成虫羽化，成虫产卵在新梢顶端、针叶的基部或新球果上，卵散产。幼虫有转移危害习性，被害蛀口有积粪或松脂。4、6月至11月为幼虫危害期，世代重叠。

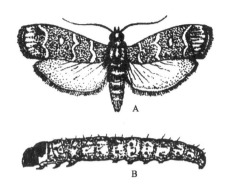

图5-11　松梢螟
A. 成虫　B. 幼虫

防治方法：

（1）及时修剪被害枝梢及球果剪掉并烧毁。

（2）幼虫期喷施吡虫啉2000倍液等防治。

（3）保护天敌防治害虫。

4. 臭椿沟眶象

鞘翅目，象甲科。

分布与危害：分布于东北、华北、华东等地。危害千头椿、臭椿等。幼虫蛀食木质部，造成树木生长势衰弱以至幼树死亡。与此同时还发生沟眶象。

形态特征（图5-12）：成虫体长约11毫米左右，黑色。前胸背板白色，刻点小而浅。鞘翅坚厚，基部白色，刻点粗大而密布，鞘翅前端两侧各有1个刺突。卵长圆形，黄白色。幼虫体长约14毫米左右，乳白色。沟眶象体长为18毫米左右，前胸背板多为黑或赭色，小部分为白色。其刻点大而深。鞘翅肩部白色中间部分掺有赭色。幼虫体长为18毫米左右，乳白色。

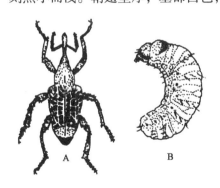

图5-12　臭椿沟眶象
A. 成虫　B. 幼虫

生物学特性：北京地区1年发生1代，以幼虫或成虫在树干内和土内越冬。翌年5月越冬幼虫化蛹，6～7月成虫羽化，7月为羽化盛期。在土中越冬的成虫于4月下旬开始危害。成虫盛发期发生在 4 月下旬至 5 月中旬。7 月下旬至 8 月中旬出现第 2 次成虫盛发高峰期，至 10 月还可见到成虫，说明虫态很不整齐。成虫有假死性，有补充营养习性。

防治方法：

（1）加强检疫，严把苗木出圃关，杜绝带虫出圃。

（2）成虫发生盛期，可人工捕捉成虫。

（3）化学防治，如成虫盛发期在树干基部撒 25% 西维因可湿性粉剂等毒杀成虫；也可在成虫盛发期喷 1000 倍辛硫磷乳油；幼虫孵化期间，可往被害处涂煤油、溴氰菊酯或向根部灌 1000 倍辛硫磷乳油等。

了解和掌握的其他蛀食性害虫如表 5-3 所示。

表 5-3　常见的蛀食性害虫

害虫名称	主要寄主	代数	越冬虫态	危害期
光肩星天牛	杨柳、槭、榆等	1～2 年 1 代	幼虫	3 月中旬～10 月
小木蠹蛾	槐树、白蜡等	3 年 1 代	幼虫	3 月中旬～11 月

四、地下害虫的防治

1. 沟金针虫

鞘翅目，叩甲科。

分布与危害：华北地区普遍发生，幼虫咬食各种幼苗的根、嫩茎和刚发芽的种子。

形态特征（图 5-13）：成虫体长 20 毫米左右，宽 4～5 毫米，体扁平深栗色。幼虫体长 20 毫米左右，金黄色，胸、腹背板中央有一条纵沟。

生物学特性：北京地区 3 年 1 代，以成虫和幼虫越冬。危害期 4～9 月，以 4～5 月危害最严重。

防治方法：

（1）可用 5% 辛硫磷颗粒剂每平方米 5 克，撒在苗床上翻入土中或使用 50% 辛硫磷 1000 倍液浇灌。

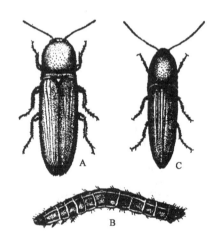

图 5-13　沟金针虫
A. 沟金针虫成虫　B. 沟金针虫幼虫
C. 细胸金针虫成虫

（2）保护天敌等。

2. 小地老虎

鳞翅目，夜蛾科。

分布与危害：幼虫咬食各种播种幼苗的根、茎，造成大量幼苗死亡。

形态特征（图5-14）：成虫体长17~23毫米，全体灰褐色。幼虫体长55毫米，黑褐色，腹背有黄褐色纵线两条，挖出土后成"C"形。

生物学特性：华北地区1年发生3代，以蛹在土中越冬。4~10月为危害期，以5月份危害最严重，常将播种幼苗咬断，拖入土中。

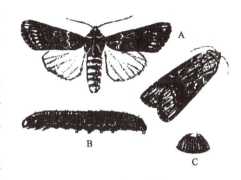

图5-14 小地老虎
A. 成虫 B. 幼虫 C. 卵

防治方法：

（1）成虫发生量大时，黑光灯诱杀或用糖醋液诱杀。

（2）危害初期可施用呋喃丹颗粒剂，或使用辛硫磷灌根等。

（3）必要时可人工捕捉幼虫。

了解和掌握的其他地下害虫简介如表5-4所示。

表5-4 常见的地下害虫

害虫名称	主要寄主	代数	越冬虫态	危害期
蝼蛄	当年播种苗等	3年1代	成虫、若虫	4~5月、9月
蛴螬	小苗及花灌木等	1~2年1代	成虫、幼虫	4~9月

第三节 主要病害的识别与防治

一、月季黑斑病

病原菌主要侵染叶部，也危害叶柄、嫩枝、花梗、花瓣。发病初期叶片出现褐色斑点，逐渐扩大成紫褐色边缘呈放射状的病斑，病斑上散生许多黑色颗粒小点，后期病斑相连，叶片变黄脱落（图5-15）。

该病菌属于真菌，以菌丝或分生孢子盘在病残体上越冬。北京地区5月中旬有零星发生，6月上中旬进入发病始期，8月中旬达到发病盛期，9月

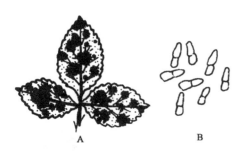

图 5-15 月季黑斑病
A. 病叶 B. 病原（分生孢子）

病情下降。下部老叶提前脱落，易形成光腿。

防治方法：

（1）合理施肥，注意灌水方式，适度修剪，通风透光，提高抗病力。

（2）及时清理病残枝叶等，以减少侵染源。

（3）发病初期，喷 75% 百菌清可湿性粉剂 800~1000 倍液，或百菌酮 400 倍液，10~15 天喷 1 次，连续喷 5~6 次，可控制病害发生。

（4）选择抗病品种，如月季"草莓冰淇淋"、"马蹄达"、"皇后"、"曼海姆"等。

二、月季白粉病

主要发生于叶片上，严重时蔓延到嫩枝、花蕾上。病斑初期为褪绿黄斑，嫩叶皱缩、卷曲或畸形。严重时整个叶片覆盖一层白粉，叶片扭曲反卷、嫩梢弯曲，芽不生长，花蕾枯萎，花不能正常开放（图 5-16）。

病原菌为真菌，属子囊菌亚门，单丝白粉菌属。该菌以菌丝体在寄主植物的病芽、病枝、病叶上越冬。温室内可周年发生，并且是露地栽培的初侵染源。翌年春季产生分生孢子，借风雨传播蔓延，直接侵入。在温度为 20℃、湿度 97% 条件下，分生孢子 2 小时就能萌发。因此，在生长季节可多次重复侵染。北京以 5~6 月、9~10 月发病重。初夏如连雨不利于发病，雨后高温高湿有利于病害发生。另外，施氮肥偏多，也易发病。

图 5-16 月季白粉病

防治方法：

（1）加强栽培管理，提高植株抗病力，如增施磷钾肥，通风透光。

（2）及时清理病枝落叶，以减少侵染来源。

（3）用农抗 120 或抗菌素 B010 乳剂 100~150 倍液防治效果较好。发病初期使用国产 75% 十三吗啉乳剂 1000 倍液或使用安泰生 700 倍液防治。

三、苹桧锈病

引起苹桧锈病的锈菌为真菌中的担子菌。被害植物主要为桧柏、龙柏、海棠、苹果等,被害的苹果、海棠等植株枝叶枯黄、脱落。病菌以菌丝在桧柏的菌瘿中越冬,菌瘿着生在小枝的一侧或包围小枝呈球形吸取寄主的养分,严重时菌瘿累累,造成大量针叶和枝条枯死(图5-17)。

防治方法:

(1)避免将桧柏和苹果、海棠等大量混种。

(2)药剂防治:视两类树木数量多少及发病轻重,灵活掌握药剂防治措施。如苹果、海棠感病重,秋季应向靠近苹果的桧柏上喷波尔多液1~2次,或春季桧柏上菌瘿开裂1毫米时,喷1:100波尔多液,效果好。另外,在苹果、海棠展叶时,适时喷25%三唑酮乳剂1500~2500倍液或50%的退菌特可湿性粉剂600倍液等。

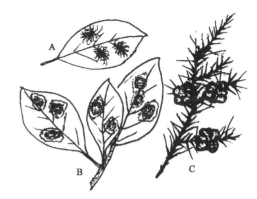

图5-17 苹桧锈病
A. 病叶背面的锈孢子器 B. 病叶正面病斑
C. 桧柏上的菌瘿(冬孢子堆)

四、立枯病

危害苗圃播种苗的一种重要病害,常造成幼苗大量死亡。主要危害油松、白皮松、桧柏、海棠等幼苗。

病菌主要有丝核菌、镰刀菌和腐霉菌。病菌多从地面表层土侵染幼苗基部和根部,感病部位下陷,呈棕褐色,发展较快,组织腐烂死亡(图5-18)。

防治方法:

(1)播种前每平方米用4~6克70%五氯硝基苯粉剂和65%代森锌可湿性粉剂混合剂(3:1)与30倍细土混合,撒

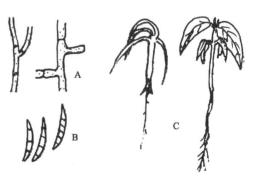

图5-18 立枯病
A. 病原丝核菌 B. 病原镰刀菌 C. 危害症状

在种子上并覆土。

（2）幼苗出土后 20 天内控水。

（3）适当早播。

五、常见非侵染性病害

非侵染性病害又叫生理性病害，除造成黄化、流胶、破腹外，还有很多因素造成园林植物异常，甚至造成树木大量死亡。

1. 低温

低温常造成冻害和霜害，温度高易造成植株萎蔫，甚至死亡。日照强烈易引起树干日灼病、叶片焦边等。

2. 干旱与涝害

水分是生物存活不可缺少的因子，树木严重缺水，会造成干旱，使叶片黄化、提早落叶和落花，乃至干枯死亡。而涝对树木生长也不利，易产生叶片萎蔫、根系腐烂，甚至死亡等。

3. 营养不当

氮、磷和钾是树木生长不可缺一的三大要素，如缺磷树木生长受到抑制，叶片呈暗绿色，无光泽，植株短小，延迟果实成熟。除此，缺微量元素也造成生长异常，如缺锌树木根系发育不良，叶小；缺镁造成树木失绿，黄化等；而缺硼，植株根和芽易畸形或丛生。

4. 有害物质

城市现代化工业发展了，随之环境的污染也严重了，如二氧化硫常造成阔叶树叶脉间发生病斑，而针叶树叶尖坏死，受害部与健部有明显的界限。油松、雪松、杜鹃和悬铃木等树木对二氧化硫抗性较差。杨和桃树等对氟均为敏感。

在防治树木病虫害时，由于使用农药不当，所造成药害较为常见。不同树种对不同药剂敏感度不同，如梅花、樱花和桃等蔷薇科植物对氧乐果比较敏感，易产生焦边与提早落叶。

5. 盐害

在北方城市园林中常发生。冬季下雪后，为解决交通问题，而在道路上直接撒盐或融雪剂，甚至将带有大量盐分的雪堆到树木或草坪上。由于根系周围盐分过量，严重影响根系吸水，甚至造成倒吸水而使树木死亡。

因此，要加强调查研究，找出病因，根据不同的病因，采取相应的防治措施。

第四节 农 药

一、常用农药

(一) 杀虫剂

1. 氯氰菊酯

又称安绿宝、灭百可等，属于高效、广谱的拟除虫菊酯类杀虫剂，对人、畜毒性中等。具有强触杀和胃毒作用，无内吸和熏蒸作用。可防治各种鳞翅目幼虫以及蚜虫、叶蝉等害虫，使用本品3000～5000倍液防治尺蠖、刺蛾、毒蛾、粉虱、蚜虫等。

2. 百草一号

由中草药百部、苦参等制成的植物性杀虫剂。具有触杀和胃毒作用，无内吸性，属于高效、低毒性农药。常用浓度为1000倍液，可防治榆绿叶甲、舞毒蛾、天幕毛虫、豆天蛾、蚜虫、粉虱、草履蚧等多种害虫。

3. 呋喃丹

本品为氨基甲酸酯类杀虫剂。具有内吸、触杀和胃毒作用，对防治蚜、叶螨、地下害虫、根结线虫等防治效果明显。本品属于高毒农药，只适用于植物根部施药，不能溶于水喷雾。药剂被植物根系吸收后，内吸传递到植株各部位。在土壤中的半衰期为1个多月。使用量严格按照说明书操作。

4. 灭幼脲

它是一种苯甲酰基类仿生性药剂（昆虫生长调节剂类）。对人、植物、害虫天敌安全，为低毒药剂。具有胃毒及触杀作用，对咀嚼式口器的害虫如尺蠖、天蛾、刺蛾、舟蛾、毒蛾、夜蛾等低龄幼虫效果明显。常用浓度为5000～10000倍液喷雾防治。本药剂适合防治低龄幼虫。

5. 吡虫啉

又称康福多、艾美乐等，是一种氯代尼古丁类药剂。属低毒、低残留、高效、广谱和内吸性杀虫剂。使用20%吡虫啉1000～2000倍液喷雾，对介壳虫、蚜虫、飞虱、粉虱、叶蝉、蓟马等防治效果显著，也可以根部施药防治地下害虫。

（二）杀螨剂

1. 卡死克

又称氟虫脲，是一种酰基脲类（昆虫生长调节剂）杀虫杀螨剂，具有触杀和胃毒作用。该药对人和叶螨天敌安全，属于低毒性药剂。其作用较慢，喷药后不马上显示药效，数天后药效明显上升。因此，要求在虫、螨发生初期使用。对螨卵的发育有抑制作用。常用浓度为1000倍液喷雾防治。尤其虫、螨并发时，可降低防治成本。

2. 速效浏阳霉素

属抗生素类杀螨剂，以触杀作用为主，为低毒性药剂。使用本品1000～2000倍液防治各种害螨，对幼螨、若螨、成螨有明显效果，对螨卵作用较慢。要求在气温15℃以上使用，效果更为理想。

（三）杀菌剂

1. 安泰生

又称丙森锌，具有保护和治疗作用的广谱性杀菌剂，属低毒药剂。对半知菌等侵染的植物病害有效。使用本品500～700倍液防治园林植物的白粉病、褐斑病、疫病、霜霉病和锈病效果较好。

2. 武夷菌素

又称B010，是一种链霉菌素类杀菌剂，属于低毒、高效、广谱和强内吸性抗生素药剂。使用本品100倍液防治各种白粉病、轮纹病、炭疽病、煤污病和叶斑病等。

3. 好力克

它是一种三唑类杀菌剂，为低毒、广谱和内吸药剂，对人低毒、对植物安全，具有良好的保护、治疗和铲除作用。使用本品3000～6000倍液可有效地防治各种叶斑病、叶枯病、白粉病、菌核病、灰霉病、黑斑病和炭疽病等。

二、合理和安全使用农药

（1）对症下药。根据防治对象的种类，选择适宜的农药种类，作到对症下药，才能达到较好的防止效果。

（2）适时用药。根据病虫害的发生情况，选择在防治对象对药剂的敏感时期和防止对象的暴露及薄弱时期，此时用药方可达到良好的防治效果。

（3）注意药剂的使用浓度和打药次数。浓度太低防治效果差，浓度太高容易导致病虫的抗药性的产生，并增加防治成本。

（4）选择适当的剂型和施用方法，严格按施药操作规程规范进行。

（5）合理混用和轮换使用。两种药剂混用，可兼治多种病虫害，并有增效作用，可以减少打药次数，节省时间和劳力。但混用不当会产生药害或降低防治效果。轮换使用药剂可以延缓抗药性的产生。

（6）安全用药。在使用、运输、贮藏农药时必须严格遵守有关规定。施药时要注意天气的变化，如遇刮风、下雨、高温等不能打药。操作人员要做好防护工作，确保安全。如使用不当造成人员中毒应立即前往医院救治。

复习题

1. 常见园林害虫主要属于哪几目？各有什么主要特征？
2. 什么叫孵化？什么叫羽化？
3. 了解昆虫习性有什么意义？举例说明。
4. 什么叫病状？常见病状有哪些？
5. 综合防治病虫害的方法有哪些？举例说明。
6. 列举常见的食叶害虫、刺吸害虫、蛀食害虫各3种，并简要介绍危害树种、生活简史及防治方法。
7. 简介月季黑斑病、月季白粉病、苹桧锈病的危害、发生与防治方法。
8. 合理和安全使用农药要点是什么？
9. 常用杀虫剂、杀菌剂、杀螨剂各3种的防治对象有哪些？
10. 常用的施药方法有哪些种？

模拟测试题

一、填空题

1. 螳螂的前足为 _____ 足，蝼蛄的前足为 _____ 足。
2. 常见的同翅目害虫如 _____、_____、_____、_____ 等。
3. 完全变态的昆虫如 _____、_____、_____ 等。
4. 常见的蛀食性害虫如 _____、_____、_____ 等。
5. 生物性病原主要有 _____ 等。

二、选择题

1. 鳞翅目害虫是 _____。
　A. 桑白蚧　　　B. 杨扇舟蛾　　　C. 双条杉天牛　　　D. 蛴螬
2. 黄杨绢野螟危害 _____。
　A. 丁香　　　　B. 菊花　　　　　C. 冬青　　　　　　D. 槐树
3. 克螨特属于 _____ 药剂。
　A. 杀虫　　　　B. 杀菌　　　　　C. 杀螨　　　　　　D. 生长调节
4. 蛀食性害虫如 _____ 等。
　A. 黄杨绢野螟　B. 臭椿沟眶象　　C. 蛴螬　　　　　　D. 蔷薇叶蜂

三、判断题

1. 天牛和木蠹蛾均蛀食危害，都属于鞘翅目害虫。　　　　　（　　）
2. 双条杉天牛与光肩星天牛都以幼虫在树内越冬。　　　　　（　　）
3. 白杨锈病是由真菌侵染所致。　　　　　　　　　　　　　（　　）
4. 网蝽与山楂叶螨都是刺吸危害，所以都是刺吸性害虫。　　（　　）
5. 瓢虫、螳螂、益鸟、草蛉都是天敌昆虫。　　　　　　　　（　　）

四、简答题

1. 简述蚜虫与叶螨在形态上的区别。
2. 松梢螟的主要防治方法是什么？
3. 苹桧锈病的主要防治方法是什么？

五、计算题

1. 2吨的打药车，使用600倍液的Bt乳剂防治槐尺蠖，需用多少千克药剂？

模拟测试题答案

一、填空题

1. 捕捉足、开掘足
2. 蚜虫、粉虱、叶蝉、介壳虫
3. 金龟子、绿刺蛾、杨扇舟蛾、双条杉天牛
4. 国槐小卷蛾、松梢螟、双条杉天牛
5. 真菌、细菌、病毒、线虫

二、选择题

1. B.　　2. C　　3. C　　4. B

三、判断题

1. ×　　2. ×　　3. ✓　　4. ×　　5. ×

四、简答题

1. 答：蚜虫分为头、胸、腹三大体节，有翅，3对足，多为绿色。叶螨不分三大体节，无翅，四对足，多为红色。

2. 答：及时修剪被害枝梢和球果，招引益鸟，幼虫危害期喷施锐劲特2000倍液防治。

3. 答：尽量避免桧柏与苹果树种植太近，危害期喷施三唑酮1500倍液防治。

五、计算题

1. 答：药剂用量＝容器中的水量/使用倍数，所以，需要药剂量为 $2 \times 1000 \div 600 = 3.3$ 千克。

第六章

设计与识图

本章提要：介绍园林识图基础知识，园林规划设计的基本原理、方法和规划设计的主要类型。

学习目的：了解制图的一般知识，掌握常见设计图的类型，能识别设计图上的主要图例。掌握园林规划设计的基本原理、方法以及规划设计的主要类型。

第一节 园林识图基础知识

一、园林制图

(一) 图纸幅面、标题栏、会签栏

1. 图纸幅面

园林制图一般采用国际通用的 A 系列幅面规格的图纸。A0 幅面的图纸称为零号图纸(0#)；A1 幅面的图纸称为壹号图纸(1#)；A2 幅面的图纸称为贰号图纸(2#)；A3 幅面的图纸称为叁号图纸(3#)；A4 幅面的图纸称为肆号图纸(4#)等。相邻幅面的图纸的对应边之比符合$\sqrt{2}$的关系(图 6-1)，图纸图幅的规格及尺寸见表 6-1。

表 6-1 园林设计图纸的图幅规格

代号	图 幅					
	A0	A1	A2	A3	A4	A5
B×L (mm)	841×1189	594×841	420×594	297×420	210×297	148×210
c (mm)	10	10	10	5	5	5
a (mm)	25	25	25	25	25	25

注：① B — 图纸宽度；
② L — 图纸长度；
③ c — 非装订边各边缘到相应图框线的距离；
④ a — 装订宽度，横式图纸左侧边缘、竖式图纸上侧边缘到图框线的距离。

2. 标题栏与会签栏

标题栏又称图标,用来简要地说明图纸的内容。标题栏中应包括设计单位名称、工程项目名称、设计人、审核人、制图人、图名、比例、日期和图纸编号等内容。会签栏内应填写会签人员所代表的专业、姓名和日期(图6-1)。

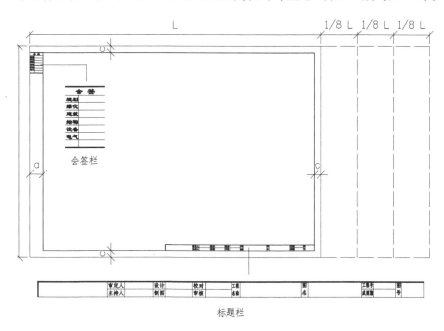

图 6-1　图纸幅面、标题栏与会签栏

(二) 图纸线型和宽度等级

制图中常用线型共4种,分别有实线、虚线、点划线、折断线,各种线型的适用范围见表6-2。

表 6-2　各种线型及适应范围

序号	线型名称	宽度	适用范围图示	图示
1	粗实线	≥b	图框线,立面图外轮廓线,剖面图被剖切部分的轮廓线	
2	标准实线	b	立面图的外轮廓;平面图中被切到的墙身或柱子的图纸	
3	中实线	b/2	平、立面图上突出部分外轮廓线	
4	细实线	b/4	尺寸线、剖面线、分界线	

（续）

序号	线型名称	宽度	适用范围图示	图示
5	点划线	b/4	中心线、定位轴线	—·—·—·—
6	粗虚线	b	地下管道	━ ━ ━ ━
7	虚 线	b/2	不可见轮廓线	– – – – –
8	折断线	b/4	被断开部分的边线	∼∧∼

（1）实线的宽度（b）可用 0.4~1.2 毫米。具体宽度由图纸上图形的复杂程度及其大小而定，复杂图形和较小的图形，实线宽度应该更细。在同一张图纸上，按照同一种比例绘制的图形，宽度必须一致。

（2）虚线的线段及间距应保持长短一致，线段长约 3~6 毫米，间距约 0.5~1.0 毫米。

（3）点划线每一线段的长度应大致相等，约等于 15~20 毫米，间距约 2.0 毫米。

（三）图纸比例、图例和指北针

1. 图纸比例

图纸比例是实物在图纸上的大小（或长度）与实际大小（或长度）的比值。

设计图纸受幅面大小的限制及施工上的要求，一般采用不同的比例。

例如，设计面积 1000 平方米的一块绿地，如果按照实际尺寸绘制，既没有那么大的图纸，也无法绘制。因此，必须把 1000 平方米绿地的实际尺寸，经过缩小一定倍数绘制在图纸上。

一般制图时多采用如下所列的缩小比例（n 为整数）：

$1:10n$ 　　　　如 1:10、1:100、1:1000 等；
$1:2\times 10n$ 　　如 1:20、1:200、1:2000 等；
$1:4\times 10n$ 　　如 1:40、1:400、1:4000 等；
$1:5\times 10n$ 　　如 1:50、1:500、1:5000 等。

在任何设计图纸中必须注明比例，注写方式为 1:100。同一图幅中不同图形采用不同比例时，应将比例直接注在有关图形的正下方；如果同一图幅中各个图形都采用同一比例时，则只要求把比例注写在图标比例栏内即可。

2. 比例尺的使用方法

比例尺，顾名思义，就是用来缩小（或放大）图形用的工具。常见的比例尺为三棱柱形，又叫三棱尺。尺上刻有 6 种刻度，分别表示出图纸中的常见比例，即 1∶100、1∶200、1∶250、1∶300、1∶400、1∶500。

也有另外一种直尺形的比例尺，又叫做比例直尺。它只有 1 行刻度和 3 行数字，表示出 3 种比例，即 1∶100、1∶200、1∶500。

比例尺上的数字是以米（m）为单位，当我们在使用比例尺上某一比例时，可以直接按照米为单位，截取或直接读出图纸上某一线段的实际长度，不用再换算。因此，比例尺用起来方便快捷，是园林施工中必备的工具之一。

3. 图例

图例是所设计的各种园林造景元素，在图纸上的平面投影表示法。

图例是具有图案装饰性的一种设计符号，没有固定的模式，但必须与实物间有很强的联想关系，如此构图才有依据，图面才能清晰美观，让阅图者一目了然，有见图如见实物之感。

园林绿地规划设计常见的图例有树木、花草、水池、桥体、建筑小品（亭、廊、榭）、园路等（表 6-3）。

表 6-3　园林绿化规划设计常见图例

名　称	图　例	说　明
规划的建筑物		黑粗实线表示
原有的建筑物		黑细实线表示
规划扩建的预留地或建筑物		黑中虚线表示
拆验的建筑物		用细实线表示
地下建筑物		黑粗虚线表示
坡屋顶建筑		
草顶建筑成简易建筑		
温室建筑		
喷　泉		
雕　塑		
花　台		

(续)

名 称	图 例	说 明
座 凳		
花 架		
围 墙		
栏 杆		
灯		
饮水台		
标示牌		

4. 指北针

指北针是园林设计图纸上不可缺少的表现内容，是设计图上用来表示实际位置的方向标志。在绿化施工当中，也是栽植树木花草和确定栽植朝向、位置的主要依据。如果图纸上没有标注方向，就会给施工和定点放线带来很大的不便。

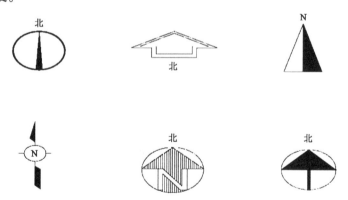

图 6-2 指北针的画法

在常见图纸上，指北针的画法很多（图 6-2），但无论怎样，指北针的箭头所指方向一定朝北。所以，通常在箭头上方标注有中文的"北"字，或是用英文的"N"字母来表示北方。

园林图纸上，一般多习惯将图纸上方指向北，但有时也依据图纸的类型不同，或者因绿化设计的特殊地块不同，指北针会指向图纸的左边或右边方向,甚至指向下方。

二、园林设计图的常见类型

园林设计图是施工的重要依据,是进行现场施工的可靠技术保障,是准确表达设计意图的"语言"。施工人员可以借助图纸和文字说明,来进行园林绿化的现场施工。园林设计图的常见类型主要有六大类型:

1. 地形图

反映实际地貌、地物的图,叫做地形图。图一般纸比例多为1:1000或1:5000。

2. 平面图

在施工总图的基础上,用平面方式表示地面物体,包括各个景区的建筑位置、高程、设计等高线、坡坎高程、河底线、岸边线及高程的图,叫做平面图。

平面图是一种直角投影,与航空照片很相似。在园林绿化设计中,通常用平面图来表示物体的尺寸大小、外观形状和物体之间的距离以及地面建筑物的平面轮廓线;建筑体量的大小;挖湖堆山的位置;道路、广场、园桥、花坛、大门的位置和外轮廓,树木花草的栽植位置和树冠的投影、栽植的区域等。

3. 立面图和断面图

立面图是在物体的正前方平视物体,通过看到物体的表面情况所作出的图。

通常立面图可以帮助我们了解物体某一面的细部情况,包括物体的高低、宽窄尺度之间、形态对比之间的关系。例如可以传达树与树之间、树与建筑之间的高低搭配、质感对比等幅面的信息。

断面图是从某个特定位置,纵向或横向剖开物体表面,反映物体内部结构的图。可以根据需要任意选择位置作图。

4. 施工图和大样图

施工图是在园林施工当中,用于指导工程施工,详细设计的一整套技术图纸。如种植设计图、道路、给水、排水和用电管线布置图等。

大样图(或详细施工图)是由于有些局部工程的细部构造,必须用更详细的图纸来表达出设计意图或作辅助说明,因此,经常画出比例较大的图(常为1:10、1:20、1:50),这种图纸叫做大样图(或详细施工图)。

5. 效果图

一般效果图分为透视图和鸟瞰图2种类型。

透视图如同人们身处园林景区，正视前方景点时，将视线所及的真实景物按照一定比例和透视关系，缩小绘制成一幅自然风景图画，这样所绘制的低视角的实际地形、地貌和景观的图叫做透视图，也叫做立面效果图。

如果站在视点较高的地方，看上去如同飞鸟在高空中俯看的效果，这种图就叫做鸟瞰图。

效果图作为辅助设计表现图，很容易帮助我们了解绿地设计的全貌。因此，在选择园林设计方案初期，为准确表达设计师的设计意图，往往采用这种图起到直观易懂的效果。

6. 竣工图

在完成施工任务以后，为了反映原设计图纸与实际绿化施工后的差异，用于竣工存档的图，叫做竣工图。竣工图通常作为甲方应有的基础资料加以保存，因此，必须及时由施工方（或委托设计方）绘制后交付甲方。

三、园林造景素材的类型

（一）园林造景素材的类型

园林规划设计主要是从外形、大小、数量和位置上，把园林绿地中的地形、水体、山石、道路、建筑、植物（包括常绿和落叶乔木、灌木、花草、地被植物）等园林造景素材，通过设计构思和绘图表现反映在图纸上。园林造景素材的主要类型见表6-4。

表6-4 园林造景素材的主要类型

类型	主要造景素材
植物	包括落叶乔木、常绿乔木、落叶灌木、常绿灌木、竹类、宿根花卉、球根花卉、一二年生草本花卉、水生植物、地被植物、草坪等
亭	亭是园林绿地中最常见的用来眺望、停留、休息、遮阳、避雨的点景建筑。亭的形式很多，从平面上看，常见的有圆亭、方亭、三角亭、六角亭、扇面亭、双环亭等
廊	廊在中国古典园林中应用广泛，是园林绿地中用来导游参观和组织空间，或者用来做透景、隔景、框景，使空间产生变化，也可供游人遮阳、避雨、停留、休息的建筑。廊从平面上看，常见的有曲廊、直廊、回廊等
园桥	园桥在园林绿地中既有园路的特征，也有建筑的特征。不仅用来联系交通，组织游览路线，而且还用来分隔水面，构成风景，使空间产生变化。园桥从平面上看，常见的有平桥、曲桥、直桥、拱桥、廊桥、亭桥等

第六章 设计与识图

（续）

类型	主要造景素材
园路	园路是园林绿地的骨架和脉络，是联系各景点的纽带，是构成园林景色的重要因素。园路具有组织交通，引导游览、组织空间、构成景色等实际作用。园路在平面表示上，多为两条平行的直线或曲线，两条平行线的宽度按照园路的分级来确定，并且由园路的宽窄，可以判断园路的不同等级。 园路按照性质和功能可分为3个等级： 主干道（主要园路）：是园林绿地中主要的道路系统。一般由绿地的入口通向全园各个景区中心、主要广场、建筑、景点和管理区。路面宽度为4~6米，可允许特殊用途的机动车通行，是园林绿地中人流疏散的一级道路。 次干道（次要园路）：是园林绿地中主干道的辅助道路。一般分散在全园的各个景区内，连接各景区内的景点，通向各主要建筑。路面宽度为2~4米，可允许特殊用途的小型机动车通行，是园林绿地中的2级道路。 游步道（游憩小路）：主要供散步休息、引导游人更深入地到达园林绿地的各个角落，例如水边、山上、树林中等，多曲折变化，自由布置。考虑到两人并行，路面宽度一般为1.2~2.0米，也可设计为1米或者更窄的园中小径，供游人观景游赏，有"曲径通幽"的效果，是园林绿地中的3级道路
广场	广场在园林绿地中主要起到组织空间、集散人流的作用，还用来供游人游览、散步、观景、休憩等。在形式上有集散广场、中心广场、游憩广场等，可以配合喷泉、雕塑、花坛、树池、水景、亭廊、铺装彩石、园灯路椅等构成景观，使空间产生变化。广场在形式上可以是规则式布局或者是自然式布局
驳岸	园林中水系池岸的处理，一般可以是自然式缓坡，也可以是人工砌筑的自然式或规则式驳岸。规则式驳岸常用石料、砖、混凝土等砌筑成有一定高度的整形池壁；自然式驳岸一般有自然的曲折、高低变化，或者结合假山石堆砌而成。驳岸通常在立面图、剖面图上才可以详细表现其构造做法
山石	山石结合园林建筑可以增加景色。利用山石小品点缀庭院和廊间转折处，又可丰富建筑空间。掇山置石还可作护坡、花台、挡土墙、驳岸等
园凳	园凳是提供游人休息、赏景的重要园林设施。在园林中一般布置在环境安静、景色秀丽和按照设计要求，必需安排游人停留休息的场所。例如树阴下、台地上、广场中、水边、路边以及游憩性场地等。一般在园林平面图上很难准确标注，因此必须在施工图中详细表现构造做法
园灯	园灯是园林夜间照明和装饰点景的设备。因此，各类灯具在造型设计、光源选择、照明方式上都具有特殊的要求。一般在园林平面图上很难准确标注，因此必须在施工图中详细表现构造做法

(续)

类型	主要造景素材
栏杆	栏杆在园林中主要起到防护、分隔和装饰美化的作用。常见的栏杆有铁制、石制、木制、竹制等，讲求朴素、自然、坚实
铺装	园林绿地中的铺装多用于道路和广场中。除了满足广场和道路所要求的坚固、平稳、耐磨、防滑以及便于清扫外，还有丰富园林景观、引导游览、交通指示等特点。按照铺装材料的不同，可分为整体铺装（沥青、三合土、混凝土等）、块状铺装（块石、片石、卵石镶嵌等）、简易铺装（砂石、陶砾、木屑等）3种

以上所列举的这些园林造景素材，就是园林绿化设计的物质要素，也是创造园林景观所必须的重要元素。有了这些最基本的园林造景素材，我们才可以进行园林规划设计和施工。

（二）园林造景素材的表示法

园林规划设计表现在图纸上，反映的是园林绿地中的地形（包括山石和水体），道路、建筑、植物（包括常绿和落叶乔灌木以及花草等）的外形轮廓和位置、数量以及大小。这是我们进行园林规划设计的基本表现手法。

1. 园林植物平面表示法

在园林设计平面图纸上，常常有许多大大小小的"圆圈"，圆圈中心还有大小不同的"黑点"。一般来讲，黑点是用来表示种植设计中，树种的位置和树干的粗细的。黑点画得越大，就表明这棵树树干越粗，反之则越细。

圆圈是用来表示树木冠幅的形状和大小的。但是，由于自然界可利用的用来树木种类繁多，大小各异，如果仅仅利用一种圆圈符号来表示树木的平面画法，是远远不够的，也不能从图纸上清楚地表达设计师的设计意图。

因此，在植物的平面表示符号中就大致区分出了乔木、灌木、草地和花卉，在乔灌木中又区分出了针叶树和阔叶树，以及现状树木和新植树木的不同。对于一些重点树木，尤其是点景和造景树种，我们还可以用不同的树冠曲线来加以强调和修饰。例如松柏类树种可以用成簇的针状叶来表示的树冠平面；杨树可用三角形叶片来表示树冠的平面；柳树则用线、点结合的方式来表示树冠平面……这种表示方法有直观效果，设计意图也容易被人理解。

（1）树木平面表示法　由于我国幅员辽阔，不同城市地域的园林设计，在图纸上表示树木的方式也不尽不同，目前也没用完整统一和规范的园林图例。

因此，在园林平面图中，往往可以看到图纸上有相应的图例，把图纸中各种不同符号所代表的内容表达出来，让设计意图一目了然（图6-3）。

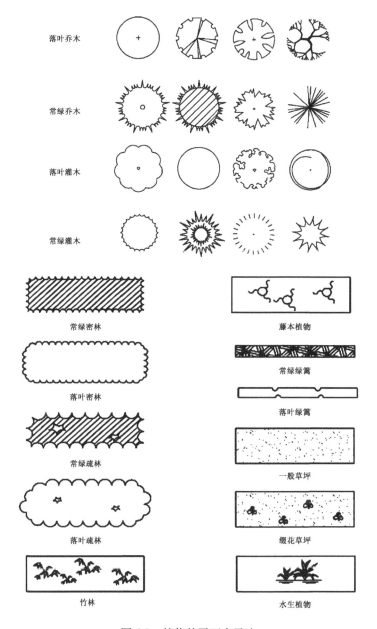

图 6-3 植物的平面表示法

一般在绿化方案图中,平面表达的符号要求清楚美观,注意图面直观效果和装饰效果,往往利用一定变化的树冠线,来表示不同种类的园林树木。

在绿化种植施工图中,平面表达符号则要求简单清楚,只要能区分出乔木和灌木、针叶树与阔叶树即可。因此在我们实际施工当中，主要用到的还是一些常见乔灌木及针阔叶树种的平面表示法。

一般情况下，绿化种植平面图上面表示的树木树冠和树干干径（简称冠径），都是表示绿地施工基本成形后，树木显示出的设计效果和密度，所以树木的冠径尺寸一定要相对准确。因此，一般高大乔木的冠径采用5~6米，孤立树冠径采用7~8米，中小乔木冠径采用3~5米，一般绿篱宽度采用0.5~1.0米，花灌木的冠径采用1~2米。这是需要通过学习掌握的基本数据。

（2）花灌木的平面画法　花灌木的平面画法与乔木表示法相同，由于花灌木成片种植较多，成用花灌木冠幅外缘连线来表示。

（3）绿篱的平面画法　绿篱一般分为针叶绿篱和阔叶绿篱两种类型。按照修剪形式又可分为修剪绿篱和不修剪绿篱。针叶绿篱多用斜线或弧线交叉表示；阔叶绿篱则只画绿篱外轮廓线或加上种植位置的黑点来表示。

修剪绿篱又称整形式绿篱，外轮廓线整齐平直。不修剪绿篱又称自然式绿篱，外轮廓线为自然曲线。

（4）草坪和地被植物平面表示法　草坪和地被植物可用小圆点、线点和小圆圈等来表示。

（5）露地花卉平面表示法　露地花卉种类很多，其平面表示法也很多，花带可以用连续的曲线来画出花纹，或者利用自然的曲线画出花卉的种植范围，中间也可以用不同大小的圆圈来表示花卉。

为了取得直观的装饰效果，有时也利用所要种植的简单花卉图案，直接画在种植设计平面图上。

2. 园林植物的立面表示法

园林植物的立面表示法是一种比较直观的表现手法，多用于立面图、剖面图、断面图和效果图中。

立面表示的目的，是为了把设计师的设计意图和构想，通过立面直观地表达出来，以便于在设计图尚未付诸于实施之前，就能让我们预见到施工建成后的绿化效果和景观特色。

一般植物的立面画法很多，由于各种树木的树形、树干、叶形和质感各有特点，因此需要组织不同的线条来绘制并表现各种不同种类和质感的树木（图6-4）。

例如，油松、白皮松、云杉、桧柏等许多常绿针叶树，幼年时树形多为圆锥形或广圆锥形。因此，首先应确定垂直中轴线的位置，然后相应地画出圆锥体外轮廓线，再在外轮廓线上用针状叶表示出树形即可。

图 6-4　园林植物的立面表示法

圆锥形的常绿针叶树，在立面图中也可以用图案式的概括法来画。一般省略细部，只强调外形轮廓，最多只在细部位置上画一些装饰性线条。

乔木树种常呈散冠状，因此可以依树种的不同，将树形的基本姿态表现在立面。即只强调外形轮廓，省略细部。

花灌木一般体形较小，在立面图中，常在其外轮廓线内，利用点、圆圈、三角形和曲线和表现枝杈的线条等，来描绘花灌木的花、枝、叶。

其他植物材料的表示法也不外乎上面所讲的几种方法和原则，以此类推。并没有绝对的规定。

3. 园林小品和设施的平、立面表示法

园林绿地中的其他园林造景素材还有很多，称为园林小品和设施。例如，园亭、楼阁、水榭、游廊、驳岸、广场、花坛、园门、园窗、园桥、园路、步石、景墙、铺装、园凳、园灯、栏杆、宣传牌、小卖部、茶室、洗手间……

园林小品和设施作为园林设计中的重要造景素材，起着美化、装饰和实用的作用。具有较强的装饰性，一般体型小，数量多，分布广，形式多样，对园林绿地的景观影响不可忽视。因此，在平立面设计图中，如何识别各种设施的平立面表示法，也是施工的关键（表6-5）。

表 6-5 园林小品和设施的图面表示法

名称	图例	说明
自然山石假山		
人工塑石假山		
土石假山		包括"土包石"、"石包土"及土假山
独立景石		
自然形水体		
规则形水体		
跌水、瀑布		
旱涧		
溪涧		
护坡		
雨水井		
消火栓井		
喷燃点		
台阶		箭头指向表示向上
汀步		

四、常见市政管线的图面表示法

园林绿化的工程的施工建设,往往与城市市政建设密不可分。有时,市政管线的位置直接关系到园林绿化设计的方式和实施的步骤,限制了某些园林植物的栽植范围和深度。因此,如何避免与市政管线出现施工交叉,尽量在不影响园林景观的整体效果的前提下,安全避让市政管线,尤为重要。因此,如何在现状图上识别各种市政管线的表示方法,至关重要(表6-6)。

表6-6 常见市政管线的图面表示法

管线名称	管线图例	管线名称	管线图例
污水管	—⊕—	煤气	•—┤ ├—
雨水管线	—⊕—	电杆	○
上水管	—//—	高压杆线	◄—◄—○—►—►
高压水管	—///—	热力	—⊤—⊤—
电信	—/—	规划中线	—·—·—
电力	—ϟ—		

第二节 园林规划设计的基本原理和方法

一、园林规划设计的定义

园林规划设计是园林绿地建设施工的前提和指导，是施工和定点放线最可靠和准确的依据。

园林绿地设计是运用植物、水体、建筑、山石、地形等园林物质要素，以一定的自然条件、经济条件和艺术规律为指导，进行绿地设计的科学方法和手段。

园林规划设计必须首先考虑规划设计的意图和构思，设计的内容和形式，要求做到因地制宜、因时制宜，充分体现出不同绿地的不同特点。

在细部设计上，要考虑到植物配置的科学性，地形园路设置的合理性，要尽可能降低工程造价和投资，要研究园林建筑设施的形式、数量和设置布局的合理，远期与近期景观效果的协调等问题。

园林规划设计师在进行各类园林绿地规划设计时，必须协调好上述诸多因素之间的关系。园林施工人员也必须在了解园林规划设计意图的前提下，才能进行园林施工。

二、园林规划设计的指导思想和基本原理

1. 园林规划设计的指导思想

（1）要满足人民群众的审美心理和情趣。

（2）园林规划设计必须重视科学性、艺术性、合理性和经济性。

（3）要继承我国传统的造园手法，借鉴国外园林的有益成分，使传统园林与现代园林相结合，既有鲜明的民族风格，又要有鲜明的时代感和艺术创新，不断发展中国新园林。

（4）园林规划设计要与施工和养护管理紧密联系。要相辅相成，互为补充。

2. 园林规划设计的基本原理

（1）要根据设计绿地的功能、性质确定主题思想和造景形式，即意在笔先。例如，医院绿化就要以卫生隔离、病人疗养、创造景观为主题进行园林绿化设计。

（2）要根据工程技术要求、经济水平、种植植物的生物学特性和立地条件来进行园林设计。以植物的生物学特性为例，耐荫植物应选择种植在背阴面、水生植物应择水而居，喜光植物要给予足够的阳光地带供其生长等。

（3）园林绿地要按照绿地功能的不同来分隔景区。例如，北京的陶然亭华夏名亭园和紫竹院的筠石苑，就是以不同的园林主题来建设的园中园景观。又如首钢的厂区绿化，从入口到各个生产区，不同的分区内都有不同的绿化形式。

（4）园林设计要根据绿地原地形地貌特点，结合周围环境景色，巧于因借。设计要达到"虽由人作，宛自天开"的最高艺术境界。例如，苏州拙政园巧借园外北寺塔的景观，以及北京颐和园吸收西山玉泉塔的景色，都是巧于因借的成功范例。

（5）园林规划设计要赋有诗情画意，讲求意境，这是我国园林艺术的特色。例如，苏州拙政园的荷风四面亭两侧的楹联有点题点景的作用；北京长城饭店庭院内的待月台，以景点设置和周围的植物配置来创造环境氛围，利用石刻艺术，体现出"倾壶待客花开后，出竹吟诗月上初"诗句的艺术意境。

三、园林艺术造景手法

1. 主景与配景手法

突出主景的方法有：

(1) 主景升高法　例如，北京北海公园的白塔。
(2) 中轴对称法　例如，北京天安门城楼。
(3) 风景视线的焦点或终点法。
(4) 动势集中，众星捧月法　即把主景置于周围景观的动势集中部位，烘托主景。例如，杭州西湖的孤山。
(5) 中心、重心法　即把主景设置在园林中的几何中心或相对重心部位，例如苏州留园的冠云峰。
(6) 渐次法　即把主景安排在动态景观序列的终点，例如北京颐和园的佛香阁。

2. 对景与障景手法

(1) 对景　多用于园林局部空间的焦点部位。如广场焦点、入口对面、湖池对面等。例如，北京颐和园的佛香阁、知春亭、龙王庙这三者之间就是互为对景的关系）。
(2) 障景　在园林绿地中遮挡视线、引导空间的屏障景物。例如，北京颐和园、紫竹院公园的大门入口处，就采用了欲扬先抑的园林景观处理手法。

3. 夹景与框景手法

(1) 夹景　在游人视野中，两侧夹峙而中间观景。
(2) 框景　四方围框而中间观景。例如，颐和园万寿山和昆明湖岸的窗框、松柏树干之间形成的夹景、框景画面就是很好的例子。

4. 层次与景深手法

景观分为前景、中景、背景或近景、中景、背景，从而体现出景观的层次感，有景深效果。例如，紫竹院公园大草坪四周的植物配置，就是具有很好的景深感的画面。

5. 借景手法

借景是将园外景物"借"到园内，融为整体景观范围的方法。可分为：
(1) 借物　例如，颐和园巧借玉泉塔，苏州拙政园巧借园外北寺塔等实景；
(2) 借声　例如，园林中雨打芭蕉、柳岸莺啼、溪谷泉声、林中鸟语等自然界各种声音的借用。
(3) 借色　例如，园林中可以借用月色、夕阳、彩霞等大自然现象来丰富景观。
(4) 借香　例如，苏州拙政园的荷风四面亭、远香堂等都是借花香来组景的。

6. 点景手法

点景是园林中对景物的命名、题咏和导游介绍。点景方式有：楹联、匾额、石碑、石刻、宣传装饰等。

在我国园林，尤其是苏州园林中，各种的楹联、诗词和景点命名，都是点景应用的范例。例如，苏州园林中的"与谁同坐轩"（对：清风明月我）、爱晚亭等，以及黄山的迎客松、颐和园的万寿山等，都是应用命名的方式来点明主题的。

四、园林规划设计的形式

（一）规则式园林

1. 规则式园林定义

规则式园林又称为整形式、建筑式或图案式园林，是以建筑和建筑式空间布局作为园林风景表现的主要题材。例如，北京的天坛公园、天安门广场绿地，南京的中山陵，大连的斯大林广场，杭州的岳庙等，都属于规则式园林。

2. 规则式园林的基本特征

（1）地形、地貌平整，或呈阶梯状平面，地形纵剖面均由直线组成。

（2）水体外形轮廓为几何形，驳岸整齐。在园林中常见的水景类型以整形式水池、壁泉、喷泉、运河等为主，其中常以喷泉作为水景主体。

（3）建筑常采用中轴对称均衡的设计，建筑群的布局也采用中轴对称均衡的方法，并以主要建筑群和次要建筑群形式的主轴和副轴来控制全园。

（4）园林中的道路广场的外形轮廓也为几何形或规则式，并以对称或规整式的建筑群、林带、树墙等来围成封闭的草坪和广场空间，道路多由直线、折线或几何曲线组成。

（5）花卉布置多为图案式毛毡花坛、花境为主，或组成大规模的花坛群。树木种植为行列对称，以绿篱、绿墙来划分空间。有时树木也进行整形式修剪。

（二）自然式园林

1. 自然式园林定义

自然式园林又称风景式、不规则式、山水派园林等。这一类园林，以自然山水作为园林风景表现的主要题材。

例如，我国留存至今并发扬光大的古代园林如颐和园、避暑山庄、苏州拙政园等，现代园林如北京的陶然亭公园、紫竹院公园，广州的草暖公园，天津的水上公园，上海的长风公园等，都属于自然式园林的范畴。

2. 自然式园林的基本特征

（1）地形地势多利用自然地貌，或自然的地形与人工的山丘水面相结合。地形断面起伏，成缓和曲线。

（2）水体形式多以溪流、池塘、瀑布、叠水、湖泊等作为园林水景主题。驳岸线自然，多采用自然山石堆砌或做成缓坡状。

（3）建筑群不要求左右对称，个体外形也不要求对称，全园不用建筑对称轴线来控制。

（4）道路广场采用自然形状，以不对称的建筑群、山石、自然形式的树丛、林带等来组织空间。道路采用自然式的平、竖曲线。

（5）花卉栽植多用花丛、自然式花带等。一般不用绿篱和毛毡花坛。

（6）树木以孤植、丛植、群植、林植为主，不讲求行列对称。多采用自然式种植形式，充分展现园林植物的自然美。

（三）混合式园林

混合式园林是规则式园林与自然式园林相结合的园林形式。

在园林绿地中，绝对规则式或自然式的园林布局一般并不多见，常常是两种形式的结合。我们所说的规则式园林或自然式园林，也不过是看全园整体布局上是以规则式占主体，还是以自然式占主体了。

例如北京天坛公园，其园林整体布局是规则式园林，是以园中的祈年殿为中心，有规则的轴线来贯穿南北，形成建筑布局和局布植物配置上的左右对称的。但是，在天坛公园的其他园林空间内，建筑的形式和布局，植物的配置，就多采用不对称的自然式园林的布局形式了。

因此，多数公园都是自然式园林和规则式园林的结合体。例如，北京的中山公园、广州的烈士起义陵园、西安的兴庆公园等。

第三节 园林规划设计的主要类型

城市园林规划设计一般包括有公共绿地绿化设计、城市道路绿化设计、居住区绿化设计、单位附属绿地绿化设计以及宾馆庭院、公共建筑、各类公园、风景区的园林规划设计等主要类型。

在这一章节里，我们主要讲公共绿地绿化设计、城市道路绿化设计、居住区绿化设计、单位附属绿地绿化设计、防护绿地绿化设计等这五大类型。

一、公共绿地绿化设计

1. 公共绿地绿化定义

公共绿地绿化是城市园林绿地系统的重要组成部分,是由市政投资,经过艺术布局而建成的具有一定园林设施,对市民公共开放,供市民游览、观赏、休憩及开展文体活动,以美好城市、改善生态环境为主要功能的园林绿化。

2. 公共绿地的设计类型

公共绿地的设计类型有:市级、区级公园;儿童公园;植物园;动物园;体育公园;街心广场;纪念性园林等。

3. 公共绿地的设计原则

(1)必须以创造优美的绿色自然环境为主,强调植物造景。因地制宜,因势利导。

(2)要体现实用性、艺术性、科学性、经济性。巧于组景,创造特色。

(3)要体现地方园林特色和风格,不同绿地有不同景观。"只有民族的,才是世界的"。

(4)总体设计要注重利用现状自然条件,与周围环境相融合,使园景与街景融为一体。要避免景观的简单堆砌和重复。

(5)依据城市园林绿地系统规划的要求,设计要满足不同层次和年龄段游人的活动内容需要。应根据需要设置儿童活动区、老人活动区、文化交流区、安静休息区等。

二、城市道路绿化设计

城市道路绿化是城市园林绿地系统的主要组成部分,道路绿化是以"线"的形式,广泛分布于城市各个角落的城市绿化形式。联系着城市绿地中分散的"点"和"面",组成完整的城市绿地系统。

1. 城市道路绿地定义

城市道路绿地主要是指城市街道绿地、花园林荫道、滨河道,以及穿过市区的公路、铁路、高速干道、立交桥等交通设施的防护绿地。

例如,北京城市环路中的三环路和四环路沿线的三元桥、四元桥绿地,东直门外大街通往东三环路的千头椿路、通往使馆区的杨林大道,以及北京安贞医院附近的安贞路林荫带、通往首都机场的高速路两侧杨树、油松大道等,都是绿化较好、形式多样城市道路绿地。

2. 城市道路绿化的作用

城市道路绿化的作用主要有 6 个方面：美化市容作用；卫生防护作用；缓解热岛效应；减噪作用；组织交通作用；防灾避险作用。

3. 城市道路绿化的设计

城市道路绿化设计的主要类型包括：行道树绿化；道路林荫带；交叉路口中心岛绿化；立交桥绿化；高速干道绿化；滨河路绿地。

三、居住区绿化设计

居住区绿化最接近居民，与每个人的日常生活关系密切，是使用率最高的绿地类型之一。居住区绿地在改善居住区生态环境、创造景观环境、通过户外活动场所、积极卫生防护等方面的作用十分显著。

1. 居住区绿地的作用

居住区绿地在城市绿地系统中所占面积较大。其作用主要表现在：改善居住区小气候；美化环境；陶冶情操；防灾避难。

2. 居住区绿地的设计类型

居住区绿地分为：集中绿地（组团绿地）；宅旁绿地（楼间绿地）；居住区道路和停车场绿地；公共建筑及配套设施绿地。

3. 居住区绿地的设计原则

（1）科学原则　要与居住区总体规划同步，以保证居住区绿地面积的科学合理。要充分利用居住区原自然条件，因地制宜。要以绿化为主，注重改善环境。要以乡土树种和养护简便的植物为主要植物素材，适地适树，合理设计植物群落。要与居住区的建筑风格和布局相协调一致。

（2）生态效益原则　改善小区整体生态环境。

（3）美观原则　运用中国传统园林理论，借鉴现代城市景观和环境艺术设计手法提高设计水平和审美情趣。

（4）实用原则　力求绿地设计方便实用，提高绿地和各类环境设施的使用率。

（5）经济原则　考虑降低建设工程投资和后期养护费用。

四、单位附属绿地绿化设计

1. 单位附属绿地的设计类型

单位附属绿地设计主要包括机关、厂矿、学校、医院等具有专属性质，为特殊人群服务的绿地设计。

2. 单位附属绿地的设计原则

（1）根据不同单位附属绿地的性质、地段和服务对象进行设计。

（2）以植物造景为主，尽可能利用和满足植物的生物学特性。

（3）合理进行植物配置，达到减弱或消除一切外在的，不利于健康和环境美化的因素。

（4）创造优美的园林环境。

3. 单位附属绿地植物选择

单位附属绿地绿化的植物，应选择具备下列特点的植物：

（1）杀菌植物：例如油松、白皮松、雪松、侧柏、樟树、桉树等。

（2）抗污染植物：例如臭椿、柳树等。

（3）抗逆性强的植物。

（4）无污染植物。

复习题

1. 园林中的园路一般分为几级？分别是什么？
2. 园林绿地的主要造景素材有哪些？
3. 工作中你了解哪些与园林绿化有关的市政管线？
4. 园林规划设计的指导思想主要体现在哪些方面？
5. 园林艺术造景手法中，突出主景的方法有哪些？
6. 园林规划设计的 3 种形式是什么？
7. 规则式园林的基本特征是什么？
8. 园林规划设计主要包括哪 5 大类型？
9. 道路绿化的功能和作用是什么？
10. 居住区绿化设计的分类是什么？
11. 医院绿化设计属于园林规划设计中的哪一种？

模拟测试题

一、填空题

1. 一般苗目表包括 _____ 、_____ 、_____ 、_____ 、_____ 、_____ 。
2. 一般绿篱高度 _____ 厘米,高绿篱 _____ 厘米。
3. 由 _____ 或 _____ 以 _____ 种植形式密植形成的单行或多行的 _____ 叫绿篱。

二、选择题

1. 下列比例中,那一种符合图纸上的1厘米长度为实际长度50米的说法 _____ 。
   A. 1∶50   B. 1∶500   C. 1∶250   D. 1∶5000
2. 下列园林造景素材中哪一种是园林建筑小品 _____ 。
   A. 亭子   B. 园路   C. 植物   D. 护拦
3. 下列植物中 _____ 适合于在北方作绿篱。
   A. 地被植物   B. 常绿灌木   C. 攀援植物   D. 丝兰

三、判断题

1. 有飞絮的杨柳树适合栽植在精密仪器的工厂中。   (   )
2. 儿童活动区可以种植带刺的或掉果的具观赏性的植物。   (   )
3. 草坪属于地被植物。   (   )

四、简答题

1. 简述种植设计的基本原则。
2. 《城市绿化条例》将城市各种绿地分为哪些?

模拟测试题答案

一、填空题

1. 编号、品种、数量、规格、来源、备注
2. 50~120 厘米，120~160 厘米
3. 灌木，小乔木，规则式，紧密结构

二、选择题

1. D   2. A   3. B

三、判断题

1. ×   2. ×   3. ✓

四、简答题

1. 答：（1）符合园林绿地的性质和功能要求；（2）符合园林艺术需要；（3）满足植物生态要求；（4）考虑适当的种植密度和搭配。

2. 答：公共绿地、居住区绿地、单位附属绿地、防护绿地、生产绿地、风景绿地。

第七章

绿化施工

本章提要：主要介绍带土球树木的移植和木箱移植。
学习目的：掌握带土球树木和木箱移植的技能。

第一节 带土球树木移植

带土球移植苗木，移植时随带原生长处土壤之一部分，用蒲包、草绳或其他软材料包装，称"带土球移植"。由于在土球范围内根部不受损伤，并保留一部分已适应原生长特性的土壤，同时减少了移植过程中水分的损失，对恢复生长有利。但由于土球笨重，不便于操作，消耗包装材料，增加运输费用，所耗投资大大高于裸根移植，所以凡裸根移植可以成活者，一般不要采用带土球移植，但目前移植常绿树、珍贵落叶树、竹类等还得应用此种方法。

一、带土球苗的挖掘

1. 土球规格

带土球苗木掘苗的土球直径为苗木胸径的 8～10 倍，土球厚度应为土球直径的 4/5 以上。

2. 掘苗前的准备工作

（1）号苗。苗木质量的好与坏，是植树成活的重要因素。为保证树木成活，提高绿化效果，必须对种植的苗木进行严格的选择。选苗时，除了根据设计提出对规格和树形的特殊要求外，还要注意选择生长健壮、枝叶繁茂、冠形完整、色泽正常、无病虫害、无机械损伤、根系发达的苗木。从外地运进的苗木还要做好检疫工作。苗木选好后，可以涂色、拴绳、挂牌等方式做出明显标志，以免掘错。并多号几棵备用。

（2）若苗木生长处的土壤过于干燥应先浇水，反之土质过湿则应设法排水，以利操作。

（3）捆拢。对于侧枝低矮的常绿树（如雪松、油松、桧柏等），为方便操作，应先用草绳捆拢起来，但应注意松紧适度，不要损伤枝条。捆拢侧枝也可与号苗结合进行。

（4）准备好锋利的掘苗工具，如铁锹、镐等；准备好合适的蒲包、草绳、编织布等包装材料。

3. 手工掘苗法及质量要求

（1）土球规格要符合规定大小，保证土球完好，外表平整光滑，形似红星苹果，包装严密，草绳紧实不松脱。土球底部要封严，不能漏土。

（2）开始挖掘时，以树干为中心画一个圆圈，标明土球直径的尺寸，一般应较规定稍大一些，作为掘苗的根据。

（3）去表土（挖宝盖）。画好圆圈后，先将圈内表土（也称宝盖土）挖去一层，深度以不伤地表的苗根为度。

（4）挖去表土后，沿所画圆圈外缘向下垂直挖沟，沟宽以便于操作为宜。挖的沟要上下宽度一致，随挖随修整土球表面，操作时千万不可踩、撞土球，一直挖掘到规定的土球高度（表7-1）。

（5）掏底。土球四周修整完好以后，再慢慢向内掏挖，称"掏底"。直径小于50厘米的土球可以直接掏空，将土球抱到坑外"打包"，而大于50厘米的土球，则应将土球中心保留一部分，支撑土球以便在坑内"打包"。

表7-1　留底规格　　　　　　　　　　　　　　单位：厘米

土球直径	50~70	80~100	100~140
留底规格	20	30	40

（6）打包。土球挖掘完毕以后，用蒲包等物包严，外面用草绳捆扎牢固，称为"打包"。打包之前应用水将蒲包、草绳浸泡潮湿，以增强它们的强力。

土球直径在50厘米以下的可出坑（在坑外）打包。方法是先将一个大小合适的蒲包浸湿摆在坑边，双手捧出土球，轻轻放入蒲包正中，然后用湿草绳将包捆紧，捆草绳时应以树干为起点纵向捆绕。

土质松散，以及规格较大的土球，应在坑内打包。方法是先将2个规格合适的湿蒲包对角剪开直至蒲包底部中心，用其中之一兜底，另一个盖顶，2个蒲包接合处捆几道草绳，使蒲包固定，随后，按规定捆纵向草绳。

纵向草绳捆扎方法是先用浸湿的草绳在树干基部紧紧缠绕几圈固定后，然后沿土球垂直方向稍成斜角（约30°左右）捆草绳，随捆随用事先准备好的木锤或石头轻砸草绳，使草绳捆得更加牢固，每道草绳间隔8厘米左右，直至把整个土球捆完。土球直径小于40厘米用一道草绳捆一遍，称"单股单轴"。土球较大者用一道草绳沿同一方向捆二遍称"单股双轴"。土球很大，直径超过1米者，需用二道草绳称为"双股双轴"。纵向草绳捆完后在树干基部收尾捆牢。

直径超过50厘米的土球，纵向草绳收尾后，为保护土球，还要在土球中腰横向捆草绳称"系腰绳"。方法是，另用一根草绳在土球中腰排紧，横绕几遍，然后将横向草绳和纵向草绳穿连起来捆紧。腰绳道数如表7-2规定。

表7-2 腰绳道数

土球径（厘米）	50	60~100	100~120	120~140
腰绳道数	3	5	8	10

凡在坑内打包的土球，在捆好腰绳后，轻轻将苗木推倒，用蒲包、草绳将土球底包严、捆好称"封底"。方法是先在坑的一边（树倒的方向）挖一条放倒树身的小纵向沟，沿沟放倒树身，然后用蒲包将土球底部露土之处堵严，再用草绳沿对称的纵向捆连牢固即可。

土质过于松散，不能保证土球成形时，可以边掘土边用草绳围捆称打"内腰绳"，然后再在内腰绳之外打包。土球封底后应立即出坑待运，并随时将掘苗坑填平。

二、带土球苗的运输与假植

苗木的运输与假植的质量也是影响植树成活的重要环节，实践证明"随掘、随运、随栽、随灌水"，对植树成活率最有保障，可以减少土球在空气中暴露的时间，对树木成活大有益处。

1. 装车前的检验

运苗装车前须仔细核对苗木的品种、规格、数量、质量等，凡不符合要求的，应要求苗圃方面予以更换。待运苗的质量最低要求是：常绿树主干不得弯曲，主干上无蛀干害虫，主轴明显的树种必须有领导干。树冠匀称茂密，有新生枝条，不烧膛。土球结实，草绳不松脱。

2. 带土球苗的装车

（1）1.5米以下的苗木可以立装，高大的苗木必须放倒，土球向前，树梢向后并用木架将树头架稳。

（2）土球直径大于60厘米的苗木只装一层，小土球可以码放2~3层，土球之间必须排码紧密以防摇摆。

（3）土球上不准站人和放置重物。

3. 运输途中

押运人员要和司机配合好，经常检查苫布是否漏风，短途运苗中途不要休息。长途行车必要时应往蒲包上洒点水，使蒲包保持潮湿。休息时应选择荫凉之处停车，防止风吹日晒。

4. 卸车

卸车时要爱护树木轻拿轻放，不得提拉树干，而应双手抱土球轻轻放下。较大的土球卸车时，可用一块结实的长木板从车厢上斜放至地上，将土球推到木板上顺势慢慢滑下，但绝不可滚动土球。

5. 假植

苗木运到施工现场如不能在1~2天之内及时栽完，应选择不影响施工的地方，将苗木码放整齐，四周培土，树冠之间用草绳围拢。

假植时间较长者，土球间隔也应填土。假植期间根据需要应经常给苗木叶面喷水。

三、带土球苗的栽植

1. 散苗

将树苗按规定（设计图或定点木桩）散放于定植坑边。

（1）爱护苗木轻拿轻放，不得损伤土球。

（2）散苗速度与栽苗速度相适应，散毕栽完。

（3）行道树、绿篱散苗时应事先量好高度，保证邻近苗木规格大体一致。

（4）常绿树树型最好的一面应朝向主要的观赏面。

（5）对有特殊要求的苗木应按规定对号入座，不要搞错。

（6）散苗后要及时用设计图纸详细核对，发现错误立即纠正，以保证植树位置正确。

2. 栽苗

散苗后放入坑内填土、踩实的过程称"栽苗"。

（1）栽苗的操作方法　需先量好坑的深度，看与土球高度是否一致，如有差别应及时挖深或填土，绝不可盲目入坑，造成来回搬动土球。

土球入坑后，应先在土球底部四周垫少量土，将土球固定，注意将树干立直，然后将包装剪开尽量取出（易腐烂之包装物可不必取出），随即填好土至坑的一半，然后用木棍夯实，再继续填满坑夯实，注意夯实不要砸碎土球，随后开堰。

(2) 栽苗的注意事项和要求　平面位置和高度必须符合设计规定。树身上下垂直，如果树干有弯曲，弯应朝西北方向。行列式栽植必须横平竖直，左右相差最多不超过半树干。常绿土球苗栽植深度应略低于土球顶面5厘米。栽行列树应事先栽好"标杆树"。方法是每隔20棵左右，用皮尺量好位置，先栽好1株，然后以这棵为瞄准依据，全面开展定植工作。浇水堰开完后，将捆绕树冠的草绳解开，以便枝条舒展。

3. 栽植后的养护管理工作

(1) 立支柱　较大苗木为了防止被风吹倒，应立支柱支撑，北方地区尤其应注意。

单支柱：用坚固的木棍或竹竿，斜立于下风方向，埋深30厘米，支柱与树干之间用麻绳或草绳隔开，然后用麻绳捆紧。

三支柱：将3根支柱组成正三角形，将树围在中间，用草绳或麻绳把树和支柱隔开，然后用麻绳捆紧

(2) 灌水　水是保证树木成活的关键，栽后必须连灌几次水，气候比较干旱的北方地区尤为重要。

开堰：苗木栽好后灌水之前，先用土在原树坑的外缘培起高约15厘米左右圆形土堰，并用铁锹将土堰拍打牢固，以防漏水。

灌水：苗木栽好后24小时之内必须浇上水，栽植密度较大的树丛，可开片堰。第一遍水，水不要太大，主要是使土壤填实，与树根紧密结合。北方地区干旱缺雨，苗木栽植后10天之内必须连灌3遍水，第3遍水应浇足。

(3) 扶直封堰

扶直：第一遍水渗透后的翌日，应检查树苗是否有倒歪现象，发现后及时扶直，将苗木稳定好。

封堰：3遍水浇完，待水分渗透后，用细土将灌水堰填平。

(4) 栽后的其他养护管理工作项目　对受伤枝条和栽前修剪不够理想枝条的复剪；病虫害的防治；巡查、维护、看管、防止人为破坏；及时清理场地，做到工完地净，文明施工。

四、大树带土球移植方法

大树带土球（软材料包装）移植就是用蒲包、草绳、编织布等软质材料，移植规格较大，即一般胸径在20~25厘米之间的树木。此法移植比木箱移植操作方法要简便一些，但假植时间不宜过长，最好随掘、随栽，其操作方法如下：

1. 掘苗的准备工作

为了搞好施工质量，保证移植树木成活，掘苗前必须做好充分的准备工作。

(1) 苗木的选择和号苗　按照设计要求的树种、规格及特殊要求（如树形、姿态、花色、品种等）选苗，选苗时一般还要注意以下几点：生长健壮、无病虫害，特别是根干内部无病虫、树冠丰满，欣赏价值高，有新生枝条的苗木。立地条件适宜掘苗、吊装、运输，最低要求也要达到土壤能成型，能通行吊、运车辆或经过修路后能够通行，坡度不是太陡，能够站人操作，地下水位不太高，掘苗坑内不积水，至少是能够排干积水。

选好苗木以后，在树干上做出明显标记，即"号苗"。

(2) 建卡编号　号中的苗木要建立登记卡片，写明树种、高度、干径粗度、分枝点高度、树形、主要欣赏面及地点、土质、交通、存在问题和解决办法等。最后将全部大苗统一编号，以便栽植时对号入座，保证不栽错位置。

(3) 市政配合　移植大树，苗木来自四面八方，牵涉的方面、单位必然很多，掘苗前一定要配合好，妥善解决存在的问题，否则必将妨碍施工进度，甚至发生事故。如地下管线、沿途架空缆线、交通运输（通行证）等情况。

(4) 工具、材料、机械、车辆的准备工作　开工前必须准备好所需要用的全部工具、材料、机械和运输车辆，并要指定专人负责领收管理，不要乱抓乱动，否则必将影响正常的施工秩序。

2. 掘苗

(1) 土球规格　掘苗土球直径的大小一般应是胸径的 7~10 倍。

(2) 支撑　掘苗前要用竹竿在树木分枝点上将苗木支撑牢固，以确保树木和操作人员的安全。

(3) 画线　掘苗前以树干为中心，按规定之直径尺寸在地上画出圆圈，以线为掘苗之依据，沿线的外缘挖掘土球。

(4) 掘苗　沟宽应能容纳一个人操作方便，一般沟宽 60~80 厘米，垂直挖掘，一直挖到规定土球高度为止。

(5) 修坨　掘到规定深度时，用铁锹将土球表面修平，上大下小，肩部圆滑，呈红星苹果型，修坨时如遇粗根，要用手锯或剪刀截断，切不可用铁锹硬切造成散坨。

(6) 收底　土球肩部向下修坨到一半的时候，就要逐步向内缩小，到规定的土球高度，土球底的直径一般应是土球顶部直径的 1/3 左右。

(7) 缠腰绳　土球修好后，应及时用草绳将土球中腰围紧叫"缠腰绳"。操作方法是一个人拉紧草绳围土球中腰缠紧，另一个人随时用木棍或砖头敲打草绳以使草绳收紧，一般围草绳高度 20 厘米左右即可，注意围腰绳所用的草绳最好事先浸湿，以便操作时草绳不易折断，干后增强拉紧强度。

(8) 开底沟　围好腰绳以后，应在土球底部向内刨一圈底沟，宽度在 5~6 厘米，以使打包时草绳不松脱。

(9) 修宝盖　围好腰绳以后，还须将土球顶部表面修整好，称"修宝盖"。操作方法是用铁锨将上表面修整平滑，注意土球表面靠近树干中间部分应稍高于四周，逐渐向下倾斜，土球肩部要圆滑，不可有棱角。这样在捆草绳时才能栓结实，不致松散。

(10) 打包　最后用蒲包、草绳等材料将土球包装起来，称"打包"这是保证掘苗质量最重要的一道工序。操作方法如下：先将蒲包、草绳等包装材料用水浸湿，以方便打包操作及增加拉力。用蒲包、蒲包片、编织布等将土球表面盖严不留缝隙，并用草绳稍加围拢以使蒲包固定住。然后用草绳以树干为起点，先用草绳拴在树干上，稍稍倾斜绕过土球底部，按顺时针方向捆紧，边绕草绳边用木棍、砖头顺序敲打草绳，并随时收紧，注意草绳间隔保持 8 厘米左右，土质不好时可再密一些。捆绑时，草绳应摆顺，不可使两根草绳拧成麻花，在土球底部更要排均排顺，以防草绳脱落。纵向草绳捆好后，再用草绳沿土球中腰部横围十几道腰绳，注意捆紧，围完后还要用草绳将围腰的草绳与纵向草绳串联起来捆紧。

(11) 封底　打包完了以后，轻轻将树推倒（注意推倒前在树倒下的方向坑沿上挖一道纵沟，以使树木倒下后不会损伤树干）。用蒲包将土球底部堵严，并用草绳与土球上纵向草绳连结紧牢，至此全部掘苗工序告终。

3. 吊装运输

(1) 吊装运输前要做好准备工作，主要有：备好符合要求的吊车、卡车。捆绑土球及树干的大绳，并检查是否牢固，不牢固的绳索绝不可用。隔垫绳索与土球的木板、蒲包等。起吊土球的大绳，应先对折起来，对折处留 1 米左右打结固定。

(2) 一般大土球苗木要用吊车装车，并用载重量在 5 吨以上的卡车运输，装车前用事先打好结的大绳（不要用钢丝绳，因钢丝绳既硬又细，容易勒伤土球），双股分开，捆在土球 3/5 处，与土球接触的地方垫以木板，然后将大绳两端扣在吊钩上，轻轻起吊一下，此时树身倾斜，马上用中绳在树干基部栓一绳套（称脖绳）也扣在吊钩上，即可起吊装车。

（3）装车时必须土球向前，树梢向后，轻轻放在车厢内，用砖头或木块将土球支稳，并用大绳牢牢捆紧，防止土球摇晃。

（4）对于树冠较大的苗木，应用小绳将树冠轻轻围拢，中间垫上蒲包等物，防止擦伤树皮。

（5）运输途中要有专人负责押运，并与司机协作配合，保证行车安全。

（6）运到终点后，要向工地负责栽植的施工人员交代清楚，有编号的苗木要保证苗木对号入座，避免重复搬运，损伤苗木。

4. 卸车

（1）苗木运到现场后要立即卸车，方法大体与装车相同。

（2）卸车后如不能立即栽植，则应将苗木立直、支稳，绝不可将苗木斜放或倒放。

5. 假植

（1）苗木掘起后如短期内（1个月左右）不能栽植者，则应准备好假植场地，场地要求交通方便、水源充足、地势高燥不积水，最好距离施工现场较近，并能够容纳全部需要假植的苗木。

（2）假植苗木数量较多时，应按品种、规格分门别类集中排放，以便于运输和养护管理工作。

（3）较大苗木假植时，可以双行一排，株距以树冠侧枝互不干扰为准，排间距保持6～8米，能通行车辆、便于运输。

（4）苗木排好后，在土球下部培土至土球高度1/3处左右，并用铁锹拍实，切不可将土球全部埋严，以防包装材料糟朽。必要时应立支柱防止树身倒歪，造成苗木损伤。

（5）假植期间要加强养护管理，最主要措施是：维护看管，防止人为破坏。保持土球和叶面潮湿，保证苗木生长对水分的要求，可以根据气候条件每天喷水2～3次。因假植期间苗木密度大，通风、光照条件不好，必须注意防治病虫害。随时检查土球包装情况，发现糟朽损坏随时修整，必要时重新打包，有条件的最好装筐假植。一旦施工现场有栽植条件，则应立即栽植。

6. 栽植

（1）栽植前根据设计要求定好位置、测定标高、编好树号，以便栽植时对号入座，准确无误。

（2）刨坑。树坑的规格应比土球规格大些，一般直径放大40厘米左右，深度加深20厘米左右，土质不好则更应加大坑号，更换适宜树木生长的好土。如果需要施用底肥，事先应准备好优质有机肥料，和要填入树坑内的土壤搅拌均匀，随填土时施入坑内。

（3）吊装入坑时，大绳的捆绑方法与装卸车捆法相同，但在吊起时应尽量保持树身直立，入坑后还要用木棍轻撬土球，将树干立直，上（树梢）、下（树干基部）成一直线。树冠生长最丰满完好的一面应朝向主要观赏方向，土球表面与地表标高平（常绿树土球顶面高于地面5厘米），防止埋土过深，对树根生长不利。

（4）树木入坑放稳后，应先用支柱将树身支稳，再拆包填土，填土时应尽量将包装材料取出，实在不好取出者，可将包装材料压入坑底。如发现土球松散，则千万不可松解腰绳及中腰下部的包装物，但土球上半部的蒲包、草绳必须解开取出坑外，否则影响将来水分的渗透。

（5）树木放稳后应分层填土，分层夯实，操作时注意保护土球，不可损伤。

（6）最后在坑口的外缘用细土培筑一道高30厘米左右的灌水堰，并用铁锹拍结实。栽后应及时灌水，第一次灌水量不求太大，起到压实土壤的作用即可，第二次水量要适量，浇完3遍水后可以培土封堰，以后视需要进行浇灌。每次灌水时都要仔细检查，发现有漏水现象，则应填土塞严漏洞，并将所漏掉水量补足。

第二节　木箱移植

我国城市绿化建设大量的栽植大树（指成年树），开始于20世纪50年代，尤其是北京市在1959年国庆期间，更是大规模的应用和发展了大树移植技术。近年来随着城市建设的发展和绿化施工水平的提高，大树栽植已在许多城市广泛采用，许多道路、广场、公共建筑的庭院和公园绿地，都移植了很多种规格相当大的树木，积累了不少经验。许多大树移植工程的成活率，都能达到甚至超过95%。因此大树移植，已经成为迅速绿化美化城市的一个重要途径。

一、木箱移植的挖掘

对于必须带土球移植的树木，土球规格过大，如用软材料包装，由于土球体积和重量过大，很难保证吊装和运输的安全。当前北京地区一般采用方木箱包装移植，较为稳妥安全。用方木箱包装移植法移植的树木，规格胸径可达40厘米。

（一）移植时间

实践证明用方木箱移植，树木保持了比较完整的根系，并且土壤和根系始终保持着比较正常的水分供应关系，所以除新梢生长旺盛期外，一年四季都可移植。只要严格按照技术要求操作，认真搞好工程质量，再加上移植以后，采取完善的养护管理措施，即使在非正常的植树季节，用此法移植树木，也完全能够收到良好的效果。但是，由于在移植过程中，根系毕竟会受到不同程度的损伤，树木生理活动机能，也会受到一定程度的影响。加之方木箱包装移植大树成本很高，苗木来源比较困难，所以应当尽量在正常的植树季节移植，尤其是春季移植，对树木成活和以后的生长发育最为有利。

（二）掘苗前的准备工作

与大树带土球移植准备工作相同。

木箱移植掘苗时，一般4人一组。以掘1株1.85米×1.85米×0.80米方木箱所需用的工具、材料、机械、车辆参见表7-3。

表7-3 掘方木箱所用机具与材料

名　　称		数量、规格及用途
材料类	材料木板	箱板（边板）、底板、上板，厚5厘米；带板（纵钉箱板上）厚5厘米、宽10～15厘米、长80厘米；箱板上口长1.85米、底口长1.75米，共4块，用3块带板钉好后高0.8米；底板约长2.1米、厚5厘米、宽10～15厘米，4～5块；上口板约长2.3米、宽10～15厘米、厚5厘米，4块
	铁皮（铁腰）	约80根，厚0.2厘米、宽3厘米、长80～90厘米，每根打10个孔，孔间距5～10厘米，两端对称
	钉子	约750个，3～3.5寸（1寸≈3.3厘米）
	杉篙	3根，比树身略高，做支撑用
	支撑横木	4根，10×15厘米木方，长1米左右，在坑内四面支撑木箱用
	垫板	8块，厚3厘米，长20～25厘米，宽15～20厘米，用来支撑横木和垫木墩用
	方木	10厘米×10厘米～15厘米×15厘米，长1.50～2.00米，约需8根，吊装、运输、卸车时垫木箱用。
	圆木墩	约需10个，直径25～30厘米，支垫木箱底
	蒲包片	约10个，包四角填充上、下板
	草袋	约10个，围裹保护树干用
	扎把绳	约10根，捆杉篙起吊牵引用

(续)

名　称		数量、规格及用途
工具类	花剪	2把，剪枝用
	手锯	1把，锯树根用
	木工锯	1把，锯上、下板用
	铁锹	圆头，锋利铁锹3~4把，掘树用
	平锹	2把，削土台、掏底用
	小板镐	2把，掏底用
	紧线器	2个，收紧箱板用
	钢丝绳	2根，0.4寸，每根连打扣长约10~12米，每根附卡子4个
	尖镐	2把，刨土用
	铁锤或斧	2~4把，钉铁皮用
	小铁棍	2根，粗0.6~0.8厘米，长40厘米，拧紧线器用
	冲子、剁子	各1个，剁铁皮及铁皮打孔用
	鹰嘴扳子	1个，调整钢丝绳卡子用
	起钉器	2个，起弯钉用
	油压千斤	1台，上底板用
	钢尺	1把，量土台用
	废机油	少量，坚硬木板润滑钉子用
机械类	起重机	按需要配备起重机1~2台，土质松软处，应用履带式起重机（木箱1.50米用5吨吊，木箱1.8米用8吨吊，木箱2.0米用15吨吊）
	车辆	数量、车型、载重量，视需要而定

（三）掘苗

1. 土台规格

土台越大，保留的根系越多，当然对成活有利。但土台加大，重量也随之成倍增加，给装卸、运输及掘、栽操作都会带来很大困难。同因而要在保证移植成活的前提下，尽量减小土台规格。

确定土台大小应根据树木品种、株行距等因素综合考虑，一般可按树木胸径（离地的1.3米处）的8~10倍。

胸径如超过上述规格应另行确定。

2. 挖土台

（1）画线　开挖前以树干为正中心，较规定边长每边多5厘米画成正方形，作为开挖土台的标记，画线尺寸一定要正确无误。

（2）挖沟　沿画线的外缘开沟挖掘，沟的宽度要方便工人在沟内操作，一般要达60~80厘米，土台四边比预定规格最多不得超过5厘米，中央应稍大于四角，直挖到规定的土台高度。

北京地区目前方木箱规格执行如表7-4，以油松为例。

表7-4　树木胸径与方木箱规格

树木胸径（厘米）	木箱规格（立方米）
15~18	1.5×1.5×0.6
19~24	1.8×1.8×0.7
25~27	2.0×2.0×0.7
28~30	2.2×2.2×0.8

（3）铲宝盖土　实践证明，一般情况下，地表面树根很少，为减轻重量，可以在挖沟时注意观察，根据实地情况，将表土铲去一层，到树根较多之处，再开始计算土台高度，以保更加完整的根系，这项操作称"铲宝盖土"，或称"去表层土"。

（4）修平　土台掘到规定高度后，用平口锹将土台四壁修整平滑称"修平"。修平时遇有粗根，要用手锯锯断，不可用铁锹硬切，造成土台损伤。粗根的断口应稍低陷于土台表面，修平的土台尺寸应稍大于边板规格，以保证箱板与土台紧密靠紧。土台形状与边板一致，呈上口稍宽，底口稍窄的倒梯形，这样可以分散箱底所受压力。修平时要经常用箱板核对，以免返工和出现废品。挖出的土放在距树坑较远的地方，以免防碍操作，必要时可以派辅助工，作这项扔土工作。

3. 上边板（上箱板）

（1）立边板　土台修好后，应立即上箱板，不能拖延。箱板的材质规格必须符合规定标准，否则就易发生意外事故。靠立好边板，要仔细观察是否靠紧了，如有不紧之处应随时修平，边板中心要与树干成一条直线，不得偏斜。土台四周用蒲包片包严，边板上口要比土台上顶低1~2厘米，以备吊装时土台下沉之余地。如果边板高低规格不一致，则必须保证下端整齐一致，对齐后用棍将箱板顶住，经过仔细检查认为满意后，用上下两道钢丝绳绕好。绕钢丝绳之前，仔细检查钢丝绳卡子是否坚固，必须保证卡子卡紧钢丝绳，而又不要别住边板外的带板。

(2) 上紧线器 先在距边板上、下边 15~20 厘米处横拉两条钢丝绳，于绳头接头处相对方向（东对西或南对北）的带板上装紧线器，先把紧线器的螺栓松到最大的限度，紧线器旋转的方向必须是从上向下转，愈转愈紧。收紧紧线器时上下两个要同时用力，还要掌握收紧下线的速度稍快于收紧上线的速度。收紧过程中如钢丝绳与紧线器同时扭转，可以用铁棍别住，使之不转。收紧到一定程度，随时用木锤锤打钢丝绳，直至发出崩崩的弦音，则表示已经收紧了，可立即钉铁皮。

(3) 钉箱 钢丝绳收紧以后，在 2 块箱板交接之处，钉铁腰子，称"钉箱"。最上、最下的 2 道铁皮各距箱板上、下口 5 厘米。1.5 米×1.5 米的木箱每个箱角钉铁皮 7~8 道；1.8 米×2 米的木箱钉 8~9 道；2.2 米×2.2 米的木箱钉 9~10 道，每条铁腰子须有 2 对以上的钉子，钉在带板上。钉子不要钉在箱板的接缝处。钉时钉子帽稍向外倾斜以增强拉力，钉子不能弯曲，如果砸弯，应拔下重钉。箱板与带板之间的铁皮必须拉紧，不得弯曲，四周铁皮全部钉完后，再检查 1 次，用小铁锤轻敲铁皮，发出"当当"的绷紧弦音则证明已经钉牢，即可松开紧线器，取下钢丝绳。

(4) 加深边沟 钉完箱板以后沿木箱四周继续将边沟挖深 30~40 厘米，以备掏底操作。

4. 掏底与上底板

装好边板后将箱底土台挖空，安装上封底箱板，称"掏底上箱板"。

(1) 掏底可两侧同时进行，每次掏底宽度要和底版宽度相等，掏够 1 块板的宽度后就应立即钉上 1 块底板。底板间距基本一致，在 10~15 厘米内。

(2) 上底板前应事先量好截好底板所需要的长度（与相对边板的外沿相齐），并在坑上将底板两头钉好铁腰子。

(3) 上底板时，先将一端紧贴边板钉牢在木箱带板上，钉好后用圆木墩顶牢，另一头用油压千斤顶起，与边板贴紧，用铁皮钉牢，撤去千斤顶，支牢木墩。两边底板上完后再继续向内掏挖。

(4) 支撑。在掏挖中间底以前，为保障操作人员的安全，应将四面箱板上部，用 4 根横木支撑，横木一头顶住坑边，坑边先挖一小槽，槽内立一块小木板做支垫，将横木顶住支垫。横木另一头顶住木箱带板，并用钉子钉牢，检查满意后再掏中心底。

(5) 在掏中央底板时，底面中间应稍突出弧形，以利收得更紧，掏底时如遇粗根要用手锯锯断，断口凹陷于土内，以免影响底板收紧。掏中心底时要特别注意安全，操作时头部和身体千万不要伸在木箱下面。风力达到 4

级以上时,应停止操作。

上中间底板的方法与两侧底板相同,底板之间间距要一致,一般保持10~16厘米。掏底过程中,如果发现土质松散,应用窄板将底封严。如脱落少量底土可以用草垫、蒲包填严后再上底板。如底土大量脱落不能保证成活时,则应请示现场操作技术负责人设法处理。

5. 上盖板

封完底板以后,在箱板上口钉一组板条,称"上盖板"。

上盖板前,先修整土台上表面,使中间部分稍高于四周,表层有缺土处用潮湿细土填严拍实,土台应高出边板上口1~2厘米,土台表面铺一层蒲包后,在上面钉盖板。

上板长度应与箱板板口相等,树干两边各钉2块,钉的方向与底板垂直,如需要多次吊运或长期假植,可在上板上面相反方向,每侧再钉一块成"#"字形以保护土台完整。

二、木箱移植的安全规定

(1) 作业前必须对现场环境(如地下管线的种类、深度、架空线的种类及净空高度)、运输线路(道路宽度、路面质量、立体交叉的净空高度)、其他空间障碍物、桥涵宽度、承载能力及有效的转弯半径等进行调查了解后,制定出安全措施,方可施工。

(2) 挖掘树木前,应先将树木支撑稳固。

(3) 装箱树木在掏底前,箱板四周应先用支撑物固定牢靠。

(4) 掏底时应从相对的两侧进行,每次掏空宽度不得超过单块底板宽度。

(5) 箱体四角下部垫放的木墩,截面必须保持水平,垫放时接触地面的一头,应先放一大于木墩截面1~2倍厚实的木板,以增大承载能力。

(6) 掏底操作人员在操作时,头部不得进入土台下。

(7) 风力达到4级以上时(含4级),应停止掏底作业。

(8) 在进行掏底作业时,地面人员不得在土台上走动、站立或放置笨重物件。

(9) 挖掘树木使用的工具、紧固机件、丝扣接头等,应于使用前由专人负责检查,不能保证安全的不得使用。

(10) 操作坑周围地面,不可随意堆放工具材料,必须使用的工具材料,应放置稳妥,防止落入坑内伤人。

(11) 操作人员必须配带安全帽、革制手套。

（12）吊、卸、入坑栽植前要再检查钢丝绳的质量、规格、接头、卡环是否牢靠，符合安全规定。

（13）起重机械必须有专人负责指挥，并应规定统一指挥信号，非指定人员不得指挥起重机械或发布信号。

（14）装车后，木箱或土球必须用紧线器或绳索与车厢紧固结实方可运行。

（15）押运人员在车厢上站立于树干两侧，严禁在木箱或土球底部、前部站立。

（16）押运人员在车辆运行过程中，应随时注意检查绳索和支撑物有无松动、脱落，并及时采取措施认真加固。

（17）押运人员要随车携带挑线竹竿，注意排除影响通行的架空障碍物。并与司机密切配合，注意安全行驶。

（18）装、卸车时，吊杆下或木箱下，严禁站人。

（19）卸车放置垫木时，头部和手部不得伸入木箱与垫木之间，所用垫木长度应该超过木箱。

（20）大树栽植前卸下底板，要及时搬离现场，放置时钉尖必须向下。

（21）树木吊放入坑时，树坑内不得站人，如需重新修整树坑，必须将木箱吊离树坑，操作人员方能下坑操作。

（22）栽植大树时，如需人力定位，操作人员坐在坑边进行，只允许用脚蹬木箱上口，不得把腿伸在木箱与土坑中间。

（23）栽植后拆下的木箱板，钉尖向下堆放，不准外露，以免伤人。

复习题

1. 简述带土球移植树木的手工掘苗法及质量要求。
2. 带土球苗的栽植要求和注意事项是什么？
3. 带土球苗栽后的养护管理工作有哪些？
4. 带土球移植大树的方法和要求有哪些？
5. 简述木箱移植掘苗过程（包括上箱板）。
6. 木箱移植的安全规定有哪些？

模拟测试题

一、填空题

1. 土球直径为苗木胸径的 _____ 倍,土球厚度应为土球直径的 _____ 以上。
2. 用方木箱移植,除 _____ 外,一年四季都可移植。
3. 带土球移植树木,直径超过 _____ 米时,如用软材料包装,很难保证吊装和运输安全。

二、选择题

1. 土球苗种植深浅要求,常绿树应是 _____ 。
   A. 低于地面 10 厘米　　　　B. 与地面持平
   C. 高于地面 5 厘米　　　　D. 高于地面 10 厘米
2. 木箱移植挖沟,沟的宽度要便于操作,一般要求达到 _____ 。
   A. 40~60 厘米　　　　B. 60~80 厘米
   C. 80~100 厘米　　　　D. 100~150 厘米
3. 土球苗木打包用的蒲包、草绳在打包前应 _____ 。
   A. 浸泡潮湿　　　　B. 洗净晾干
   C. 保持干燥　　　　D. 室内贮存

三、判断题

1. 掘土球苗,土球直径在 50 厘米以下的都要在坑内打包。　　(　　)
2. 掘土球苗,苗木生长处于土壤过于干燥的应先浇水。　　(　　)
3. 运输土球苗,不论大小都可以立装。　　(　　)

四、简答题

1. 带土球苗的质量最低要求是什么?
2. 简述带土球苗栽植的操作方法。
3. 简述大树带土球移植方法中的掘苗准备工作。

五、综述题

1. 请写出木箱移植安全规定中的任意 10 条。

第七章 绿化施工

模拟测试题答案

一、填空题

1. 8～10，4/5   2. 新梢生长旺盛期   3. 2.6

二、选择题

1. C   2. B   3. A

三、判断题

1. ×   2. √   3. ×

四、简答题

1. 答：常绿树主干不得弯曲，主干上无蛀干害虫，主轴明显的树种必须有领导干。树冠匀称茂密，有新生枝条，不烧膛。土球结实，草绳不松脱。

2. 答：需先量好坑的深度，如有差别及时挖深或填土。土球入坑后，先在土球底部四周垫少量土将土球固定，将树干立直，然后将包装解开。尽量取出，随即填好土至坑的一半，用木棍夯实，再继续填满夯实，注意不要砸碎土球，随后开堰。

3. 答：（1）苗木的选择与号苗：按设计要求的树种、规格及特殊要求（如树形、姿态、花色、品种等）选苗。选苗时还要注意：生长健壮、无病虫害、树冠丰满，有新生枝条的苗木；立地条件适宜掘苗、吊装、运输。
（2）建卡编号。（3）市政配合：如地上、地下管线，交通运输通行证等。
（4）工具、材料、机械、车辆的准备。

五、综述题

1. 答：略（木箱移植的安全规定共23条。具体参见教材并结合实际加以回答）。

第八章

园林树木养护管理

本章提要：介绍树木施肥、修剪以及木桶栽植树木的养护技术，介绍低温对树木的危害因素和防寒措施。

学习目的：掌握施肥、修剪、防寒等基本方法和要求，能完成绿化养护管理中一般性养护工作。

第一节 施 肥

一、施肥作用

园林树木定植在一个地方，生长多年甚至千年，树根从土壤吸收养分供应正常生长的需要。通过施肥主要解决以下问题。

1. 供给树木生长所需养分

树木在水分供应充足的情况下，新梢生长很大程度上取决于氮肥的供应。随着新梢生长结束，植物需氮量会有很大程度降低。适当施含磷、钾肥料对树木营养物的积累，提高树木抗寒力，利于花芽分化。观花观果的园林树木适量增施磷肥对树木有利。在北京地区越冬困难的树种，在雨季过后，更要控制浇水和氮肥的施用。

2. 改良土壤性质

特别是施用有机肥，可以提高土壤温度，改善土壤结构，增加团粒，疏松土壤，有利树木新根生长，提高土壤渗水性、透气性和保肥保水能力。

3. 有利土壤微生物繁殖

土壤微生物活动有利于促进肥料分解，改善土壤化学反应，保证树木健壮生长。

二、施肥方法

1. 穴施法

在树冠投影边缘，挖掘单个洞穴，施肥后伏土踏实，与地面平，此法简便省工。

2. 沟施法

沿树冠投影线外缘，挖 30～40 厘米宽环状沟，施入肥料后覆土踏实，此法树根着肥均匀。

3. 放射状沟施

以树干为中心，向外挖 4～6 条渐远渐深的沟，将肥料施入后覆土踏实。有条件的地区，以上 3 种方法，可轮换使用，对树木生长有利。

4. 追肥

多在生长季节，使用化学肥料和菌肥。方法有 2 种，一是根施法，按照计算准确的施肥量，与土混合后埋入洞穴内，或结合灌水把肥料施于树堰内，随水渗入土中。二是根外施肥，将稀释好的肥液喷雾于树叶和枝干上。

5. 施肥注意事项

施有机肥一定要发酵腐熟；施用化肥必须粉碎成粉状，用量准确，撒布均匀；施肥后必须灌水，充分发挥肥效，避免肥害；叶面喷肥应避开中午或大风天，最好在早、晚进行。

三、施肥量

树种的不同，土壤的肥瘠、肥料的种类及物候期不同，酌情确定施肥量。如珙桐、梓树、梅花、桂花、玉兰、樱花喜欢肥沃土壤，可适当增加施肥量和施肥次数。槐树、悬铃木、杨树等耐瘠薄土壤。幼龄针叶树不宜施用化肥。

四、施肥时期

秋季至冬初或者是春季土壤解冻后施基肥，如腐殖酸类肥料、堆肥、厩肥、粉碎后的植物残体。生长期施肥以追肥为主。

第二节 园林树木修剪

一、园林树木修剪的目的与作用

1. 促控生长

树木地上部分的大小与长势如何，决定于根系状况和土壤中可吸收水分、养分的多少。树木通过修剪，可以剪去地上部不需要部分，使水分、养分集中供应留下的枝芽，促使局部生长。若修剪过重，对树体又有削弱作用，这叫做修剪的双重作用。但具体是促还是抑，因修剪方法、轻重、时期、树龄、剪口芽质量而异，因而可以通过修剪来恢复或调节均衡树势，既可使衰弱部分壮起来，也可使过旺部分弱下来。对潜芽寿命长的衰弱树或古树，适当重剪，结合施肥、浇水，促潜芽萌发，进行更新复壮。

2. 美化树形

中国园林属自然园林范畴，树形也自然美，但因环境和人为的影响，使树形遭到破坏。如架空线的影响、运输车辆的高大化等，对行道树的修剪必须相适应。园林景点的孤植树和群植树木，通过整形修剪，使树木的自然美与人为干预后的艺术揉为一体的美。园林建筑的艺术美与整形修剪后树木的自然美，进一步发挥出来。

从树冠结构来说，经过人工整形修剪树木，各级枝序的分布和排列会更科学，更合理。各层主枝上排列分布有序，错落有致，各占一定位置和空间，互不干扰，层次分明，主从关系明确，结构合理，必然树形很美。

值得注意的是，树种不同，树龄不同，生长势强弱，生长环境的差异，管理条件优劣，绿地功能需要的不同，修剪方法应该随之改变。

3. 协调比例

在园林中，具有生长空间，放任生长的乔木往往树冠庞大。在园林景观中，树木有时起陪衬作用，不需要过于高大，以便和某些景点或建筑物相互烘托，相互协调，或形成强烈对比。因此必须通过合理整形修剪，加以控制，及时调节与环境比例，保持它在景观中适当位置。在建筑物窗前绿化、修剪，既美观大方又利于采光。与假山配植树木修剪，应控制树木高度，使其以小见大，衬出山体高大。

4. 调解矛盾

城市中，由于市政建设设施复杂，常与树木发生矛盾，尤其行道树，上面架有电线，下面埋有各种管道和缆线，地面有人流车辆等问题。为保证树枝上下不磨擦电线，不妨碍交通人流，主要靠修剪解决，而且应该做到及时、合理。

5. 调整树势

园林树木因生长环境不同，生长情况各异。如片林中的树木，为争得上方阳光照射，向高处生长，主干高大，主侧枝短小，所以树冠瘦长。相反，孤植树木，同样树种，同样树龄，则树冠大，主干相对低矮，修剪可以部分改变这种现象。

树木地上部分大小，生长势强弱，受根系在土壤中吸收水分养分的多少影响。水分、养分充足，生长旺盛，枝繁叶茂；水分、养分不足，出现枝弱、叶小，甚至焦黄的现象。利用修剪方法，剪去一部分不需要枝条，使之水分、养分更集中供应给留下的枝条、叶片和芽的生长。

修剪可促使局部生长。由于枝条生长有强有弱，出现偏冠，影响观赏，甚至倒伏。对强枝及早改变先端生长方向，开张角度，使强枝处于平缓状态，减弱生长或者直接剪去强枝，留下弱枝。但修剪量不能过大，防止削弱树势。具体到每一株树木修剪时，根据修剪时期、树龄，修剪轻重，剪锯口处理，既可促使衰弱部分壮起来，也可使过旺部分弱起来。对于具有潜伏芽、寿命长的衰老树，适当重剪，结合肥水管理，可使其更新复壮。

6. 改善通风透光条件

自然生长或修剪不当树木，往往枝条密生，树冠郁闭，内膛细弱，枝老化、枯死。树冠顶部枝密叶茂，下部光脱，而且冠内湿度相对较大，易发生病虫危害。通过修剪疏枝，使树冠内通风透光，促使下部枝条健壮生长，对开花、结果树有利，可促使花芽分化，减少病虫害的发生，提高树木的观赏性。

7. 增加开花结果量，提高观赏性

观花、观果树木，除幼年树龄外，用修剪方法，促使生长中庸枝条，使树势平缓，对开花结果有利。树势强产生大量叶枝，不开花、不结果或者少量开花结果。树势弱，枝条细弱，不能形成花芽，就不可能开花结果，要想提高开花结果率，修剪时首先了解树木生长开花结果习性。即花芽形成与枝条年龄的关系，以及花芽在枝条上的位置。随意短截或疏枝，有时将顶花芽剪去（如丁香），有的将花束状枝短截，花落后成为死枝。另有一种情况在修剪时不顾树龄大小，不看树木生长势强弱，不看花芽多少，不分树木开花习性，一律强短截（推平头）。因刺激太强，翌年抽出大量新枝，又粗又长，造成疯长，无花或少花。

二、树木各部位名称

（一）干枝

1. 依枝干所在位置来分

（1）主干　是乔木树在地上部的主轴，上承树冠，下接根系，通常分两部分组成，从地面至最下位主枝分枝处称为树干，其高度称为枝下高。自最下位的主枝分枝处以上部分，称为中央领导干，在其四周着生有主枝、侧枝、副侧枝等组成树冠。

（2）主枝　自主干生出的比较粗壮的枝条，是构成树形的主要骨干，主枝上再分布侧枝。离地最近的称为第一主枝，依次而上称第二、第三主枝。

（3）侧枝　着生于主枝上适当位置和方向的较小的枝条，从主枝基部最下位发生的称为第一侧枝，顺序类推为第二、第三侧枝等。

（4）小侧枝　自侧枝上生出的小枝，是观花、观果树木的主要部位。

2. 依枝的形势及各枝相互关系来分

（1）直立枝、斜生枝、水平枝和下垂枝　凡是直立生长的枝称为直立枝；和水平线有一定角度，向上斜生的称为斜生枝；成水平生长的称为水平枝；先端向下垂的称下垂枝。

（2）内向枝　枝向树冠中心伸长的称内向枝。

（3）重叠枝　二枝在同一侧面内，上下重叠的称重叠枝。

（4）平行枝　二枝在同一水平面，平行生长的称平行枝。

（5）轮生枝　几个枝条自同一点或相互很近的地方发生、向四周放射状伸展的称轮生枝。

（6）交叉枝　二枝相互交叉生长的称交叉枝。

（7）并生枝　从一节或一芽并生二枝或二枝以上的称并生枝。

3. 依萌芽生长成枝条的时期或先后来分

（1）春梢、夏梢和秋梢　春初萌发的枝梢称春梢；自7～8月间抽出的枝梢称夏梢；秋季萌芽长成的枝梢称秋梢。

（2）一次枝、二次枝　当年内形成的叶芽或混合芽，常到翌春萌发而成枝称一次枝；一次枝上的芽因生长特旺或失去顶端生长点后，在当年再生枝条，称为二次枝。

4. 依枝梢生成的时期来分

（1）新梢　凡是有叶的1年生枝称为新梢。

（2）一年生枝、二年生枝　当年所生枝落叶后，称一年生枝；至翌年春发芽为止，称二年生枝。春天发芽后新枝所在的枝条至第二年春为止称三年生枝。

5. 依枝的性质来分

（1）生长枝　当年生长后不开花，不结果，直至冬、秋也无花芽或混合芽的枝，称为生长枝（或称发育枝）。在生长枝中，生长特旺，枝条又粗又壮、节间长、芽较小、含水分多、组织疏松且直立生长的称徒长枝。

（2）结果枝或成花母枝　一般生长较缓慢、组织充实、同化物质积累多，其中一部分的芽变混合芽或花芽，在当年第二次生长期或翌年，能从混合芽或花芽抽生结果枝或开花枝，称结果母枝或开花枝。

（3）结果枝　指能直接开花结果的枝。如果结果枝从结果母枝上发生，并在新梢时期能开花结果的称为一年生结果枝，如葡萄、柿等。相反，如果在上年生枝上直接开花结果的称为二年生花枝，如梅、桃、杏等。这类花枝还可依其长短而分：长花枝、中花枝、短花枝和花束状短花枝。

6. 依枝的用途不同来分

（1）更新枝　生长极度衰弱的花果枝或老枝，拟修除使发生新枝，称为更新枝。

（2）更新母枝　更新枝可从原有枝中选用，也有从选定的母枝上留 2～3 芽短剪的枝，称更新母枝。

（3）辅养枝　指辅助树体营养的枝条。如幼树修剪留下的弱小枝虽不强壮，但经短截或摘心而保留下来的枝条，以促使树干长得充实、旺盛的枝称为辅养枝。

（二）芽

芽萌发伸长成枝。芽要安全越冬，常以鳞片包被，这叫鳞芽。但也有如枫杨、花芽无鳞片保护而为裸芽。

芽的名称很多，叫法不一，所以观赏树木进行修剪时，必须知道这些芽的形态性质，以便识别芽的强弱，了解花芽、叶芽，修剪时才能一目了然，运用自如。

1. 依芽的性质来分

（1）叶芽　萌发后只生枝叶无花的芽，它的外形细瘦且先端尖，鳞片也较窄。

（2）花芽和混合芽　这 2 种芽萌发后能开花，只开花的叫花芽，如桃、梅、连翘、蜡梅的花芽。还有先抽新梢，再在新梢上生花者，称混合芽，如丁香、海棠、紫薇等。混合芽和叶芽在外观上差异很小，往往不易识别，故要通过实践，逐步掌握。

（3）中间芽　如苹果、海棠、梨的短枝顶上所生叶芽的特殊名称。外观上这类芽微似花芽，只要营养丰富，即可变成花芽，否则仍为中间芽。

（4）盲芽（轮痕）　系春秋两季生长之间，顶芽暂停生长时所留下的痕迹，此处很难萌发枝条，故称盲芽或盲节。

2. 依芽所在位置来分

（1）定芽　在枝条上具有固定位置，着生于枝的顶端或叶腋间叫定芽。前者叫顶芽，后者叫腋芽。

（2）不定芽　芽在枝条上发生无一定部位。很多观赏树种在受到刺激，如短截后极易萌发不定芽。

3. 依芽的地位来分

（1）主芽　凡生于叶腋中间，又最充实的芽为主芽。可以是叶芽、花芽或混合芽。

（2）副芽　叶腋中主芽以外的芽，可以在主芽两侧各生1个（碧桃），也可重叠生在主芽上方（桂花），或于主芽下方（核桃），副芽常潜伏为隐芽。但主芽受损时，则能萌发而代之。

4. 以节上芽的数目来分

（1）单芽　一节上仅生一个芽，发达肥大，或副芽形极微小，外观上一节似只有一芽。

（2）复芽　一节上具有明显发达而大小相等的芽，数目在二个芽以上。可分为双芽、三芽和四芽。这在蔷薇科核果类，如桃、李、杏树上最为常见。复芽一般常由叶芽和花芽组合而成。而由单一种类的芽组成的则极少见。

5. 依芽的萌发情况来分

（1）活动芽　枝条上的芽在萌发期，能及时萌动的称活动芽。顶芽和花芽为活动芽。顶芽以下的腋芽，在中上部者因顶端优势关系，也为活动芽，其余下部的叶芽则大部分为隐芽。

（2）隐芽（潜伏芽）　枝上叶芽形成以后，其中一部分副芽在萌发期仍依原状潜伏，再待机会萌发的就叫隐芽或潜伏芽。桃花的隐芽寿命最短，越冬后潜伏经1年，大多数已失去发芽力。但悬铃木、梅、柿等的隐芽生存期可达数十年，遇刺激均可萌发，这样如遇枝条衰老，可以随时更换，不能造成树体空缺。

三、绿篱和藤木类修剪

绿篱的修剪，既为了整齐美观、美化园景，又可使绿篱生长健壮茂盛、保持长久。形式不同、高度不同，采用的整形修剪方式也不一样。

（一）自然式绿篱的修剪

多用在绿墙、高篱、刺篱和花篱上。为遮掩而栽种的绿墙或高篱，以阻挡人们的视线为主，这类绿篱采用自然式修剪，适当控制高度，并剪去病虫枝、干枯枝，使枝条自然生长，达到枝叶繁茂，以提高遮掩效果。

以防范为主结合观赏栽植的花篱、刺篱，如黄刺玫、花椒等，也以自然式修剪为主，只略加修剪，冬季修去干枯枝、病虫枝，使绿篱生长茂密、健壮，能起到理想的防范作用即可达到目的。

（二）整形式绿篱的修剪

中篱和矮篱常用于绿地的镶边和组织人流的走向，这类绿篱低矮，为了美观和丰富园景，多采用几何图案式的整形修剪，如矩形、梯形、倒梯形、篱面波浪形等。修去平侧枝，使高度和侧面一致，使下部侧芽萌生枝条，形成紧密枝叶的绿篱，显示整齐美。绿篱每年最好修剪 2~4 次，使新枝不断发生，每次留茬高度 1 厘米，至少也应在"五·一"、"十·一"前各修整一次。第一次必须在 5 月上旬修完，最后一次修剪在 8 月中旬。

整形绿篱修剪时，要顶面与侧面兼顾，从篱体横面看，以矩形和基大上小的梯形较好，上部和侧面枝叶受光充足，通风良好，生长茂盛，不易产生枝枯和空秃现象。修剪时，顶面和侧面同时进行，只修顶面会造成顶部枝条旺长，侧枝斜出生长。

组字、图案式绿篱，用长方形整形方式，要求边缘棱角分明，界限清楚，篱带宽窄一致。每年应多修几次，枝条替换，更新时间短，不出现空秃，以保持文字和图案的清晰。

用黄杨、松柏等耐修剪的材料做成鸟兽、牌楼、亭阁等立体造型，点缀园景，为保持其形象，不让随意生长的枝条破坏造型，每年应多次进行修剪。

整形修剪的要求是，高度一致，整齐划一，篱面及四壁平整，棱角分明。修剪适时，为保证国庆节期间颜色鲜艳，色带色块最后修剪必须在 8 月 10~15 日前完成。同在一条街道或一块绿地的球形树，修剪时要求形状相同，大小一致。

(三) 藤木类整形修剪

藤木类靠缠绕或攀附他物而向上生长，造型由支撑攀附物体形状决定。常见的几种方式及整形修剪的特点介绍如下。

1. 棚架式

藤木以缠绕上升，布满架上，造型随架形而变化。栽植初期，应在近地处重剪，使发生数条强壮主蔓，然后垂直引主蔓于棚架顶部，并使侧蔓均匀地分布架上。如北京最常用的紫藤整形修剪如下：

紫藤定植后，选一个健壮枝条作主藤干培养。剪去先端不成熟的部分，剪口下侧枝疏去一部分，减少竞争，保证主蔓优势，然后引主蔓藤缠绕的支柱上，使之自行依逆时针方向缠绕。从根部发出的枝条，如果粗壮，可重短截，其余齐基部疏除。主干上生出的主枝，只留2～3个作辅养枝，其余疏掉。夏季对辅养枝摘心，抑制其生长，促主枝生长。第2年冬将中心主干枝短截至壮芽处，从主干枝两侧，选2个枝条作主枝短截，要留出一定距离，将主干上其余枝条留一部分作辅养枝，其余疏掉。以后的修剪，要达到枝条不过多重叠或生长过长。每年冬季剪除干枯枝、病虫枝，对小侧枝只留2～3个芽行短截。

2. 附壁式

本式常用于吸附类藤木，方法简单，只需要重剪短截后将藤蔓引于墙面，可自行依靠吸盘或吸附根而逐渐布满墙面，常见的如爬墙虎、五叶地锦、凌霄等均用此法。有些种类攀附能力差（如五叶地锦），或墙面光滑，不易攀附，近年见有用固定于墙面的铁丝协助附壁的，效果良好。由于株距过密，枝条不能吸附墙体而下垂，应及时疏剪主蔓和下垂枝。

3. 篱垣式

多用于缠绕类等较小藤木，只需将枝蔓直立牵引于篱垣上，以后每年对侧枝行短截，即可形成篱垣的形式。常用的如金银花、凌霄、蔓性蔷薇等。

4. 灯柱式

在灯柱上围以丝网，用吸附类或缠绕藤木，借丝网沿灯柱上升生长。使灯柱从下到要求高度，全部被枝叶缠绕覆盖，要求经常对下部枝条进行修剪，加快植株生长，达到理想效果。

四、树木修剪程序

树木修剪程序概括为：一知、二看、三剪、四拿、五处理、六保护。

1. 一知

坚持上岗前年年培训，使每个修剪人员知道修剪操作规程、规范及每次（年）修剪的目的和特殊要求。包括每一种树木的生长习性、开花习性、结果习性、树势强弱、树龄大小、周围生长环境、树木生长位置（行道、庭荫等）、花芽多少等都在动手剪讲清楚，看明白，然后再进行操作。

2. 二看

修剪前，先观察树木，从上到下，从里到外，四周都要观察，根据对树木"一知"情况，再看上一年修剪后新生枝生长强弱、多少，决定今年修剪时，留哪些枝条，决定采用短截还是疏枝，是轻度还是重度，做到心中有数后，再爬上树进行修剪操作。

3. 三剪

根据因地制宜、因树修剪的原则，应用疏枝、短截 2 种基本修剪方法或其他辅助修剪方法进行合理修剪。

4. 四拿

修剪下的枝条及时集中运走，保证环境整洁。

5. 五处理

枝条要求及时处理，如烧毁、粉碎、深埋、药剂熏蒸等防止病虫蔓延。

6. 六保护

疏除靠近树干大枝时，要保护皮脊（主枝靠近树干粗糙有皱纹的膨大部分），在皮脊前下锯，伤口小，愈合快。

第三节 木桶栽植树木的养护

北京常见的木桶栽植树木有龙柏、云杉、雪松、油松、桧柏、山楂、白皮松、棕榈等，其养护措施除棕榈外，都与露地栽培基本相同。现将木桶栽植树木的养护要点介绍如下。

一、浇 水

木桶栽植树木，选择树冠大，枝叶密，树形好，但蒸发量大。木桶体积有限，树根吸收面积小。木桶沿口至土层一般深度只有 5~8 厘米，容水量较少。因此，无论集中养护或分散摆放都应增加浇水次数。春天隔 3~5 日浇水一次，多风日，还应枝叶喷雾；雨季停止人工浇水；秋季每周浇水一次；冬季浇足冻水。露天摆放雪，在雪量稀少年份还应适量浇水。

二、施 肥

木桶内土壤养分有限。养护多年的木桶树木，每年最少追施二次肥料，以增加肥力，即在早春、秋初将木桶内 5~8 厘米的土层挖出，以不伤表层根为宜。换入含有腐熟有机肥的土壤，然后浇足水。观花、观果树木，开花前、结果后，喷射 0.3%~0.5% 磷酸二氢钾溶液。

三、换 桶

桶树经过 3~5 年生长，须根滋生较多。桶内土壤渐少，肥力下降，此时应该换大桶栽植。换桶时要切掉四周少量须根，桶底垫有混入有机质肥的土壤，将其植入桶内，摆好树姿，四周填入肥土夯实，浇足水。

四、修 剪

根据不同树种和对树姿要求对树形进行整理。修剪次数要勤，修剪量要小。疏剪干枯枝、病虫枝、细弱枝。

五、防治病虫、除杂草、中耕

木桶栽植树木的病虫防治、除杂草和中耕措施与露地栽培的树木一致。

第四节 低温对树木的危害

北京地区冬季严寒、干燥、多风，使一些耐寒力差的树种的枝、芽局部枯干，甚至死亡，这就是树木的寒灾。

影响树木耐寒性的外界环境因素有以下几个。

一、温 度

由于温度的升高，植物体内几乎所有生命活动都会旺盛起来。温度降低则生命活动迟缓。降到一定程度细胞转入休眠状态，亦即提高细胞抗寒力。据研究，当温度处在 6~10℃ 时，树体内复杂的碳水化合物就转化为简单糖类。温度降至 0~12℃ 时，细胞间大量脱水，积累有机物（磷酸、脂肪、糖、核苷酸等），树木进入深休眠，获得强的抗寒力。

二、光 照

光照充足，树木光合作用旺盛，合成可塑性物质多，树体积累的也多，耐寒力强。

三、土壤水分

北京地区秋季土壤水分过多，对植物抗寒力的提高不利，因枝条不能及时停止生长，组织不充足，抗寒力差。适当干旱，适时停止生长，积累养分，促进休眠，有利提高抗寒力。因此北京地区应做好雨季排水，并根据情况，秋季停止灌水或少灌水。

四、土壤养分

树体抗寒力的强弱与土壤养分比例供应是否适当有关系。氮素过多，促使迅速生长，消耗大量碳水化合物，秋季生长量增加，而木质化程度低，抗寒力低下。钾肥有利丁组织充实，木质化程度高，提高抗寒力。

五、地势与坡度

北京地区为了绿化美化需要，引入一些温暖地区的树种，栽植地区选择在阳坡或建筑物的前背风向阳小环境，提高越冬的抗寒力。

六、低温危害

1. **根系冻害**

因根系无自然休眠，抗冻能力较差，靠近地表的根常易遭冻害，尤其冬季少雪，干旱的砂土之地更易受冻，不易被发现。如春天树枝已发芽，但过一段时间，突然死亡，多因根系受冻所造成。因此冬春季节要作好根系越冬保护工作。

2. **根颈冻害**

由于根颈停止生长最晚，而开始活动较早，抗寒力差。同时靠近地表温度变化大，所以根颈易受低温和较大变温的危害，使皮层受冻。常用培土防寒。

3. **主干、枝杈冻害**

一是由于早春温差大，干部组织随着日晒温度增高而活动，夜间温度剧降而受冻。二是由于初冬气温突降，皮层组织迅速冷缩，木质部产生应力将树皮撑开，细胞间隙结冰，而产生的张力，也可造成裂缝。

枝杈冻害，主要发生在分枝处，向内的一面，表现皮层变色，坏死凹陷，或顺干垂直下裂。有的发生导管破裂，有的因导管破裂发生流胶。

七、常用的防寒措施

1. 灌冻水

晚秋树木进入休眠期到土地封冻前，灌足一次冻水。这样到了冬季封冻以后树根周围就会形成冻层，维持根部恒温，不受外界气温骤然变化的影响。同时灌了冻水，土壤湿度增加了，也可防止树"抽条"。灌冻水的时间不宜过早，否则会影响抗寒力，北京地区一般掌握在霜降以后、小雪之前。

2. 覆土

在11月中、下旬土地封冻前，将枝干柔软，树身不高的灌木压倒覆土。或先盖一层树叶，再覆40~50厘米的细土，轻轻拍实，这种方法不仅防冻，也能保持枝干温度，防止"抽条"。

3. 根部培土

冻水灌完后结合封堰，在树根部起直径80~100厘米高40~50厘米的土堆，防止冻伤树根，也能减少土壤水分的蒸发。

4. 扣筐、扣盆

一些植株比较矮小的露地花木，如牡丹等，可以采用扣筐、扣盆的方法。这种方法不会损坏原来的树形。用大花盆或大筐将整个植株扣住，外边堆土或抹泥，不留一点缝隙，给植物创造比较温暖潮湿的小气候条件，以安全越冬。

5. 架风障

为减低寒冷、干燥的大风吹袭造成树木枝条的伤害，可以在上风方向架设风障。架风障的材料常用秫秸、荆笆、芦席等。风障高度要超过树高，用木棍、竹竿等支牢以防大风吹倒，漏风处用稻草填缝，有时也可以抹泥填缝。

6. 涂白喷白

用石灰加硫磺粉对树身喷白涂白，可以减低温差骤变的危害，还可以杀死一些越冬病虫。涂白喷白材料常用石灰加石硫合剂，为粘着牢固可以加适量食盐。

7. 春灌

早春土地开始解冻时及时灌水，经常保持土壤湿润，以供给树木足够的水分，对于防止春风吹袭使树木干旱"抽条"，也有很大作用。

8. 培月牙形土堆

在冬季土壤冻结，早春干燥多风的大陆性气候地区，有些树种虽然耐寒，但易受冻旱的危害而出现枯梢。针对这种原因，对不便弯压埋土防寒的植株，可于土壤封冻前，在树干北面，培一向南弯曲，高 30~40 厘米的月牙形土堆。早春可挡风、反射和积累热量使穴土提早化冻，根系提早吸水和生长，避免冻旱的发生。

9. 卷干、包草

新植小树和冬季湿冷之地，不耐寒的树木，可用草绳道道紧接的卷干或用稻草包主干和部分主枝来防寒，此法晚霜后拆除。

10. 积雪

可保持一定低温，免除过冷大风侵袭。早春可增湿保墒，降低土温，防止过早萌动，避免晚霜危害，尤其在寒冷干旱地区。

八、需要采取防寒措施的主要树种

以北京地区为例，简单介绍需要采取防寒措施的一些主要树种。

1. 栽植初期需防寒的树种

蔷薇类、江南槐、樱花、泡桐、青桐、法桐、凌霄、水杉、雪松、龙柏、木槿、迎春、紫薇、玉兰、紫荆、幼年果树（苹果、梨、桃）等。

2. 每年需防寒的树种

月季、牡丹、千头柏、翠柏等。

复习题

1. 施肥方法有哪些？通过施肥主要达到哪些目的？
2. 树木修剪的目的和作用主要有哪些？
3. 树木干枝可从哪几个方面进行分类？举例说明。
4. 芽可从哪几个方面进行分类？举例说明。
5. 整形式绿篱修剪有什么要求？
6. 修剪程序是什么？具体要求有哪些？
7. 养护木桶栽植树木的主要措施有哪些？
8. 北京地区树木防寒措施主要有哪些？常见的哪些树木需要防寒？

模拟测试题

一、填空题

1. 树木通过修剪，可以剪去地上部_____部分，使_____、_____集中供应留下的枝条，促使_____生长。
2. 树木定植后，生长多年甚至千年，树根从_____吸收_____供应_____的需要。
3. 北京地区冬季严寒_____、_____使一些耐寒力差的树种的枝、芽干枯，甚至_____，这就是_____的寒灾。

二、选择题

1. 两枝在同一侧面称为_____。
   A. 内向枝　　B. 重叠枝　　C. 平行枝　　D. 轮生枝
2. 选出有混合芽的树种_____。
   A. 桃 梅　　B. 连翘 蜡梅　C. 苹果 海棠　D. 紫薇
3. 冬季少雪干旱的砂土地，树木易受冻伤的部位是_____。
   A. 根系　　B. 根颈　　C. 主干　　D. 枝条

三、判断题

1. 月季、牡丹、千头柏、翠柏，每年冬季都要防寒。（　）
2. 枝条生长特旺，节间长，芽较小，含水量多叫生长芽。（　）
3. 强修剪能缓和树势，弱修剪能促进生长出强壮枝条。（　）

四、简答题

1. 经过人工整形修剪的树木，树冠结构为什么美？
2. 修剪树木的程序中，已知的内容有哪些？
3. 北京地区冬季必须防寒树种有哪些？常用防寒方法有多少种？

模拟测试题答案

一、填空题
1. 不需要，水分、养分，局部
2. 土壤，养分，正常生长
3. 干燥、多风，死亡，树木

二、选择题
1. B   2. CD   3. A

三、判断题
1. ✓   2. ×   3. ×

四、简答题
1. 答：因为各级枝序排列会更科学合理，使各层主枝上分布排列有序，错落有致，各占一定位置和空间，互不干扰，层次分明，主从关系明确，结构合理，必然是树形很美。

2. 答：经过培训，使每个参加修剪人员知道修剪的操作规程、规范及修剪的目的和特殊要求，包括每一种树木的生长习性，开花习性，结果习性，树势强弱，树龄大小，周围生长环境，树木生长位置（道路、庭荫等）等都必须讲清楚，看明白，然后修剪。

3. 答：北京每年必须防寒的树种有：月季、牡丹、千头柏、翠柏。

常用防寒方法有：灌冻水、覆土、根部培土、扣筐扣盆、架风障、涂白、喷白、春灌、培月牙土堆、春干积雪。

第九章

园林育苗

本章提要：主要介绍苗木有性繁殖和无性繁殖，以及带土球苗木移植及不同类型苗木的修剪方法等。

学习目的：掌握苗木的常规育苗技术、移植及抚育措施。

第一节 苗木有性繁殖

一、有性繁殖特点

有性繁殖在苗木生产中占有重要地位。其苗木是用种子繁殖所得，长成的苗子叫实生苗。有性繁殖主要特点如下：

(1) 繁殖速度快 利用种子繁殖，一次可获得大量苗木。

(2) 苗木抗性强 实生苗生长旺盛，对不良环境条件的抗性较强。

(3) 幼苗可塑性强 用种子繁殖的幼苗，具有遗传性又有变异性。

(4) 发育阶段长 有性繁殖的幼苗，发育阶段由种子萌芽开始，比无性繁殖苗年轻，故开花结实较晚，但寿命长。

二、种子采集加工与贮藏

适地、适树、适时采集种子并科学加工处理，是保持种子生命活力旺盛的关键。

(一) 种子采集

1. 母株选择与采种期

(1) 选择母株的要求 母株树选定要求品系纯正；母株树立地条件尽量与本地区相近；在确定采种范围内，面对众多的母株，还应进行株选，选其中生长健壮、结果量适中、遗传性趋向所需特点为最佳母本，然后作出标

第九章 园林育苗

记或设护栏。外地采购树木种子时应要求是新种子，纯净、无病虫糜烂现象，并应索取当地有关资料。

（2）种子采种期的掌握　不同树木，种子成熟期各不相同。一年四季中都有种子可采。大型苗圃可成立专业队组，从事采种工作。在长年采种期间，冬季是很关键的时刻。冬季可采的树种量大而且重要，如桧柏、槐树、法桐、小叶白蜡、女贞、金银木等。

其他季节成熟的种子也都是有规律的。如春季开花较早的山桃、连翘等，其种子成熟在春末夏初，还有樱桃、桑椹、山杏等；进入夏季陆续成熟的有榆叶梅、丁香、黄杨、太平花、鸡麻、紫薇等。9~10月进入采种大忙时期，此时的重点有油松、白皮松、七叶树、玉兰、银杏、槲树、橡子树、板栗以及元宝枫、刺槐、栾树、海州常山等；稍晚即可采收海棠、杜梨、山楂、地锦等。具体见表9-1。

表9-1　北京地区常见园林树木采种与加工

树种	果实成熟特点	采种期	调制方法
油松	球果黄褐色	9月	曝晒、棒打风选
白皮松	球果黄褐色	9月	曝晒、棒打风选或筛选
华山松	球果黄褐色微裂	10月	曝晒、棒打风选或筛选
雪松	球果褐色	9~10月	风干剥出种子
侧柏	球果褐色微裂	8月下旬~9月上旬	晒出种子，风选或水选
桧柏	球果紫黑色	12~翌年2月	搓去果肉，阴干，风选
锦熟黄杨	蒴果黄绿色	7月中旬~8月中旬	晾晒出种子
朝鲜黄杨	蒴果黄绿色	7月中旬	晒出种子
小叶女贞	浆果蓝黑色	10~11月	搓去果肉水洗晾晒
榆树	果翅淡黄色	5月	阴干筛选
朴树	果黑色	9月	阴干
桑树	果白色或紫黑色	5~6月	水选
山杏	果橙黄色	6~7月	去掉果肉，水选阴干
山桃	果淡黄色	8月	去掉果肉，水选阴干
刺槐	果荚赤褐色	去掉果肉，水选阴干	晒干，扬净
梓树	角果黄褐色	8~9月	风干去皮
玉兰	聚合果	9月	风干去种皮，立即砂藏
合欢	果荚黄褐色	9月下旬~10月上旬	晒干荚果，揉碎风选种
七叶树	蒴果深褐色	9月下旬~10月上旬	采后立即砂藏
泡桐	蒴果深褐	9月下旬~10月上旬	阴干去掉果壳

（续）

树种	果实成熟特点	采种期	调制方法
银杏	果实橙黄色	10月~11月	去掉果肉，水选，砂藏
元宝枫	翅果淡黄色	11月	晒干，可去掉果柄
白蜡	翅果淡黄色	11月	风干
臭椿	翅果褐色	11~12月	风干
法桐	聚合果变褐	12月	风干，果球播前打碎保湿
槐树	肉质荚果黄绿色	冬季	水泡去皮水选
栾树	蒴果变褐	10~11月	晒干搓碎风选
黄栌	果红褐色	6月上旬	晒干筛选
榆叶梅	果黄橙色	6月	去皮阴干
花椒	菁葵果红色	8月~9月	阴干选种立即砂藏
太平花	果黄褐色	9月下旬	晒出种子，筛选
丁香连翘	蒴果黄褐色	8~9月	晒出种子，筛选
紫薇	蒴果黄褐色	9~10月	晒出种子，筛选
南蛇藤	果开裂假种皮红色	9~10月	去果壳果肉，阴干
地锦	果皮黑色	9~10月	去果皮，阴干，水选
珍珠梅	穗褐色	9月	晒干筛选
紫叶小檗	果红褐色	9~10月	去果肉，水选阴干
白绢梅	果黄色	10月	阴干风选
金银木	浆果红色	10~11月	去果皮水选
贴梗海棠	果黄色带香味	10月	去果肉水选，阴干砂藏
紫藤	荚果黄绿色	10~11月	曝晒，筛选
海州常山	果蓝紫色	9月	去皮肉，阴干
樱桃	果鲜红色	6月	去果肉阴干，砂藏
海棠	果黄色或红色	9~11月	水泡去果肉，水选阴干
杜梨	果棕黑色	10~11月	水泡果肉，水选阴干，砂藏
山楂	果深红色	10~11月	去果肉水选，砂藏2年
君迁子	黄褐色至褐色	11月	水泡去果肉，水选阴干
水枸子	果红色	10月	水泡去果肉，水选阴干
青桐	果褐色	9月上旬	摊晒，筛选
黄连木	果实紫红至蓝紫色	10~11月	采后选种砂藏或秋播
山茱萸	果实红色	9~10月	去果肉，水选，砂藏

第九章 园林育苗

（续）

树种	果实成熟特点	采种期	调制方法
卫矛	蒴果粉红色	10月	晾晒去掉果壳，砂藏
大叶椴	球形果实黄褐色	10月	去杂质，砂藏2年
马褂木	聚合果黄褐色	10月	搓碎果球，去杂，砂藏，保湿
文冠果	果实黄绿色	7~8月	晾晒，干藏
紫珠	果实蓝紫色	10~11月	选种晒干，干藏
紫荆	荚果褐色	8月	搓出精选，干藏
枫杨	翅果黄褐色	9~10月	晾晒，去杂，干藏
香椿	蒴果	9~10月	晾晒去杂，干藏
皂角	荚果，紫褐色	10月	剥出种子，阴干
山荞麦	果实灰白色	11~12月	晒干去杂，干藏
北京丁香	蒴果	9月~10月	晾晒去杂，干藏
粗榧	果实紫红色	9~10月	去种皮，砂藏
枸橘	果实橙黄色	9~10月	收果后连同果肉砂藏
杜仲	翅果淡褐色	10月	去杂风干
扁核木	核果鲜红色	8月	采后带果肉播种
月季	果淡黄红色	10~11月	采后将果实砂藏
核桃	果实黄绿色	9月	采后去果肉风干

掌握采种最佳时期则应在每个树种成熟盛期较为妥善。因为，只有成熟盛期的种子才是量大、质优，其含水量较少、种皮致密、胚发育健全、营养丰富。未充分成熟的种子易腐烂，发芽率和发芽势均差且幼苗生命力弱，难以养成壮苗。因此，不能采集未成熟的种子。

树木种子的早熟与迟熟同栽培环境、地势、群落疏密等有密切关系。如在向阳处、低海拔、肥水差、树势弱等因素都促其早熟；而高海拔、背阴处、低温湿润、水肥足、长势旺的树木，不但种子成熟晚而且结果少。立地条件好，树势旺的树其结果虽少，但种子的质量好。

种子成熟有生理成熟与形态成熟之分。

生理成熟的种子一般种胚已发育完全，具备发芽繁殖能力，但种子中含水分较多，组织嫩弱，种皮不够密实，光泽度较差。在特殊情况下，这样的种子可以采收，但采收后要防止糜烂，使其稍事阴晒风干并妥善处理，则与正常种子发芽能力无异。有些种子种皮过于肥厚的可提早采种并及时砂藏，其发芽势则优于晚采的种子，如皂角、梧桐等。形态成熟是指许多树种，种子生理成熟以后，经过一段时间才表现形态成熟，外观发生明显变化，含水量降低，由于光照等作用果实着色艳，光泽度强，果壳种皮变得密实，种仁坚硬充实，胚进入休眠状态，种子成熟度高，有利于贮藏。

也有些树种，种子的生理成熟及形态成熟之间的间隔期很短，几乎同时成熟，这类种子应注意及时采收。

2. 种子成熟特征和采集

要采得充实、饱满的成熟种子，就必须深刻了解果实、种子成熟特点和脱落规律，才能使种子既不散失也无欠熟情况。以下分类简述北京地区常见树种成熟特点及采收方法：

（1）球果类　木质球果中如白皮松、油松、侧柏及华山松、樟子松、雪松等多在9~10月间成熟。球果由绿变黄，随着黄褐色日益显著，绿色变淡，此时果鳞逐渐开裂露出种子，这时即可采收，如果过期则种子脱落。松类种子有翅，随风飘散后不易收集，其成熟顺序为侧柏、雪松、白皮松等，9月可采集。

肉质球果如桧柏，其当年授粉的新果与隔年已熟的老果同挂在一棵树上，极易采错。老熟果实粒大色黑，挂在新梢内侧，未熟的当年新果粒小，色白绿，长在新梢外侧。桧柏种子每年11月开始采收至翌年1~2月，再晚则风摇易落或被鸟类取食，注意采集老熟果实勿伤新果。

（2）干果类（蒴果、荚果、翅果、蓇葖果等）　成熟后果皮变成褐色、紫红色等，有的干燥脱落，如翅果类中元宝枫、鸡爪槭、枫杨、白蜡等；蒴果中之大粒种子类如文冠果、牡丹等种粒乌黑光亮，可连果采集，散落地上的也可拾起应用；小粒种子常有翅膜如紫薇、丁香、连翘等应在其未开裂时连带果枝剪取；梧桐种子熟后果壳开张如瓢，黄色果粒列在果瓢外缘，这种蓇葖果采晚了易被风吹跑，采收要及时；海桐、卫矛蒴果开裂后露出红色假种皮醒目美观，这些树木都不太高可手摘剪穗。

（3）肉果类（核果、仁果、浆果）　这些果实成熟时都有明显的色彩和光泽，果肉变软可食，吸引动物为其传播种子，其中也有人吃的果品，其观赏价值极高，是赏秋色的重要组成部分。采集这些果子时必须与主管人员谈妥，要在保持其观赏功能和经济价值的同时又不耽误用作种子的两全中取得平衡。例如樱桃味美价昂，则可先吃后洗并立即砂藏待用；桃、杏、李、梅也要定株定时采摘；山桃、山杏、山樱、郁李、榆叶梅也都有经济价值，可定价收购；仁果类中之花楸、火棘、南天竹、构骨、山楂等都是观赏中的极品，果实累累，观赏价值较高，应晚秋采集，以不损失为度；海棠、黑枣可以收购；女贞、地锦可按时采集；花楸、天目琼花、北五味子等野生群落生于远郊山区海拔800米以上，必须与当地林业部门合作采收。

（4）其他特种树木种子的采集　槲树、橡树、板栗、核桃等果实可于9月中下旬赴山区收购。板栗、核桃必须充分成熟、饱满、无病虫。这些种子在采运过程中还要防干、防热、防震。七叶树的果实属于软质蒴果。西郊寺庙里有少量古树，是北京的珍稀树种。9月中下旬果实成熟，风摇易落。在丰产年可专程采收，采得的种子切勿堆积以免发热，运输时装在竹筐或纸箱中避免创伤。经嫁接过的玉兰的果实多因授粉不良，其种子也多少不均，呈不规则珊瑚状，而未经嫁接的山玉兰果穗较大，挂在树上很像个玉米棒子。这类果成熟时由绿变为玫瑰紫色，继之开裂露出朱红或橘红色种子，这时即可采收，否则一是会散落，二是曝晒时间过久则失去发芽力。又如花椒、椴树果熟时变红或变蓝，这些种子中都含油量大，遇到高温干热极易丧失发芽力，必须迅速采收、精选、砂藏。小粒带翅或绒毛的种子，其空壳也多，采到这些果实则应带果穗果壳收藏，播种时再去壳皮杂质，淋水保湿加温待播，如马褂木、法桐、泡桐等。

3. 采集方法

采种作业，通常用手摘、棒打、钩、剪取枝穗等法。

采种常用工具包括：剪、竹棍、容器、梯子、绳索、安全保护用品、运输及种子保湿、保温、防霉、防压、防震等器具。

4. 采种注意事项

采种时要文明施工，洽谈工作要有礼貌，注意民俗，要清理现场，勿伤物品，注意安全，搞好团结。

（二）种子加工调制

种子调制是使采来的种子通过选出净种后适当储运，以保持其生理机能旺盛、发芽良好。其程序包括：脱粒、选种、分级、计量等。

1. 球果类

松柏类木质球果经晾晒翻倒，球果开裂，震打使种粒脱落，必要时可用铁器剜出，然后簸去种翅杂物，风干，装袋，入库。

松柏类软质球果，先搓碎果肉，晾晒筛簸得出净种，水选后，阴干袋装入库。

2. 干果类

其中以翅果类为最简单，即将所采种子经敲打筛簸，除去杂物枝叶，稍加晒干即可装袋入库。其他如蒴果、荚果和角果等去掉杂物枝叶后，经晾晒使果壳开裂，种子脱出，再经筛簸可得净种。大中粒种子袋藏，小粒种子应装在瓦罐或瓷罐中。荚果类中如刺槐、紫荆、吉氏木兰等同上。中小粒种子的果壳弹力大时，在晾晒时应用纱布盖上以防种子散失。

3. 浆果类

果肉松软易搓碎，然后水洗漂去果肉，风干可得净种。如地锦、女贞、金银木、海州常山等。

4. 核果、仁果类

如山杏、杜梨、海棠、黑枣、银杏等，都应先捣烂果肉，水洗选出种，再经晾晒筛簸即可得出净种。凡果肉有经济价值的都可先取下应用，然后再加工选种。

（三）种子的贮藏与运输

1. 贮藏原理

种子是保存一定营养并进入休眠的独立机体。为了选择较适合其生存的条件，其种皮内含物均有一定的保护性和选择性。由于各种树木所受到的地域自然环境长期制约，就相应地形成了其种子发芽特性。储存或运输各种种子就要了解其生态环境，这对管理种子是非常有益的。一般规律是采取干燥、低温和减少供氧等方法贮藏种子，以延长种子的贮藏时期。

另外，种子本身也有一定的生理年限。发芽率随贮藏年限增加而递减。如山杏，当年新种秋播，翌春发芽率可达75%以上，隔年的山杏种子的发芽率仅达50%～60%，幼苗长势也差。种子的贮藏耐力超过极限则丧失发芽力。

从种子内含物来看，蛋白质含量高的种子寿命长，如豆科树种可干藏；含油脂多的种子怕高温干燥；含淀粉多的种子怕失去其生理水分。后两类应采用湿润、凉爽，使其不霉不烂、呼吸迟缓。然而这类种子不宜逾年久藏，如玉兰、花椒、板栗等。

从种子的结构看，种皮厚有胚乳的种子储存期较长，如莲子、皂荚、槐树等。

2. 贮藏方法

（1）干藏法　适用范围较广，主要是设法保持种子的休眠状态。具体办法是采取低温、干燥、通风、避光和控制水分等措施。

（2）湿藏法　多采用室内或在室外阴凉处挖沟砂藏，如樱桃、银杏、七叶树、玉兰、花椒等，每隔10～15天应翻倒一次，以保持湿润度和空气供应一致，使种子生理活动一致。

3. 种子的运输包装

种子的运输包装依种类而异，以保护种子不受损失为重点。

（1）防干　杨柳类种子嫩弱细小，含水多，寿命短。这类种子的采、选、运、播种要形成一条龙作业,快速敏捷以防霉烂。方法是部分蒴果开裂飞絮时,带枝剪下,置于通风室内,放在筛上,下铺苫布以收集种子。所得净种要混拌滑石粉,并装入密封容器中迅速运往播种地区,这样其发芽保持5~7天之久。

(2) 防震 纸质薄壳的核桃、巴旦杏之类,种壳薄、内皮脆,受震壳皮受伤,播后易染菌影响发芽。装运过程中要轻装、轻卸,更不应乱扔乱踩,凡皮壳破碎种子要捡出不能用作种子。

(3) 防止生热失水 如板栗、槲橡、银杏之类,运输时间超过4小时则应打开麻袋上口注入冷水降温,否则堆积发热必然丧失发芽力。运至目的地先摊开,剔出嫩种、劣种然后立即砂藏。

三、种子质量检测与催芽

(一) 种子检测

检测可以识别种子质量,确定其可用程度。根据所测数据用以计算出单位面积用种量和计划产苗的用种总量。

1. 纯洁度

即纯净种子重占所测试种子重量的百分率。例如:紫薇种子从袋中随机取样100克,经轻轻揉搓,吹去种翅空壳,除去尘渣杂物后,再经天平测重为86克,其纯洁度即为86%。

2. 饱满度

随机取样100克,然后分为大、中、小三级确定好标准,使其各归其类,其中1~2级种子是育成优质苗的基础。

例如,海棠或秋子梨100粒种子中:一级大粒种子色黑有光泽为60粒;二级中粒种子色褐光泽差为30粒;三级小粒种子色暗褐不饱满为10粒。

这批种子一、二级高达90%,其饱满度属于良好。

3. 重量

即以1000粒纯净种子的重量来表示,单位为克。在同类种子中千粒重大,说明其饱满充实,含营养物质多,可育出苗壮优质苗。

另一种计算方法为每千克粒数,如七叶树每千克约40粒、核桃为80粒、板栗约160粒。

4. 升重量

即每升种子为多少克。可以与千粒重相互换算。

5. 发芽率

在一定条件下,发芽的种子粒数占测试种子粒数的百分率。

6. 发芽势

种子发芽整齐度的表示。在种子发芽试验中,种子由发芽开始到发芽最多的天数内,种子的发芽粒数与供检测种子粒数的百分率。

7. 剖视法

将种子剖开,观察胚芽、胚乳的颜色、形状,并闻其味以便判断,如油松、丁香等其子叶为鲜黄色;油松胚茎白色,胚乳微黄色,有香气;丁香胚乳玉白色,陈旧种子则呈油浸状。

此外,还有用染色法等检测种子质量。

(二) 种子消毒

播种前,种子经药物处理可杀死种子本身携带的病菌及种子钻出土壤时碰到的病菌或地下害虫。

1. 硫酸铜、高锰酸钾溶液浸种

用硫酸铜加水稀释成 0.3%~1% 的溶液,可浸泡 4~6 小时;若用高锰酸钾消毒,则用 0.5% 溶液浸泡 2 小时;如用 5% 高浓度溶液,只需浸泡 30 分钟即可。用于胚根未突破种皮的种子比较安全,这 2 种消毒药剂使用范围广泛。

2. 甲醛(福尔马林)浸种

在播种前 1~2 天,用 0.15% 的溶液浸种 15~30 分钟,取出后闷盖 2 小时,然后摊开使甲醛挥发即可播种,针、阔叶树种均可应用。

3. 热水速烫

针对部分皮壳较厚的种子,采用 60~80℃ 的热水烫泡。种子倒入热水中要迅速搅拌,这样即可杀死种子外面的病菌又可起到催芽作用,如皂荚种子。

(三) 种子催芽

使用各种措施,打破种子休眠,并为种子萌芽创造最佳条件,从而达到适时播种、适时出苗,实现苗齐、苗全、苗壮的目标。

1. 种子发芽的条件

种子发芽需要具备 3 个条件:

(1) 水分 种子吸水后可使贮藏物质转化为生长物质,供胚芽生长。

(2) 温度 种子萌发都需要一定的温度。由于各种树木生长地域不同而形成的生理特性，如云杉、冷杉种子在 5~10℃ 范围内即可发芽。但一般种子和冬芽多半在 13℃ 时开始复苏，如山桃、山杏、海棠之类适合此范围。北京地区需要高温才能萌动的种子，如桧柏、黄杨都是在雨季进行露地砂藏的。可见这类种子发芽温度都较高，一般 20℃ 左右。

（3）氧气　流动的空气可供给种子在发芽时获得新鲜的氧气，并放出二氧化碳，进行新陈代谢，使胚芽得以旺盛生长。若缺氧则种子霉烂。在砂藏时，种子堆积过大，不常翻倒或用砂量少都有可能使某些树木种子腐烂。

2. 种子催芽常用方法

（1）机械创伤法　适用于种皮坚硬或肥厚的种子，用机械方法使其种壳、种皮磨破一点可加强透水性，如文冠果、紫荆、白皮松、华山松等大粒种子可用砂石、钢锉磨擦种子，勿伤内皮，然后水浸则种子可提早发芽。

（2）药物法　如皂荚、梧桐等种皮坚硬不易透水，经浓硫酸浸蚀 10~15 分钟后，用清水浸涤 2~3 次，然后砂藏，其发芽势显著提高。注意事项：浓硫酸处理时要用瓷盆以防腐蚀；操作时不断搅拌，但不要将硫酸溅在衣服和身上，以免烧伤。

（3）水浸法　30~40℃ 温水或冷水浸种多用于较易发芽的当地树种或中小粒种子。在北京地区播种法国梧桐、楸树、泡桐等常用冷水或温水浸种 15~20 分钟后，放入箩筐以湿麻袋覆盖，保温、保湿，约 3~5 日后，见到有少量发芽即可播种。

适宜 60~70℃ 温水浸种的有油松、白皮松、紫荆、槐树等。种子放入水中不断搅拌，然后用清水洗涤 2 次，使之洁净，并保温、保湿；如不砂藏则每天必须用清水淋洗至种子有少量发芽方可播种。

（4）砂藏法　种子经过水浸后与湿砂按一定比例混合，湿沙至少为种子的 2~3 倍，贮藏于沟中或花盆里，使种子既能吸湿供水，又有适当的空气。砂藏时间的长短与管护，依树种而不同。

短期砂藏：如丁香、紫薇、连翘等，砂藏约 10~20 天即可。油松、黑枣、文冠果、青桐等，砂藏期约 30~40 天。海棠、山定子、杜梨、黄栌、朴树等，砂藏期为 50~60 天。白皮松、山桃、山杏、榆叶梅等，砂藏期为 70~90 天。以上几类均在冬末春初进行。

长期砂藏：大叶椴、山楂、红果、黄刺玫等种子，在砂藏条件下也要隔年发芽，即经过两个夏季的露天沟中砂藏，砂藏时期短或不砂藏都不能很好发芽。玉兰、樱桃、花椒、拐枣等，都是采后迅速选种，立即砂藏，翌春方可播种，时间都在半年以上；桧柏也要在雨季前砂藏，然后秋播或翌春播都好，雨季后再砂藏效果欠佳。锦熟黄杨、牡丹、芍药等，上胚轴休眠的种子采后立即砂藏。9月，胚根萌发应尽快播种，经过秋、冬季节胚根已深入土中，这样到翌春上胚轴普遍萌发出土，长势良好。

四、播　种

（一）播种地的准备

1. 播种地的要求

选择背风向阳、地势较高、排灌方便、含腐殖质较丰富的壤土或砂壤土地块，播种用地要留有一定面积的休闲地，尽量不在生荒地上作播种区，还应远离家禽、家畜经常出没场所。

2. 播前耕作

秋季翻耕是最好的措施，耕后经冬季风化土壤疏松兼有冻杀害虫的作用。秋季耕地前可施入有机肥，这样经过较长时间，有害物质得到分解转化。

（1）冬灌保墒　秋冬季灌足底水，翌春解冻后土壤中含水量大。

（2）药物处理　对土壤进行药物处理，包括使用杀虫剂、杀菌剂、除草剂等，无论是采用熏蒸、液施或粉剂都应避免与种子直接接触，勿使幼苗触药受害。

3. 整地作床

整地作床还应包括作垄和钵播基质的准备。关于作床或作垄的走向，一般多采用东西床、南北垄的走向，即垄延长从南到北可使光照得到充分利用，也有利通风；东西走向的床，对遮荫防风设施便于管理，适合于珍贵苗木的播种繁殖。

（1）作垄　大田垄播对苗木生长有许多好处。在操作上可以机械化、畜力化。对苗木来说，一方面可提早发芽，因垄背高出地面，春夏之交接受光照多地温高，有利发芽；二是垄背土壤肥、透气性好，对幼苗根部发育有利；三是不易形成板结层，对苗木萌发出土有利，对预防盐碱容易采取措施。

作垄时间：春季惊蛰前后即可施工，垄距60~70厘米，一般苗木60厘米行距即可，如丁香、白蜡等；若越冬苗连续生长2年时，则应用70厘米。

高垄：垄距以70厘米为好，垄线划好后用培垄犁翻土筑垄，拍实刮平使垄顶宽度一致。

（2）作床　高床多用于珍贵的小粒种子及耐干怕涝的树种播种使用，一般高床床面长10~20米，床心宽1米，高出地面15~20厘米。两床之间以沟作步道，床埂10~15厘米，沟宽30厘米。作高床时，先按1.5米划线，然后开沟向床心培土，沟宽 30 厘米，搂平后，在床边作 10 厘米床埂以便灌水，翻松搂平床心即可。

低床适用范围广泛，多数花灌木、中小粒种子都可以使用。低床床面可稍宽些，以减少辅助面积，一般床心宽 1.2 米，床背宽 30 厘米，长 10~20 米均可。作低床时，先按 1.5 米宽度放线、培埂、踏实、打线、切直床埂、翻床心并搂平即可。

钵播温床作法简易，可依所购的塑料薄膜宽度所作成的拱棚大小，作成 1.2~1.5 米宽的床心。床背不应小于 40 厘米，有利支拱、铺膜或覆盖草帘、苇帘时行动方便，床心可稍深些，不必细整，搂平即可。钵可用塑料、纸袋，9 厘米×9 厘米小花盆，也可用塑料袋。所装的基质必须用筛子筛过的腐殖土。

（二）播种时间

1. 春播

大多数树种都在春季播种。北京地区在 3 月中旬冻土层就可以全部化通，土壤温度也日益提高，此时可以播种。对一些较寒冷地带的乡土树种有利，例如：海棠、梨等幼苗耐寒，于 3 月中下旬出土后对晚霜有较强的耐寒性，早出土的苗木一级率也高。又如油松、白皮松等易感染立枯病的树种，3 月上中旬播，3 月下旬或 4 月上旬出土，本身很耐寒，这时立枯病菌尚未发展到猖獗危害的程度。等松苗出土 7~10 天以后，胚茎已逐渐木质化，至 4 月中下旬或 5 月上旬，立枯病发病盛期时松苗幼茎已经木质化。另外，早播还可防日灼病的危害。

有些幼苗对晚霜抗性很弱，如合欢、刺槐、法桐、紫薇之类，其播种期可在 4 月上中旬进行。

种子发芽达 15%~20% 时可播种。大粒种子如七叶树、核桃、板栗等已发芽的种子在埋入土时应打洞，使芽安全埋于土下，切勿损伤。

2. 秋播

秋播适合种皮坚硬的种子，如山杏、山桃、核桃、栾树、桧柏等。

3. 随采随播

常用于生命力短，种子含水量大，遇到干燥、高温都会丧失发芽力，这类种子应随采随播，如杨、柳、榆、桑等。

4. 四季播种

有保护地栽培条件，如有温室、塑料棚等条件的可进行四季繁殖。

(三) 播种方法

1. 点播

在播种床或播种垄上播种均可，适合于大粒种子或某些珍贵树种，如：核桃、板栗、七叶树、橡栎、银杏、巴旦杏、雪松等，播时按计划行株距开沟或挖穴，将种子根部向下摆放在沟里，然后覆土，覆土厚度为种子 1~2 倍。子叶不出土的，覆土可稍厚，子叶出土而且种壳也出土的种子则应浅覆土。

2. 条播

条播又可分为单行、双行或带状条播。

单行条播适用于生长快的乔木类，如白蜡、刺槐、元宝枫等以及中粒、大粒种子的树种，这对于多数种子都可采用。先作好垄，然后在上面开沟、撒种覆土。如为了使其提早发芽和防止垄顶风干、防碱时，则可在垄的南侧开沟播种。因垄播时背上易风干而且碱随水上升后，水分蒸发，碱盐积存在上部，这对刚出土嫩弱幼苗常会造成倒吸水，使幼苗失水形成掐脖旱造成的毁灭性损失。

双行条播对中小粒种子及生长较慢的树种都可采用，双行播种产量高，床播行距 20 厘米即可。

带状条播无论床播、垄播都可采用，适合中小粒种子，如侧柏、桧柏、松树、紫薇、紫叶小檗等，播种带幅宽 10 厘米左右，开沟、撒种、覆土、压实。带状播对生长慢、幼苗耐荫树种非常适合，有些植物群生性很强，如油松、白皮松等幼苗期在较密情况下生长旺，对一些小粒种子由于共生力强，发芽时出土容易，抗风沙盐碱也有利。

3. 撒播

床播小粒种子或种子成熟度不高、空壳多又不易选净的种子多采用撒播，如楸树、法桐、太平花、马褂木、锦熟黄杨等。

撒播工序包括洇床、播撒种子、筛土覆盖、苫保湿材料，如蒲包片、稻草或架设塑料棚等措施。

4. 容器播种

容器播种是集约经营、保护地栽培和立体利用空间所经常采用的方法，四季都能进行，幼苗移栽方便。所用容器多种多样，一次性的容器有纸袋、蜂窝纸容器及塑料袋、塑料筒等；可多次应用的有陶钵、瓷盆、硬塑料钵、再生软塑料钵以及营养土制钵块等。其基质要用腐熟过筛的肥沃砂壤土、泥炭、砂、腐殖质三合土，如用液肥浇灌也可使用蛭石、珍珠岩之类，所播种子多属珍贵稀有树种或当前急需树种，如雪松、粗榧、黄杨、蚊母等。

（四）产苗量与播种量

1. 产苗量

产苗量是指单位面积中生产出合格苗的数量。园林苗木种类繁多，其合理产苗量也因生长的快慢、乔木与灌木、留床与否及一、二年内小苗用途（如移植或接木）的不同，其留苗数量也有很大差异。

以北京市为例，北京市园林苗圃计算产苗量方法多以10平方米为计量单位，如：

桧柏：每10平方米产苗量为400株，当年高度为10~12厘米；

银杏：10平方米产苗150株，当年苗高10~30厘米；

槐树：10平方米产苗60株，当年苗高100~150厘米；

丁香：10平方米产苗150株，当年苗高40~60厘米。

其他树种产苗量见表9-2。

表9-2　常见树种产苗量　　　　　　　　　　　单位：株

树种	10平方米产苗量	树种	10平方米产苗量	树种	10平方米产苗量
油松	1000	大叶椴	100	核桃	100
白皮松	800	文冠果	80	丁香	150
华山松	800	小叶椴	100	连翘	150
侧柏	300	朴树	100	黑枣	80
桧柏	400	卫矛	100	海棠	150
雪松	100	银杏	150	杜梨	150
杜松	400	水杉	200	山桃	100
黄杨	400	花椒	120	山杏	100
女贞	200	海州常山	100	榆叶梅	120
玉兰	200	黄栌	100	榆树	100
刺槐	40	太平花	100	珍珠梅	200
槐树	60	山梅花	300	法桐	200
臭椿	50	溲疏	300	栾树	50
香椿	100	锦带花	200	七叶树	100
小叶白蜡	60	四季锦带	200	金银木	150
杜仲	70	小檗类	200	绣线菊类	300
元宝枫	80	紫薇	100	紫珠	200
合欢	100	地锦	200	青桐	50
泡桐	40	八仙花	300	金老梅	300

2. 播种量

即在单位面积中所用干种的重量。常用的计量方法是每10平方米所用种子的克数，如：桧柏，每10平方米用种250克可产苗400株；槐树每10平方米用种250克可产苗60株；丁香每10平方米用种200克可产苗150株。

从以上3例中可以看出种子粒数比产苗量大得多，这是为了其他因素造成的死亡和将来掘苗时要淘汰劣苗有关。另外，在移植时还要选一、二级优质苗移植，以育成合格好苗。三级小苗或伤残植株还应密植，待1年后再行移植。上面所述是属于中小粒种子，而对大粒种子、经济价值很高的则尽量按粒数计算，以利节省物资。

例如：核桃每千克为80粒，计划每10平方米产苗100株，又因核桃的发芽率为85%，成苗合格率90%，其用种量定为2千克，则年终可得苗123株，实则为超额23%，这样的用种量是基本合理的。

五、播后管理

（一）管理要点

播后管理指种子播入土中至幼苗出土、安全越冬这一阶段的工作，其要点是把好四关：即出苗关、保苗关、生长关、防寒关。这4点是依幼苗生长阶段和北方气候特点而应采取的措施。

1. 出苗关

管理特点是保温、保湿、供氧。春季的苗床是白天接受光照升温，幼苗夜间吸水生长，清晨发生突变，其表现在拱土、出芽、展叶，呈现日日改观的可喜现象。这时的管理要点是使床面勿干，覆盖物要能受光、蓄热、保湿。如果架设塑料小棚，上覆草帘时，每天上午9：00左右要打开草帘受光，下午16：00左右要苫好。

幼苗出齐展叶后要注意通风，使其健壮；若温度过大则小苗嫩弱瘦长，根系不旺，对以后生长不利，且易得病害。

间补苗是保证不缺株断垄、整齐一致和保证产苗量达标的关键。

2. 保苗关

新生幼苗属幼嫩阶段，尚未木质化，毫无抵抗病虫和机械伤害的能力，这时最易感染立枯病和盐碱危害，管理上要防病虫、防日灼、盐碱和机械危害，待木质化后其抗性逐渐增强，立枯病感染期渡过，其他伤害也逐渐减轻，则不致造成毁灭性损失，此时已转入独立生存阶段。

3. 速生关

管理要领是使幼苗先长根，再长干，根冠比合理。养根要领是松土、保墒、巧施肥；养干要领是间苗、除草、防病虫。间苗除草是去掉争水、争肥的对手，给新生幼苗创造生长空间和立地条件，以摄取足够的养分和光照，间距合理有利通风还可减少发病率，促进健壮生长。从气候因素看，5~6月份气温升高，是苗木生长最佳期，这时水肥供应合理，植物生长迅速，但这时北方干旱少雨，要注意灌水。

施肥应是"量少勤施"，防肥害。夏季炎热期，植物多半都有休眠特性，生长缓慢，这时雨季降水颇多，要防水涝、积水、高温根部受害死亡，加强排水，最好不使阳光照到地面上，如苗木枝叶遮满苗区最为理想。夏末秋初适当修剪以利通风或嫁接。

巧施肥勤灌水可以打破"间歇型"生长树木的封顶，1年可持续2~3次，如七叶树等。"连续型"生长的树种如桧柏、侧柏、紫薇、山桃等，其生长量更能大幅度超标，然而到9月以后则应减少灌水，不施氮肥，促进苗木健壮以利越冬。

4. 防寒关

秋季落叶、冬季休眠是温带树种越冬的特点，这对乡土树种多数是可以安然越冬的，但是对于幼小新繁殖的苗木常常构成灾难，因为它们的根短小，全部都处于冻土层中，枝条的缓慢蒸腾，在体内蓄积的水分用完后，再度蒸腾必然造成干梢枯枝，特别是那些含水分多的肉质根，如青桐、玉兰等根系中的水分结冰而导致死亡。对各种不同类型的苗木应采取相应措施确保其安全越冬，如埋土、掘苗假植或入窖、架设塑料小棚等按需而定。

（二）幼苗出土前的管理

1. 覆盖

覆盖可保温，使表土松软，利于幼苗出土。常用的办法有：

（1）覆盖塑料薄膜或架设小棚　在幼苗未发芽出土前，可将塑料薄膜平铺在床面上，四周用土埋严，以防被风吹跑。幼苗出土后必须支撑起塑料薄膜，这样可免除塑料布对幼苗的压伤、烫伤。在气温升高时，要注意通风透气，使苗健壮，减少灼伤，待幼苗木质化，晚霜期已过，可逐渐拆除覆盖物。

（2）苫蒲片草帘　适合于秋播的黄杨、桧柏等苗床，一般在播种床上先苫蒲片，再埋上1层5~6厘米厚的湿土，可防冬旱及风吹乱蒲片。如铺草帘或稻草，只要用秫秸或木条、竹竿压好再用扒钩、短棍固定住压条即可。这些物料在翌春幼苗出土前必须去掉，以确保幼苗出土无误。

（3）蒙盖湿土　适用于大田垄播作业，无论春播、秋播都是在压实垄顶后再覆盖一次暄土。其目的主要是保墒防干，避免坡面板结，有预防盐碱的作用。因为在幼苗拱土时先要扒掉覆盖的暄土，这样随水上升到垄顶的盐碱也就随土去掉，垄顶覆盖湿润细土是就地取材，符合经济节约原则。

2. 保墒供湿

喷淋、汹地等措施是在发现床面垄顶出现板结的情况下所采用的临时措施，尽量避免大水漫灌的做法造成的土壤降温，盐碱上升和土壤解冻时所形成的松软透气的良好结构变得坚实板硬的缺点。

3. 其他措施

播种区应经常检查，如发现幼芽拱土时有土硬、板结、土块时，要及时使其疏松，打碎土块，对全芽曝露地上的要用湿润细土掩埋。防鸟兽等危害。

（三）幼苗出土后的管理

1. 遮荫防护

4月底至5月初正值春末夏初之际，日照长而且中午时分阳光直射处积温骤增，对于发芽晚的播种幼苗易得日灼病，重者全株枯死，轻者嫩梢受损，对于未达木质化的幼苗应设栅苫帘以蔽午间烈日。但早晚仍需光照，如斜射光、漫射光都可利用，使光合作用得到顺利进行。

短期遮荫适合于速生树种，如果根际受不到光照时，日灼病自会减轻。枝叶多、苗株密、群生性的集体对抵抗不利的气候因素有很大优越性。短期遮荫以矮棚为主，但要牢固以免被风吹落砸伤苗木，棚高40~50厘米即可，如太平花等。

高架遮棚，适用于耐荫幼苗及自寒带引入的树种，如天女木兰、玉兰、雪松、云杉、天目琼花等播种地。这类小苗翌年如果移植也应间作在乔木株行间距内。

2. 水分管理

水分管理是一项细致工作。因为新萌发幼芽脆弱易萎蔫，失水则干死，水大又不利于木质化，徒长嫩弱，而气候日渐转暖，土地化通，即所谓"春分地气通"，这时土壤水分是向上蒸发、向下渗透、迅速干燥，故春季苗区供水要及时适量。供水方法最好采用喷淋方法。喷灌能给幼苗供水，还有防盐碱上升、午间降温和预防晚霜等作用。当播种苗木质化可以直立以及进入速生期后，则可改用浇灌法。如果仍采用喷灌，水量宜大，但播种区也要见干见湿，土壤较干对根系发育有利。雨季应注意排水，严禁积水成灾。

雨季以后要逐渐减少灌水次数，延长灌水间隔时间，每灌一次水后最少要隔7~10天才能再次灌溉，其特点是"量大次少"。

3. 间苗与补苗

间苗是为了调整幼苗的密度，均衡空间、光照，促使苗木健壮生长，保证产量、质量均达标。间苗原则是"早间苗晚定苗"。中小粒种子要分2~3次间苗，除掉弱小病残的劣苗，使苗木整齐一致。然而，对于大粒点播的树种可不间苗或少间苗。

间苗前应提前1~2天灌水，使土壤松软易拔，间苗时要一手按住临近植株根土，勿使保留苗受损，对缺株断垄处应随时补栽所间下的壮苗或带土移栽，尽量使苗床、苗垄整齐美观。

4. 预防晚霜

北温带地区在春季常受寒潮的影响，出现霜冻，这对刚发芽的植物则是一场灾难。北京地区的霜冻到4月上旬，即"清明"节即告结束，个别年份霜冻期能延迟到4月15日。晚霜越晚危害性越大。

预防霜冻的办法多半在清晨太阳出来之前熏烟，即在播种区四周上风方向放置树叶草堆，上面以湿土压住备用，当听到天气预报明晨出现霜冻时，及时派人早起，拿好引火之物点燃乱草枯叶，不要烧成明火，用土掩盖使其发烟顺风沿地面流动覆盖在播种区范围，这种熏烟法虽然古老但是节约有效。

其他方法如喷淋、灌水、覆盖薄膜、以土掩埋，或购买发烟药剂用时点燃均可。

5. 病虫防治

播种初期幼苗刚刚出土时，以防治地下害虫为主，如蝼蛄、蛴螬、灰象甲、金针虫、地老虎等。病害以立枯病为主，松柏类早播可免除立枯病发生。

6. 中耕除草

早期中耕是为了松土、保墒兼有保持土壤温度的作用。而在5~6月以后杂草渐多时，则除草、松土并重；7~8月杂草生长旺盛，如能在7月除净杂草就可以减轻8月酷暑、泥泞的除草工作。

7. 追肥

幼苗前期暂不追肥，在进入迅速生长期，可应视苗木长势情况，供给磷钾肥或是氮磷钾混合肥，至八九月后则以钾肥和磷钾混施为主，尽量使其健壮避免徒长。如果夏季发现有小叶病出现还应施少量的硫酸锌和硼铁等微量元素。

8. 修剪

当年播种苗的修剪主要在 6~8 月以后，如山桃、山杏、山定子、海棠等在 8 月份要进行芽接，这样就应提前 1~2 周修剪根茎以上 10~20 厘米的侧枝，以保持嫁接部位光滑平坦。对于元宝枫及杜仲、栾树等则应以剪除竞争枝为重点等。另外，在秋季掘苗前或为防寒、防"抽条"也要进行适当的修剪。

（四）播种苗留床抚育

对于一些生长较慢的园林树木，在播种后常在原地不动继续抚育 1 年甚至 2 年，如桧柏类、云杉、黄杨等常绿树以及栾树、元宝枫、槐树等。这样不但生长量较大，而且移植方便，成活率高。山桃、山杏芽接成活后，其接芽萌发率高，生长量也大，对以后按品种、规格移栽，可保持整齐一致。乔木留床养干期间要加强水肥供应，才能达到速生快长的目的。

第二节 苗木无性繁殖

无性繁殖是以母株的营养器官如根、茎、叶、芽等植物的一部分来繁殖新植株的方法，它是利用植物的再生能力以及与另一植株通过嫁接合为一体的方法来进行繁殖的。用无性繁殖方法生产的苗木称为营养繁殖苗。用无性繁殖所形成的优良品系，称为无性系。

近年来，细胞学发展甚快，可以使植物体任何一部分活组织甚至是单细胞再生成一个完整的植株，即利用组织培养方法获得优良无性系。

无性繁殖苗的主要特点有：遗传性稳定。其性状与母体性状保持一致。能提早开花结果。新植株的个体发育阶段是在母体该部分基础上继续发育，成活后生长快。解决那些不能用种子繁殖的品种的繁殖问题。许多园林植物是变种、变态、变异、畸形等品种，如果用种子繁殖，其遗传性能极不稳定；有的雌蕊退化，有的就是不孕花，不结籽。用无性繁殖方法可以对这些品种进行大量繁殖。如龙爪槐、龙柏、砂地柏、刺柏、红花碧桃、紫叶李、红花紫薇、柿树等。

有些无性繁殖苗也有不足，例如：扦插月季不如月季种子繁殖的播种苗根系好，寿命长，抗性强。

苗圃采用无性繁殖的方法有扦插、嫁接、埋条、分株及压条等。其中嫁接是利用砧木的根系，称"他根苗"，其余均为"自根苗"。

一、扦　插

扦插繁殖是用植物营养器官的一部分，如根、枝、芽作为插穗，在一定条件下，插在土、砂或其他基质中，使这部分营养器官生根长叶成为完整新植株的一种方法。

（一）扦插生根的原理和类型

1. 扦插生根原理

枝条扦插之所以生根，是由于枝条内的形成层和维管束鞘组织，形成根原始体，而后发育生长出不定根并形成根系。根插则是在根的皮层薄壁细胞组织中生成不定芽，而发育成茎叶。

2. 插条生根的类型

（1）潜伏不定根原基生根型　有些植物的枝条，在脱离母体以前已经形成根原基，由于条件不合适，这些根原基处于休眠状态。当脱离母体后，有了适宜的条件，根原基即萌发为不定根。如加杨、柳树等。有些树种，如榕树茎上长出气生根也是根原基萌发为不定根的现象。

（2）侧芽或潜伏芽基部分生组织生根型　这种生根型几乎普遍存在于各种植物中。插条侧芽或节上潜伏芽基部的分生组织在一定条件下，都能产生不定根，如果插条切口正好在这个部位，则可与愈伤组织生根同时进行，生根速度则比愈伤组织生根快得多。

（3）愈伤组织生根　插条基部发生愈伤组织，对生根是必要的。通常愈伤组织的形成和根的形成是彼此独立的，但常常是同时发生的，这是因为它们所需的内在条件和环境条件是相同的。但也有一些种类的不定根是从愈伤组织内发生的。因而，愈伤组织是否形成，对生根有着重要意义。

（4）皮部生根　皮部生根的生根时间较短，有的在1～2周内就能从皮孔钻出不定根，如柽柳茎上可以看到这种现象。

（二）扦插成活的条件

插条扦插后能否生根成活，主要决定于插条本身条件和外界环境条件是否适宜。

1. 插条本身影响扦插成活的因素

（1）树种因素　不同树种扦插生根成活难易差别较大。一般来说，在相同的环境条件下，落叶树比常绿树容易生根，灌木比乔木容易生根，在灌木中，匍匐型比直立型容易生根。从地理区域上看，长期生长在高温多湿地区比低温干旱地区的容易生根。

(2) 采条母树年龄因素　采条母株的年龄直接影响插条生根。相同情况下，插条的生根能力随着母株树龄的增长而降低。因此，插条采集尽可能取自幼龄化母株。

(3) 新梢不同部位的差异　一根枝条上不同部位做成的硬枝插条，其生根能力有较大的差别。枝条基部生根率高，枝条上部插穗生根率低。

嫩枝扦插时，新梢顶端生根较好可能是由顶芽在生长过程中产生内源激素较多而促进生根；同时，新梢插条处于生长期，细胞活跃，分化能力强，可以形成分生组织，有利于生根。对生根比较困难的树种，在开花前或开花后采集插条较好。

(4) 插条带踵或不带踵的差异　不论硬枝扦插、嫩枝扦插还是常绿针叶树的扦插，用手从茎基掰下，带一块皮脊，扦插生根既快又多，对于一些难生根的树种，能收到很好的效果。

(5) 插条长短与生根　插穗长短对扦插成活率、生长量都有一定的影响。不同的树种，不同的扦插方法，不同的扦插时间，插穗的长度是有区别的。实践证明，插穗长14～18厘米较好，扦插成活率、年生长量都较理想。插穗制作时，要求上剪口在芽的上面留0.5～1厘米，下剪口要选在节间下0.5～1厘米。

另外，插条带叶与否以及插条充实情况等都对插条生根都有一定影响作用。

2. 影响插条生根的外界环境条件

(1) 水分条件　主要指空气、插壤湿度与枝条水分含量。在插穗不定根形成的过程中，湿度与枝条水分含量是扦插成败的关键。有人用黄栌试验，采后立即扦插，插穗含有100%的原始含水量，生根率可达100%，采穗后放置一昼夜再插，生根率仅18%。试验说明，插穗失水直接影响生根。

空气湿度大，插穗因蒸腾作用而损失的水分少，使光合作用和呼吸作用加强。插穗的光合作用强，根形成过程就快。

基质的湿度很重要。对扦插基质的要求是要有较高的持水量，还要有良好的透气性。通常基质湿度要求20%～25%。

(2) 温度条件　一般愈伤组织和不定根的形成与温度的关系是：10～15℃愈伤组织形成最快；10℃以上开始生根；15～25℃生根最适宜；25℃以上开始下降；36℃插条难以存活。生产中一般掌握最适宜扦插生根温度是15～25℃。试验说明，插床基质温度高，而空气温度低些，相差5～10℃生根良好。生产上的常规扦插常放在春季和晚秋进行。

(3) 光照条件　嫩枝扦插必须有足够的光照强度和时间,以便碳水化合物在呼吸消耗之余有所积累。硬枝扦插属休眠期扦插,而且插条部分或全部插入土中,插穗处于无光的黄化条件下,对根的孕育是有利的。

(4) 基质条件　扦插基质主要起3个作用:一是使插穗保持正常的位置;二是供给插穗水分;三是要供给插穗氧气。

对于生根困难的种类,不同的扦插基质不仅影响生根的百分率,而且影响根的质量。因此,选择适宜的基质十分重要。

大田扦插一般都以原耕作土壤为扦插基质,因而应选择土质较疏松、地势较高、排水良好的肥沃砂质壤土为宜。

露地床插或阳畦扦插可在土壤中添加和铺垫各种基质,如河沙等,以改善生根及生长条件。

室内外温床扦插,包括全光雾插时,可以全部使用1种或几种人工基质,如珍珠岩、蛭石或用天然材料,如粗细河沙、草炭等。也可以利用一些废弃物,如炉渣、锯末等。

也有使用不同层次的基质,即下部使用培养土,上部使用河沙。插穗插在河沙中不易染病,浇水不易溅泥。而根系一扎就能进入培养土中,可吸收营养,有利于扦插苗生长发育。

(三) 生长调节剂在扦插中的应用

应用人工合成的植物激素,促进插条生根,特别是在那些生根较困难的树种上应用,对促进生根成活起着很大的作用。

1. 常用的生长调节剂

(1) 吲哚乙酸及其同系物吲哚丙酸、吲哚丁酸　都有类似的刺激植物生长的作用。目前这类药剂的主要用途是促进插条生根。

(2) 萘乙酸及其衍生物　萘乙酸合成容易,成本低。萘乙酸难溶于水,它的钠或钾盐则易溶于水,生产上一般用钠盐。萘乙酸对于促进插条生根效果很好。

(3) ABT生根粉　一种高效、广谱性的生根促进剂。它不仅补充插条不定根形成所需的外源生长素等有关物质,而且还能促进插条内部内源生长素的合成。全国各地已广泛应用。

2. 生长调节剂的使用方法

在生产上使用的剂型主要有2种:粉剂和水剂。

(1) 粉剂　使用简便,但配制较困难,故生产上不多用。目前,市场销售的ABT胶膜剂生根粉则使用方便,随用随蘸,这叫商品粉末制剂。为使插条基部着药均匀，成捆蘸药时，可先将插条墩齐，将药粉平铺在平面上，用尺刮平再蘸，新断的插穗伤口易沾药粉。

（2）水剂　配制液剂应注意，吲哚丁酸的钾盐是可以直接溶于水的，而萘乙酸则只溶于沸水或酒精中。1000 毫升的 500μL/L 的生长调节剂的配制方法：用 0.5 克萘乙酸溶于 100 毫升的 50% 的酒精中，溶解后再加入蒸馏水 950 毫升，摇匀，装入茶色磨口瓶中备用。

稀溶液浸泡法：是一种较老的方法，使用生长调节剂的范围在 20～200μL/L，浸泡插条基部 24 小时。费时又占地方。

浓缩溶液浸蘸法：是目前广泛使用的方法，使用生长调节剂的浓度在 500～1000μL/L，速蘸，效果很好。

使用生长调节剂的浓度的原则是：浸泡法浓度低，速蘸法浓度高；易生根树种浓度低，难生根树种浓度高；嫩枝扦插浓度低，硬枝扦插浓度高。

另外，还要注意，不同生长调节剂对不同类型树种的效果不同。如吲哚丁酸对落叶树的插条生根有较好的效果，而萘乙酸则对常绿树的扦插效果好些。

（四）扦插的类别

根据扦插繁殖所取植物材料部位的不同，扦插又分枝插和根插两类。花卉上有些种类的繁殖有时还采取叶插。

1. 枝插

依据插条质地及扦插时间的不同，枝插又可分为硬枝扦插与软枝扦插或者叫休眠期扦插与生长期扦插。

（1）硬枝扦插　通常选用一年生或二年生的枝条为插条。主要用于乔灌木的繁殖，如杨树、柳树、砂地柏、红叶小檗、金叶女贞、地锦、蔷薇类等。

扦插地的准备　硬枝扦插用地主要有 3 种情况：

大田垄插：主要用于扦插杨树、柳树等，生产上常用高垄。垄的标准与播种地做垄相似，但可以粗放些。垄距 60～80 厘米，垄背高 20 厘米左右，垄顶部宽 10～15 厘米，垄长可依土地情况确定，一般以 20 米为宜。

扦插床：主要用于扦插花灌木与常绿树。扦插床做法与播种床相似，床背宽度为 40 厘米，高 8～10 厘米，床心宽 1 米，长 10～25 米。床做好后，床心要搂平。目前，扦插床上都加盖塑料小拱棚，以保湿增温。

为了做好春季硬枝扦插，往往在秋天作好插床并备好制作塑料小拱棚材料。塑料小拱棚的制作方法是用 0.6 厘米钢筋或竹竿儿揻成弓形，从苗床两侧插入,每米插1弓,10米床插11弓,然后用聚丙烯编织绳分3道将弓子联结起来,两头系上钢筋环插入土中固定,覆盖0.05~0.1毫米的塑料薄膜,床两侧用土压住薄膜,最后将苗床两端的薄膜也封死。

阳畦:主要在秋末初冬用于扦插花灌木、常绿树等。阳畦实际上为半地下式扦插床。阳畦的要求与其他扦插床类似。为增加光照面积,阳畦走向为东西向,长约10~15米。阳畦南侧畦壁上部与地面平,向下深30厘米,北侧畦壁高于地面20厘米,东西两侧畦壁由北向南逐渐降低,畦宽140厘米左右,畦的上部用农膜封盖,上覆保温蒲苫等。

插条采集、加工与贮藏 插条采集的时间对扦插成活十分重要,是提高扦插生根率的关键之因素一。

采条与加工:硬枝插条的采集在落叶树停止生长、落叶之后到翌年树木发芽前进行,具体日期一般在11月至翌年2月上旬。如采集柳树、杨树插条,可在冬季采条并及时加工,同时按插条粗细、长短分别按一定数量打捆,侧芽不明显的插条在断条时要在插条上部涂上绿漆。常绿树也要在发芽前7~10天采集,要求是随采随插,时间大约在在3月上旬。花灌木也可随采随扦插。

插条的贮藏:大田扦插杨柳树的插穗常采取假植沟分层假植贮藏。其他一些花灌木的插条通常是随采随扦插。在采集插条时,临时贮藏非常重要。贮藏的方法主要用湿布或湿蒲包片,或塑料袋等保湿,并放在凉爽的地方。条件许可时,也可将插条放在冷藏库内。

扦插 分为大田垄插、床插、阳畦扦插。

大田垄插:一般于春季或秋季扦插。秋插在土壤结冻前进行,插穗全部直插入土中,如扦插杨树或柳树,通常行距60~80厘米,株距20~25厘米,插后及时浇足水。春插则在土壤解冻后及时作垄及时扦插,也是全部插入土中,及时浇透水。

床插:3月上旬土壤解冻后即可将木槿、蔷薇、十姐妹、美国地锦、中国地锦等,按一床2~3行,株距15~25厘米,插入土,浇透水,罩塑料小拱棚。目前,平床扦插密度也有打破常规的,每平方米可插到1 000根左右,如扦插蔷薇、红叶小檗等。

扦插后对塑料小拱棚管理很重要。每天早晨检查,塑料薄膜内有露水或冰霜,太阳出来冰霜又化成水,如果早晨薄膜内冰霜不多,就说明棚内湿度不够,对棚内苗木是个危险信号,应及时补水。大约在5月中旬(旬平均气温20~21℃)中午可将小棚两端薄膜揭开放风,湿度不足时可灌水,3~5天后揭膜,随揭膜,随拔除杂草,随浇水,清理现场。再过几天就可施追肥，这种扦插1年生苗可相当普通扦插2~3年生苗，如木槿当年开花，第二年可出圃。

阳畦扦插：通常是秋末进行，一般于10月中旬~11月中旬，这时地温下降到10℃以下，树木落叶，开始进入休眠期。采休眠枝扦插，如扦插丰花月季、红叶小檗等。阳畦扦插基质为原床土，以壤土为好，最好在原床土上覆盖2厘米厚砂土，防止床面龟裂，减少水分蒸发，保持插壤湿度。

（2）嫩枝扦插　在生长期，利用当年生半木质化枝条进行扦插繁殖的，叫嫩枝扦插。

采条　由于嫩枝扦插是在生长季节进行，枝条带有叶片，温度高、蒸发量大，因此要求随采、随整理、随扦插。带花及带花蕾的枝条对生根有不良影响，应避开这个阶段采条，有病、有虫、颜色不正的枝条均不可采用。

扦插　常用的扦插方法主要有2种：

荫棚下的塑料小拱棚扦插：实际上是在露地平床上扦插，插后罩塑料小拱棚。为了降低小棚内的温度，通常在小拱棚的上方，架设遮荫棚。棚的高度以能正常行走和运输材料为准。棚上盖苇帘或遮荫网，透光率50%~70%。如6月中旬扦插紫薇，扦插时，采取当年生枝条，并及时加工制作插条，随后扦插到平床上，扦插深度3~5厘米。插完1床随后喷透水，然后罩塑料小棚，棚高60~80厘米。以后每天上午9：00~10：00，下午3：00~4：00揭棚喷水、通风、降温，保持棚内湿度。有条件的可在拱棚内安装微喷，适时供水。棚内温度控制在30℃以下。

一般情况下，落叶树插穗在床内30天，常绿树50天左右，大部分插条可以生根。也可以将插条直接插在容器里，然后将容器摆放在做好的平床上，再罩塑料小拱棚，其他管理同插在平床上一样。荫棚下塑料小拱棚扦插成活的苗子最好是原地保养，原地越冬，翌年春天再行移植，这样移植成活率高，管理操作也简便。

全光照自动间歇喷雾扦插：在全光照条件下，对插穗环境湿度进行自动控制，自动间歇喷雾，使插穗在昼夜24小时内得到充分的保护，并提供必要的优越的生根条件，使插穗加速生根，使难生根的树种提高生根率。全光雾插所需设备主要有自动控制设备、喷雾设施、扦插床及基质。自控设备又可分为叶面或环境湿度控制、间歇延时控制等，由湿度感应器、继电器、电磁阀三部分组成。喷雾设施要求必须有2千克以上压力的供水，喷头要求能雾化较好的普通喷雾器喷头或微喷喷头。扦插床用简易建筑材料圈起，能容纳基质即可。插床规格视喷头喷射半径及方便管理自行设计。扦插基质原则上选择无土材料，如蛭石、珍珠岩、河沙、炉灰渣等或其混合材料。

全光雾插，以 5 月下至 7 月中旬为雾插最适期。扦插密度较高，以插穗冠径互不遮掩为准。为了提高移植成活率，也可将插穗插在容器里，再将容器放在雾插床上。插穗成活后，适当控水，并在适宜时间里搕盆下地，成活率有保障。

2. 根插

根插适用于枝条不易发生不定根，而根则易生不定芽的树种。例如泡桐、香椿、千头椿、火炬树等。根插的根只有根而没有芽，插后才形成不定芽。

(1) 采根 树木落叶后土壤封冻前，早春土壤解冻后树木发芽前，自母树周围刨取 1~2 年生，0.6~1.5 厘米粗的根，或苗圃出圃苗木，在掘苗时修剪下来的根，剪成长 14~16 厘米的插条，按粗细分级打捆，贮藏假植。

根的极性很强，在剪切时必须牢记哪头是上，哪端是下，可以把上切口剪成平面，下剪口剪成斜面，以防倒插。断后的根在假植过程中，也是一切生理转化过程，有利于促进不定芽的形成。因此，断后的根插条，经过一个冬季的假植，在翌年扦插要较现采、现断的根插条好，不仅发芽早且成活率高，当年苗生长量也大。

(2) 扦插 根插由于插穗全部插入土中，保护性强，因此春插、秋插均可。数量大，地势平，大田垄插也可以，数量少也可以床插。由于根不像枝条那样硬，因此扦插时，多半是用花铲开沟埋入，可以直插也可以斜插，行株距则视树种而定。例如垄插泡桐，选壮根，断后砂藏，管护得当，1 年生可长成干高 3~3.5 米，胸径粗 3~4 厘米大苗。一般行距 60~80 厘米，株距 50~60 厘米。床插香椿，可在 1 米床心中插 2 行，株距 20~30 厘米，秋后掘苗假植，翌年分栽。

根插的管护要比分株后的管理细致，表土要疏松，使幼芽顺利出土。成活后要适当加强肥水管理。

根插后的管理，要注意保持土壤湿度，但水不能太大，水大容易引起烂根。

二、嫁 接

把一株植物的枝条或芽接到另一株植物的适当部位上，使它们愈合，成活为一新植株的一种方法。用来嫁接的枝或芽称为接穗或接芽。承受接穗或接芽的植株称砧木。嫁接成活的苗木叫嫁接苗。

(一) 影响嫁接成活因素

1. 接穗和砧木的亲和力

亲和力就是指砧木和接穗在内部组织结构上,生理上和遗传上彼此相同或相近,能相互结合在一起的能力。影响嫁接亲和力大小的因,有以下几个方面。

(1) 砧木和接穗的亲缘关系　一般亲缘关系越近,亲和力越强,同品种或同种间嫁接亲和力强。如黑枣上接黑枣,月季上接月季。

同属异种间嫁接亲和力,因树木种类不同而异。很多树种其亲和力是很好的,例如,山桃为砧木嫁接碧桃、榆叶梅、紫叶李等。但也有亲和力不好,不能成活的,如蔷薇科李属的樱桃,嫁接在同属的山桃上却很少有成功的例子。

同科异属间嫁接的亲和力一般认为比较小,但也有用于生产上成功的组合。例如,女贞属的水蜡嫁接丁香属的丁香,用刺槐属的刺槐嫁接马鞍树属的朝鲜槐,木犀科女贞属的小叶女贞可以靠接木犀科木犀属的桂花等。

(2) 砧木、接穗的代谢作用、生理生化特性与亲和力　处于下部的砧木吸收水分和无机养料的数量与上部接穗消耗所需要的数量,数量越接近,其亲和力越高。

(3) 砧木、接穗细胞大小,结构和生长快慢与亲和力　当接穗与砧木的亲缘关系近时,其细胞结构、大小、生长快慢等相同或相近,嫁接后双方形成层的薄壁细胞进行分裂,形成愈合组织,并进一步分化出输导组织,嫁接成活了。但当选用亲缘关系远的嫁接组合时,其砧、穗的细胞组织形态、结构大小、数量、质量等的差异,均可导致嫁接失败。由于砧木、接穗生长速度不太一致,而形成"大脚"或"小脚"现象,在实际生产上仍采用着。

2. 形成层愈合与再生能力对嫁接成活的影响

植物在受到伤害时本身具有再生能力　嫁接就是利用植物再生能力使砧、穗2种植物生长在一起而成为一个新的植株。

(1) 愈合组织的生长与形成层的作用　嫁接从双方削伤面上首先分化愈伤组织,发育的愈伤组织相互结合填补空隙,以后愈伤组织中接近双方的形成层分化成联合形成层,靠内侧形成木质部,靠外侧形成韧皮部。因此在嫁接时,接穗与砧木的形成层必须严密对齐,这是成活的关键。以后,砧木吸收的养分、水分通过愈伤组织,以及愈伤组织中分化的通道组织向接穗运送。这样,在愈伤组织形成的过程中接穗芽萌发,开始生长。芽开始伸长生长时,生产的同化物质向下输送。表明双方嫁接部附近的形成层特别活跃,新物质积累，接穗的基部肥大，双方削伤面各部分组织进一步加固融合。

（2）愈合组织形成的条件　不具备愈合组织形成的环境条件，即使嫁接技术再高也难成活。条件适宜（环境、砧木、接穗），愈合组织旺盛，成活良好，因此保证愈合组织形成条件是非常重要的。

影响愈合组织形成的条件主要有温度、湿度、光线、空气以及砧木接穗本身生活力等。

温度：温度为影响愈伤组织形成的重要因素，其适宜温度依植物种类不同。在嫁接的初期应保持适温，促进形成愈伤组织，以后则影响不大。嫁接适宜温度以 20~25℃，夜温不低于 15℃。

湿度：合适的湿度对愈伤组织的形成很重要。保持嫁接部位湿度有许多措施，如枝接后涂蜡、埋土堆、接口糊泥、套塑料袋、蜡封接穗，用塑料条绑缚，常绿树枝接后罩塑料小棚等。芽接则采取快接，以减少接穗暴露时间等。

光：常绿树嫁接、绿枝嫁接，接穗都带有叶片，这些叶片进行光合作用，生产同化物质。接穗愈伤组织形成，开始时主要靠贮藏养分，进而供给同化物质，然而，光照也促进接穗水分的蒸发，降低成活率，因而初期以弱光为好。落叶树嫁接，芽接的形成层是处于皮下的无光状态下，枝接的伤口涂泥，低接的埋土堆等，也都是避光措施。

空气：氧气不足代谢作用受到限制，像葡萄嫁接中，氧气供应不足就成了限制成活的因子。因此在枝接埋土堆时，土壤过干不行，过湿了不行。在室内枝接中多采用置于苔藓、锯末中，既利于保湿，又利于通气。

砧木、接穗的活力：只有在砧木、接穗都处于旺盛的活力下，愈伤组织才能在适宜的环境条件下迅速增长，嫁接才能成活。只要砧、穗任何一方失去活力，则外界环境条件再适宜也不能成活。一方活力弱，也会使成活大受影响。因此，嫁接前为砧木松土、施肥、灌水、疏通排水沟等一系列促进活力的措施，在选接穗时也选那些着光好，新梢生长旺盛，无病虫的枝条，枝接则选那些发育健壮的发育枝，而不用那些徒长枝、纤细枝。在运输贮存中要特别注意，保持其最大活力。接后，绑缚一定要紧，使砧穗形成层紧密结合。

3. 掌握合适的嫁接时期

如芽接选择的嫁接时期过早、过晚，砧木、接穗不易脱皮，不仅效率低，成活率也不高；枝接时间过早，过晚对成活影响也很大。

4. 接穗与砧木都必须养护得当

在枝接后土壤过湿、过干都会影响成活，枝接后的除草、施肥，极易碰伤接穗。芽接前水、肥、病虫管理不当，均易造成停止生长，而嫁接时不脱皮或不易脱皮。

接后养护工作必须跟上，如去蘖、灌水、解除绑缚物等。

5. 操作人员的操作方法正确，技术熟练

影响嫁接成活的其他因子解决得都很好，嫁接的成活率不一定就高。因为操作人员技术熟练程度直接关系到嫁接成活。如操作人员动作速度的快与慢，操作方法正确与否，操作程序是否规范等都影响成活。

（二）砧木与接穗的选择

春季休眠期嫁接，在接穗呈休眠状态，而砧木的根系进入活动状态到萌芽时进行。生长季节嫁接，则砧木与接穗都处于生长旺盛时期。

1. 砧木的选择

（1）与接穗有较强的亲和力。

（2）对栽培地区的环境条件适应能力强，如抗寒、抗干旱。

（3）来源丰富，易于大量繁殖，没刺或少刺。抗盐碱、抗水涝等。

（4）砧木与接穗叶形有一定差异的，不致使没成活的砧木混入嫁接苗。

（5）使砧木处于生长旺盛期。

（6）高接用的砧木，树形要培养好。

2. 接穗的选择与加工制作、贮藏

（1）接穗的选择　品种优良、纯正。选取树冠外围、光照充足、发育充实、生长旺盛、无病虫害、粗细均匀、叶芽饱满的1年生枝条。

（2）接穗的加工制作和贮藏

芽接接穗：最好随接随采，采后立即留叶柄去掉叶片，置于湿麻布袋包裹。外采接穗回圃后，接穗枝条基部置于清水桶中，桶放在荫凉通风处。浸入水中的芽，嫁接时一律不用。也可以将外埠采来的接穗枝条插入背阴处的沙床中，每日喷水数次，保持枝条、叶柄湿润，嫁接时，插入沙中的芽不用。此方法贮藏可保持5~7天。

枝接接穗：于秋季落叶后采集1年生健壮枝条，成捆置于假植沟，冬季在室内进行加工制作接穗，也可以采一批加工一批。加工时，枝条断成9~11厘米接穗，接穗上剪口距芽尖0.3~0.5厘米为好，每个接穗上留芽多少，依树种不同而不同，但至少留2个或2个以上饱满芽。

目前进行枝接，用的接穗基本都是蜡封的。制作蜡封接穗的步骤是：取普通石蜡放入一大烧杯中，将烧杯放入一个盛满大半盆水的水盆中，再将水盆连同烧杯一起放在火炉或电炉上加热。水烧开后，烧杯中的石蜡也开始溶

化，这时放一温度计到溶化的石蜡中，待蜡温升至95℃左右时，可进行蘸蜡。蘸蜡时，先将接穗下端1/2处迅速蘸蜡，掉过头来再蘸另1/2处，整个接穗，被稀蜡液封住，接穗上下不得有气泡。冷却后，每50～100枝装入一塑料袋，袋内装一标签，标明品种、规格、数量、日期、责任人等，用热合机封口，放入冷柜、水果冷库等处贮藏。贮藏温度要求0～5℃。嫁接数量过大，可于秋季在背阴处挖一深0.8米的地窖，内衬一层塑料薄膜，封盖，留一出入口，加盖。春季后期嫁接的接穗先制作，先放入，早接的后制作，后放入。入冷窖时要造册登记、封口、窖顶部多苦些覆盖物，备早春使用。最后装入的是最先使用的接穗，切忌在窖内乱翻。这种贮藏方法在北京地区可使用到5月10～15日，用冷库贮藏接穗，可使用到5月底。当平均气温在18℃以上时则蜡皮容易脱落，接穗发霉影响成活。

嫁接量少时，也可在春季3月芽萌动时，现采现加工现嫁接，如嫁接甜石榴、龙桑、柿树等均可。

（三）嫁接时期

嫁接时期依植物的种类、嫁接方法而不同。

1. 枝接时期

枝接一定要在接穗处于休眠期进行。冬季室内枝接是砧木与接穗都处于休眠期。大田中劈接、切接、腹接也是砧木与接穗都处于休眠期。而皮下插接必须在砧木萌动后进行。因为砧木不萌动，皮不能剥开，也就不能皮下插接。

常绿树的枝接也要在休眠期进行。大规模的枝接，可在冬季室内进行，但砧木必须在秋季掘取，置于假植沟内，接穗也必须秋季落叶后采集，置假植沟内砂藏。室内嫁接后砂藏或加底温砂藏，以利愈合。

采用蜡封接穗嫁接，砧木处于生长期，什么时期嫁接都行，但早接当年生长量大，晚接当年生长量小，甚至越冬困难，且接穗保存时间越长，接穗上的蜡皮越容易脱落，影响成活，所以仍以春季为主。

2. 芽接时期

春季，当1年生枝尖端的顶芽和前边的几个侧芽萌发后，取基部的隐芽进行芽接。成活后，芽萌发生长快，这个时期嫁接，接穗来源少，利用率低，但当年嫁接的植株生长量大。

第2个时期是7～9月，这个时期接穗使用的都是当年生枝条。这个时期嫁接次序以早开花，早封顶的先接，如榆叶梅、碧桃、杏、紫叶李等可在7月下旬至8月上旬嫁接。晚开花、晚封顶的后接，如苹果、西府海棠、梨等可在 8 月中下旬进行接木。杨树、月季可在 9 月上中旬嫁接。芽接过早，接芽当年易萌芽抽枝，到冬季休眠时不能充分木质化，越冬困难。因此，不同种类选择不同时间嫁接很重要。

（四）嫁接方法

1. **枝接**

枝接的方法很多，有劈接、切接、腹接、皮下插接等。

（1）皮下插接（插皮接）　皮下插接适用于多种落叶乔灌木，如红花刺槐、柿树、龙爪槐、各色碧桃等。具体操作方法是：

截砧木：在嫁接处将砧木剪断，剪口要平滑。低接一般在地面以上 10 厘米左右，高接则视要求而定。

削接穗：根据砧木的粗细，选择细于砧木的接穗，将接穗自基部以上 3～4 厘米处斜下一刀，将接穗削成单面楔形，从背面轻轻削去飞边备用。

嫁接：在砧木上选择光滑处，低接尽量选在主风向，即西北侧，高接则尽量选在斜上面，从砧木截面向下 2～2.5 厘米处，顺着树干垂直切入一刀，深达木质部，用手摆动刀刃，砧木切口两侧皮层自然开裂，将接穗削面紧贴着砧木木质部插入皮层，深达 2.5～3 厘米。因为有一段树皮是由接穗撑开的，所以树皮自然将接穗夹住，皮下插接的接穗与砧木的形成层能很好的密切结合。因此它比切接、劈接、腹接等操作简便，发芽早，成活率高。

绑缚：用一块 8 厘米×8 厘米的很薄的聚乙烯薄膜，从中心向任何一侧开一个口，覆盖在砧木的截面上，薄膜上的开口对准所插的接穗，将四边全部向下按住，另用聚氯乙烯薄膜，裁成 0.7～1.2 厘米宽的塑料条，或用市场上销售的聚氯乙烯粘胶条，先绕 2 圈，将砧木截面上的薄膜缠住，接下来再往上绕 2 圈，缠住接穗插入砧木后外边还露着的被切削的部分，直至将砧木、接穗切口全部缠紧，结扣。

嫁接前后的抚育管理：低接前应将杂草除净，高接和低接前都应施足追肥，浇足底水。另外要掰除砧木的蘖芽，去除绑缚物，并防治食叶害虫及刺吸害虫危害接穗上刚萌发的幼芽。

（2）切接　在休眠期嫁接可采用切接，切接适用于低接或冬接。

切接一般多使用 1～2 年生的砧木。春季嫁接是在 4 月中下旬，接穗长 8～10 厘米。先在接穗下端一侧削一个 2～2.5 厘米长的削面，再从反面一侧削一略小于另一侧的削面，接穗上剪口芽要尽量选在朝树干的方向。切接的砧木，一般都采用低接，即在地面以上 5～8 厘米处，截砧木，选光滑一侧，在其木质部 1/4 处垂直切下，深 2.5～3 厘米，然后将接穗长削面向着木质部插在砧木切口中，注意至少一侧形成层相互结合。然后，像皮下插接绑缚一样，可以用一小方块一边带有裂口的塑料布，将砧木截面连同与砧木相接的接穗基部盖住并用塑料条或其他材料绑缚。最好还是用聚氯乙烯塑料条，将外露的所有伤口全部绑缚。绑缚要严，防止伤口失水，避免雨水进入。

未用蜡封接穗低接的，最后要用潮湿细土埋上。土堆要高于接穗5~8厘米，接后土堆不能过干，也不能没顶浸泡。土壤干时，可以适当浇水。接后20天左右，可以轻轻扒开土堆，去掉砧木上的蘖芽，再埋好，直至接穗发芽，生长。也可以在接后20天，逐渐去土堆。嫁接成活后，去除土堆，平整土地，注意正常肥水管理，防治病虫害，及时去蘖。

用蜡封接穗作切接的接穗时，嫁接时间应略早于皮下插接。

(3) 劈接　一般多用于砧木较粗时的嫁接。1~2年生砧木，也可应用。接穗也要蜡封。如果没有蜡封接穗，未蜡封的接穗也可以，只是嫁接后要套塑料袋保湿。

嫁接时间同切接，接位一般高于切接，因此接口保护成为重要问题。目前，接穗多用蜡封接穗。在树液流动后嫁接，成活率提高很多。接穗长10~12厘米，嫁接时先将接穗下端两侧各削成2~4厘米等长和等量的双面楔形，与砧木形成层相接的一侧可稍厚些。在劈割砧木接口时，由于砧木较粗，可用特制的劈接刀，从砧木截面的中间垂直往下劈开，如砧木粗，夹劲大，可用一木楔钉入接口木质部，使接穗从容插入，对准形成层，拔掉木楔。砧木粗，可以两侧各接一接穗。劈接时，接穗通常被砧木夹得较紧，但仍应绑缚。绑缚方法基本与皮下插接一样。

(4) 腹接　腹接是将接穗接在砧木主干的中部，即"腹部"。接点高低依据树木种类及砧木生长情况而定。在萌芽前和生长期均可进行。现在大规模应用此法嫁接柏类苗木。也可以用腹接法补接上年芽接未接活的某些树种，如碧桃等。

嫁接龙柏，选择一、二年生桧柏或侧柏壮苗作砧木，茎基粗为0.4~0.5厘米。嫁接时间在3月下旬至4月上旬（候平均气温8~12℃）。嫁接可在室内进行。掘下砧木苗，抖净土后，放水桶中浸泡或用湿麻袋包裹备用。接穗选择着光面侧枝上的一年生枝条，长度15厘米左右，基部粗0.3~0.4厘米。嫁接时先将砧木尖梢剪去1/3，将根部过长的主、侧根剪短。在砧木原土痕印以上位置以与树干30°夹角，向髓部方向下切一斜形切口，切口长与接穗削面相似，深度约为砧木直径的1/3略强，然后将接穗斜面的一侧向内插入砧木切口之中，使形成层相互对准，用聚氯乙烯薄膜塑料条绑缚。接后随时用湿麻袋盖住,每20株1捆,假植或栽植。嫁接后的苗木可盆栽亦可地栽,但由于北京早春干旱,空气湿度低,因此均需给予短期塑料小棚保护。一是减少蒸腾,二是增加伤口环境的湿度,三是提高温度以利愈合。当天嫁接的苗木,当天要栽完,栽植深度以接口部分在地上为宜。栽后及时浇水,在塑料小棚内20余天,伤口愈合,可将棚两头打开通风3~5日,选无大风天气可撤棚。待接穗萌芽生长,即可将砧木的枝叶剪除1/2。9月,嫁接苗成活后,可将砧木接口以上枝叶全部剪除,并解除聚氯乙烯塑料条。冬季需搭设塑料棚越冬,为防止棚内温度过高,可在棚上适当加盖苇帘。翌年即可转入正常管理。

落叶树的腹接既适用于一般栽植的苗木(要带一段干)的嫁接,也可用扦插的插穗作砧木。但作砧木的插穗要比一般扦插的要长,一般为23~25厘米,斜插入土,但接穗的芽要向上。

皮下腹接,也是将接穗接在砧木腹部,只嫁接方法与皮下插接一样。这种接法可用于多年生的大砧木。具体操作方法同皮下插接,只是砧木不截干,但可以在成活后酌情截干。

(5)其他　枝接中还有靠接、桥接等。

2. 芽接

芽接是在接穗上削取芽片,在砧木茎干处剥皮或切口处嫁接。芽接多数是利用当年生枝条的春梢侧芽。所以多在7~9月进行。

(1)丁字形芽接　是芽接中的基本方法,接穗采集于生长健壮,品种纯正的母株,枝条健壮,无病虫的发育枝。接穗枝条必须处在旺盛的生长期(不能用封顶的枝条)。接穗采集后当即剪去叶片,留叶柄,长2~4毫米,将枝条用麻袋包裹,有条件最好随接随采接穗。头天采集第2天嫁接用也可以。从外地引种接穗,数量大,除途中妥善保管外,运到后,在背阴处将接穗单枝插于粗河沙中,经常喷水,保持湿度,可保存1周。

削接芽:选枝条中部的健壮芽,用芽接刀自芽下方1~1.5厘米处,斜向上切入一刀,深达木质部1~2毫米处,刀向上推,超过芽顶端0.5~0.8厘米处,横切一刀,切断皮层,手握叶柄向左右掰动,芽片即脱离木质部,备用。芽片长一般1.5~3厘米。还有一种取芽片法叫划芽法,即用芽接刀在芽顶端上方0.5厘米处,横切一刀,深达木质部,再用芽接刀利刃向下,沿着盾形左侧划一刀,深达木质部,再沿着盾形右侧划一刀,也深达木质部,最后手握叶柄,向左右掰动,芽片即脱离木质部,备用。

削砧木:低位芽接一般是用一年生实生苗。嫁接时砧木正处于生长旺期,不能封顶,嫁接部位在地面以上4~6厘米处,选光滑面横切一刀,深达木质部，再向下竖切一刀，形成丁字形，左右摆动刀片，切口自然裂开将芽片下方嵌入皮下，用手向下推叶柄，使芽片顶端越过砧木横切口1~2毫米，再将芽片向上提，使芽片上切口与砧木横切口吻合。砧木上的横切口仅仅达木质部，不要切入木质部；尤其使用山桃作砧木，在雨季芽接，由于横切口切的过深，致使伤口流胶，影响嫁接成活。

绑缚：用0.8~1.2厘米宽的聚氯乙烯薄膜条绑缚，先在砧木横切口处绑缚2周，再在叶柄下方绑缚1~2周，再将下切口全部绑严，结扣。也可先绑叶柄下，再绑上横切口，再全部绑严。绑后叶柄及芽均外露。

接后管理：7~9月这个嫁接时期，砧木与接穗均处于生长旺期的末期，愈合很快，2周后即可检查成活情况。检查成活情况，用手轻轻拨动叶柄，如叶柄基部形成离层而脱落，则证明是成活的，如叶柄未形成离层而枯萎，拨而不落，则证明未成活。使用聚氯乙烯薄膜条绑缚，由于塑料条有弹性，而不急于解除绑缚物，接后遇雨一般也不会影响成活，但雨水浸泡则严重影响成活。

春季，在芽萌动成活后应及时剪去芽接部位以上的枝条，并应随时剔除砧木上的蘖芽，以利成活及新嫁接植株的生长发育，绑缚物可在掘苗时或秋季不忙季节割断或解除。

（2）嵌芽接　嵌芽接是带木质部芽接的一种方法，当接穗和砧木离皮困难时采用。春季芽接也可以用嵌芽接。其特点是将芽片嵌在砧木上，所以称为嵌芽接或贴皮接。

嵌芽接操作方法：选一年生砧木或大砧木上一年生或当年生枝条，嫁接部位同丁字形芽接。在选定的砧木北侧阴面上的适当位置，先在下部从上向偏下斜切一刀，深达木质部，做好下切口。而后在下切口上2厘米处，由上而下连带部分木质部往下削至下切口处，并取出砧木皮块，砧木上露出的部位就是贴芽穗的位置。用同样的办法，在接穗条上取一块同样大小的带有芽的芽片并迅速贴到刚削下砧皮的地方。接穗芽片形成层要和砧木形成层对齐，随后进行绑缚，芽片应露出。

（3）套芽接　接穗成套状，即在接穗芽下0.8~1厘米及芽尖以上0.5~0.8厘米各环切一刀，深达木质部，再在芽背面竖切一刀，从接穗枝条上剥离一有开口的筒状接穗，接芽长2~3厘米，在砧木嫁接部位，横着环切一刀，将下部皮层竖切几刀，成条状剥开，将筒状接穗包住砧木的木质部，用下部条状树皮向下包住筒状接穗，绑缚，绑时应露出接芽。

三、埋 条

用于扦插繁殖不易生根或生根不稳定的树种。应用埋条繁殖的种条多采用根蘖条，因为根蘖条在生理上由根形成不定芽而萌生的枝条，其阶段发育比较年轻，埋后容易生根。北京地区毛白杨繁殖主要采取埋条繁殖法。

（一）母条的采集与贮藏

埋条用的母条，苗圃采用埋条苗第一年的枝条。即秋季落叶后采集当年生条，剔除有病虫害、受伤枝条及过弱、过弯的枝条，剪去尖部细梢，按粗细分级，每50根1捆，平埋于假植沟内。埋完一层后垫上一层土，再埋一层，最上层枝条覆土20厘米。

（二）整地作床

埋条繁殖要求土地平坦，有机质含量高。做平床，埋条床宽1.4米，土地平坦也可以床宽2.1米。埋条的行距70厘米，每床埋2～3行；苗床长度20～25米为宜。

（三）埋条时期

埋条覆土要求较薄。北京地区春季干旱少雨，母条极易枯死，故早春埋条浇水次数较勤，春季地表温度较低，浇1次水地温下降很多，不浇水地温虽然上升，但母条水分不足，因此恰当地决定埋条时间是非常重要的。北京地区一般在3月下旬至4月上旬，即日平均气温达到7～9℃，地表温度日平均达10～12℃，是埋条的适宜时间。埋条过晚，母条在假植沟内容易生根，且芽膨大，不利于埋条。

（四）埋条方法

1. 平埋

按计划要求，从假植沟中取出母条，运到现场并及时埋条。埋条时在苗床内按行距开2.5～3厘米深的浅沟，力求平直，将母条依一定方向散条。埋条人手持花铲将条从条基部方向开始埋，第一根条要将基部插入床头20厘米左右，然后向前埋，每根条的尖梢部与下一根条的基部重合，整体看等于双条，这样便于使饱满芽均匀布满全垄。覆土厚度以1厘米为合适，即芽一经膨大、开裂，即可将所埋的土撑开。若埋土过厚，芽在土中膨大，不能将覆土撑开，芽即腐烂。每5000平方米约用母条7000根。

2. 点埋法

点埋与平埋基本相同，惟在埋土上有所不同。点埋是在需要留苗地点，将芽裸露，不埋土，而不准备留苗的地段堆一堆土埋住，裸露点与下一个裸露点即是株距。这种埋法可以减少找芽的麻烦，而且灌水次数相对减少，地温相对提高，产苗均匀而苗壮，适合大面积埋条使用。

（五）埋后管理

1. 灌水

平埋要经常灌水以保证母条不致失水，但灌水次数多又会降低地表温度，故恰当掌握。点埋，保水较好，灌水次数可少些。灌水时水流要缓，尽量少冲出或淤埋母条。

2. 找芽

埋后一个时期，应设专人拿花铲将被土淤埋过厚的芽子扒开，或被水冲出裸露的母条埋上叫"找芽"，避免缺苗断垄。顺便还要检查和防治虫害。

2. 间苗与培土

平埋间苗任务繁重，至少先疏苗一次，再定苗一次，而点埋只在苗高10厘米左右，作一次定苗即可。每次中耕松土都向新生植株根际培土，当苗高20~30厘米时，可进行培垄，将床作变为垄作，以后逐渐培土。埋条苗根系浅，应经常浇水，并适时适量追肥，促使新生植株基部生根。

3. 其他

当苗长到一定高度，腋芽开始萌发，应及时去除，但不能伤损叶片，去蘖高度以1.2~1.5米为宜。要注意病虫害的防治，尤其是顶尖虫害，以免影响生长高度。

4. 第二年的管理

埋条第1年的植株，于秋季平茬，其条用作下一年母条用。

第二年管理的重点"养干"。这一年萌生的条一定要长成预定的高度和干径。因此应于上年秋平茬后，施足底肥，养干期间，定时去蘖、灌水、追肥、除草、防病治虫，使绝大多数苗1年生长达3米以上，分枝点够1.5米。掘苗时用小型掘苗犁顺垄掘苗，掘后将各株间的横根断开，修整，剪掉过长或劈裂之根，按苗木大小分级打捆，入沟假植。为移植后养成良好的树干和树冠打下基础。

适合埋条繁殖的树种有毛白杨、新疆杨、法国梧桐等。

四、分株（分根）

（一）分株繁殖概念及意义

分株繁殖又叫分根繁殖。分株繁殖是利用母株根际周围发出的根蘖苗，将其从母株上分割下来，栽培成新植株的一种方法。

黄刺玫、玫瑰、珍珠梅、连翘、棣棠、迎春等常用分株法繁殖。

（二）分株方法与要求

一般于秋季落叶后封冻前或春季解冻后发芽前，将母株周围自然萌发的根蘖苗带根挖出，适当修剪，分级埋藏假植以备载植。

为了增加繁殖量，方便分株，也可将苗圃一部分保养苗掘起，将每株母株分割成若干株加以栽培。方法简单，工作集中，成活率高。结合出圃分株，一定要在确保出圃苗质量前提下，将幼小根蘖剪下，加以培育亦可。但注意暴露时间不宜拖延太长，以免影响分株苗质量。

分株的管理与移植基本相同。

五、压 条

压条繁殖是将母株上的一年生或二年生枝条压在地面或其他湿润材料中，使之生根而后断离母株成为独立的新植株的一种繁殖方法。压条繁殖法多用于花灌木。

压条繁殖适用于一般方法难以繁殖的树种，压条繁殖常可一次获得少数大苗，但繁殖效率较低。

（一）压条时期和枝条选择

1. 休眠期压条

在秋季落叶后或早春发芽前，利用 1~2 年生的成熟枝进行压条。

2. 生长期压条

在生长季进行，一般在雨季用当年生的枝条压条。

（二）压条方法

1. 普通压条法

将枝条弯曲压入土中进行繁殖的方法叫普通压条法，普通压条又有两种情况。

(1) 单枝压条法　方法是将母株上靠近地面的1~2年生枝条,一部分压入土中,深约8~20厘米。最好先将欲压的枝条弯曲至地面比试后再掘一斜面,以便顺应枝条的弯曲,使其更好地与土壤接触,必要时可于枝条向下弯曲处插一木钩以固定。露出地面枝梢必要时可立一支持物,如竹竿、木棒等。

(2) 水平波状压条　适于葡萄、紫藤、连翘等。水平或波状压条可以1条获2株以上植株。

2. 堆土压条法

又称直立压条法或堆土压条法。适用于丛生多干的苗木。压的枝条无须弯曲,在植株基部直接用土堆盖枝条,待覆土部分发出新根后分离,每株均可成为一新植株,对于嫩枝容易生根的苗木可于6~7月间,利用当年生半木质化的新枝条压条。枝条下面的叶应除去以免在土中腐烂。对于新枝生根较难,而需成熟枝压条时,最好落叶后或早春发芽前埋压,分离的时间一般多在晚秋或早春进行。

3. 空中压条法

又称高压法,方法是在条上被压处进行切割略伤表皮或进行其他处理,然后用对开的花盆、竹筒、塑料薄膜等合于割伤处,内填苔藓或肥沃土壤,再用绳捆紧,要注意经常保持湿润,适时浇水。

空中压条一般在春季进行,多用1~2年生的枝条压入容器内的土中,当年秋季若已生根即可分离移于圃地。

无论哪种压条均可刻伤其皮部,涂以萘乙酸等生根剂,以利生根。

(三) 压条后的管理

压条之后应保持土壤适当的湿度,随时检查横伸土中的压条是否露出地面,如有露出须重压。留在地上枝条若生长太长,可适当剪去顶梢。分离压条时间,以根的生长状况为准,必须有良好的根群方可分割,对于较大的枝条不可一次割断,应分2~3次切割。初分离的新植株应特别保护,注意灌水。

第三节　苗木移植要求与土球苗移植

在苗木移植工作中,除许多树种直接采取裸根移植外,还有一些苗木在移植时需要带土球。例如,对一些露根移植难于成活的树种以及容器苗可行带土球移植,如七叶树、紫叶李、玉兰、马褂木、银杏、竹类以及常绿树大苗，如雪松、桧柏、侧柏、油松、白皮松等。另外，由于绿化工程的需求和生产安排，有时在生长季节也需要进行落叶树带土球移植。尤其是随着绿化事业的发展和城市绿化需求，带土球苗的移植树种和数量都会有较大数量的增加。

一、移植质量要求

移植质量标准主要从3个方面衡量：成活率、整齐度与移植密度。

（一）移植成活率

提高苗木成活率是苗圃增产的一项重要措施。一般说来，按计划移植苗木，成活率越高，投入的有效率就越大。如果成活率低，单位面积成苗及产值下降，经济效益也就低下。因此，移植成活率的高低十分重要。

对苗木移植成活率的要求依不同树种，规格及各地条件不同略有差异。北京市园林苗圃根据本地实际，要求本圃大规格苗移植成活率不低于98%；一般苗木，总平均成活率不低于95%；外引苗和软材扦插苗移植成活率应达85%以上。

（二）整齐度

整齐度是要求一定面积内移植的苗木品种、规格、行株距要整齐划一。一块地或一条地（由几块地组成）移植苗木品种、规格尽可能单一，忌讳在一块地里移栽多品种（品种园除外），这样便于病虫害防治、浇水、施肥等日常管理工作。

苗木本身高矮，粗细要求一致。若规格等级不同时，应依次排列。规格整齐不仅层次分明，还便于管理，也有利于出圃。

行株距一致，是要求苗木栽后横、竖成行。株距行距要统一标准。如果栽植行株距不准，管理中碰伤树皮、折断枝干的机会就增多，从而降低保养苗的保存率、出圃苗的合格率，造成不必要的经济损失。

（三）移植密度

密度合理，不仅产苗量高，有利于苗木生长，还利于培育优质苗木。

苗木移植密度的确定，主要根据培育目的、苗木规格、苗木习性、土地最佳利用效益因素而定。

1. 依苗木规格确定移植密度

一般来说，苗大行株距大，苗小行株距小。如移植桧柏：二年生苗，行株距一般 70 厘米 ×50 厘米；1 米高桧柏，行株距多为 1 米 ×1 米。过密，营养面积小，阳光不足，没有充分生长发育的余地，会降低苗木质量。过稀，浪费土地及光照，费工费料，单位面积产苗量少。

2. 依苗木习性确定行株距

苗木行株距不仅涉及到每株苗木占地营养面积，而且涉及光照强度。不同品种苗木对阳光要求不同。喜光的苗木行株距应大些，耐荫的苗木可适当小些；全冠型苗木行株距大些，单干型可密些。如移植臭椿与槐树，同样是 120 厘米 ×80 厘米行株距，臭椿常因争光出现两极分化，2~3 年后，合格苗率低，而槐树则高，因此臭椿行株距应大于普通落叶乔木类苗木。相反，有些低矮花灌木小苗在第一次移植时应适当密植，这样既有利于成活，又有利于群体生长发育，如红叶小檗、棣棠等。

3. 依培育目的确定行株距

培育苗木必须有明确的目的性。培育目的不同，移植行株距亦不同。如有些落叶乔木，以养干为主，移植行株距则应适当密植。相反，有些树木应侧重养冠，如玉兰、银杏、紫叶李及常绿树等，移植时应加大行株距。这类苗木一旦郁闭。下部枝叶自枯或树冠窄小，降低苗木观赏价值。

在确定移植密度时还考虑土壤肥力、土地面积及田间管理技术等不同因素，对苗木年周期生长量也应有所预计，以便以最佳行株距获取大量优质苗木，提高综合经济效益。

二、移植时间与要求

移植通常分 3 个时期。

1. 春季移植

北京地区一般从 3 月中旬土壤解冻开始，至 4 月中下旬，苗圃移植苗木绝大部分在此期间完成。春季移植总的原则是在苗木未发芽前进行为宜。个别树种在芽萌动时移植则有利成活。因此一般先移植发芽早的，后移植发芽晚的。

常绿树小苗露根移植以根冠初露生长点为宜，一般在 3 月下旬开始，如黄杨、桧柏等，土球苗移植虽然可以迟些，但亦应 4 月中旬完工为好。

落叶乔灌木移植始期可早些，以树液流动充分吸水，但尚未发芽时为好，柿树、紫薇等少数树种在芽萌动时及时移植更为适宜。

2. 生长期移植

园林苗圃在生长期进行苗木移植主要有 2 个原因：一是有些地块春季腾不出来，这样有一些品种的苗木无法在春季按期移植而安排在生长季进行。

二是现代繁殖技术进步，生长季扦插的大量苗木需要及时移到地里，是快速育苗生产的需要。

生长期移植苗木不利因素较多，主要是植物生长旺盛、消耗大、蒸腾快，气温高、光照强，工作条件也较艰苦，如果不注意苗木生理特点，不采取特殊措施，成活率是无法保证的。

生长期移植苗以土球苗移植为主，多在雨季进行移植。主要是常绿树，也有一定数量的落叶乔灌木。

生长期移植除土球苗外，苗圃经常移植当年扦插苗，一般是磕盆带坨栽。生长期移植苗木时间最好选阴雨天或傍晚施工为好，有条件时，移后可适当遮荫。

3. 休眠期移植

休眠期移植指的是秋末到上冻前以及冬季进行的移植，时间一般在11月份至翌年2月份，冬季移植由于是冻土层深，挖掘费工，苗圃不提倡，但在特殊情况下，可适量移植较大规格苗木，如大槐树、栾树、银杏等。

秋末到上冻前移植的树种的数量不宜过多，目前北京地区冬前移植比较成功的树种有槐树、白蜡、毛白杨、栾树等较大规格乡土树种，一般是露根移植，但采取带土球移植成活率更高，把握性更大。

休眠期移植除浇2次水，培土，修剪外，对较大伤口应涂防护剂，减少失水。

三、移植用地准备

依据移植苗木品种、规格、数量、行株距、计划用地面积等进行用地准备。

土地准备主要包括粗整、施肥、耕耙、土壤处理、平整、排灌渠整理、定点放线等。

四、苗木准备要求

移植生长健壮的优质苗是提高移植质量的关健。因此，移植前，一定要根据要求进行选苗、号苗，做到心中有数。

（一）本圃保养苗

详细将苗木种类、数量、规格、苗木所在地块位置调查登记清楚，必要时还应编号造册。

（二）外购苗

1. 外购地点选择

在符合苗木外购生态条件的基础上，还应注意有近处苗木不要远处的；有栽培苗木不要山地实生苗，特别是大规格苗木。

2. 实地看苗

计划移植外购的带土球苗，在掘苗前一定要到现场看苗。实地了解计划所购苗木地上部干、叶、树型、长势以及苗木立地条件，包括根系生长情况等，符合要求条件的才能购进。

3. 掘苗时间及条件

掘苗时间应掌握在发芽前为好。掘苗前如土壤过干，应提前浇水，保证苗木吸足水分。

4. 苗木包装

外购苗包装非常重要，尤其是根系包装更重要。包装的目的是减少苗土失水及避免碰伤苗木等。

五、带土球苗的移植

1. 刨坑

在划线定点基础上，以两线交叉点为圆心，以要求的坑径为直径划圆，垂直下挖至要求的深度为止。挖坑时，表层土（30厘米左右）与深层土分开放。

2. 掘苗

掘土球苗的主要程序是：根据所挖树种，确定是否拢树冠，常绿树一般都要在挖前将树冠拢好，以方便操作。然后按土球要求的直径大小划圆，在圆线外垂直下挖，至要求深度后向内斜挖，将土球修成苹果形，用蒲包或草片打包，并用草绳或其他材料捆紧，最后还要给土球封底。

挖出的土球底部宽度不超过土球直径的1/3。

3. 运苗

挖好的土球苗尽快运到移植现场。规格在50厘米下的土球可放两层以上，60厘米以上只能放一层。搬运时，小规格的要轻搬轻放，大规格的也不能推滚，按要求吊装。总之，运输中要避免散坨。

4. 栽植

规格较小，1人或2人可搬动的土球直接搬到坑内，规格大的可吊装入坑。扶正，行株距对齐后可回填土，先回表层土，再回深层土。回填一半时踏实后再回填土，直至填满踏实为止。踏实过程中不要直接踏土球。栽完一株或一畦后及时做堰或以每行做畦灌水。规格大的苗木还要移植后浇水前支撑，避免倒伏。

5. 移后管理

苗圃移植土球苗通常是用来养大苗的，移植后要精心养护。要及时浇水，根据树种酌情修剪，防止倒伏，防治病虫等，确保移植成活。

第四节　几类不同苗木的修剪

一、常绿乔木

1. **繁殖苗**

繁殖苗生长慢，一般不作修剪，但某些嫁接苗要剪砧，如以侧柏为砧木，嫁接龙柏的繁殖就必须及时的、分期的剪除侧柏砧。实践证明，分批剪砧，以及对反复孳生的砧芽及时剥掉，对嫁接成活很有利。

2. **移植苗**

常绿乔木的修剪是一项比较复杂的工作，其原因是：一是苗木品种多，生理习性往往有很大的差异；二是同一种苗木的栽培阶段不同，培育时间也比较长，从3～5年出圃，可延续到10～30年。所以在育苗过程中，苗木移植的次数也多，一般要经过2～3次的移植。移植时，由于苗木分级选苗较严，原则上第一次移植不作修剪，如侧柏、桧柏是我们育苗中的主要树种，每年的繁殖量、移植量、出圃量均较大，所以在养护当中的修剪管理也就显得相当重要。一般在播种床养护2年后进行第一次移植，但在移植过程中，对过长根、劈裂根必须进行剪除。

为培养大规格桧柏、侧柏，需从1.5～2米高桧柏或侧柏中选苗进行第二次移植。凡经过优选进入第二次移植的苗木，要逐一进行检查修剪，对双头枝、徒长侧枝等，必须适当短截，从轻到重，直到最后抹掉，大规格苗通常养成独干式。

4. **保养苗**

苗圃培育常绿乔木大苗主要有全冠形和提干形2种（特殊造型除外），并以前者为主。不论培育哪种树形，除少数品种植株养成双干或多干外，绝大部分应为单干式，即只有一个通直的主干。但由于修剪工序往往失误，不少品种的植株，在生长过程中，从基部或下部，萌发徒长枝，形成双干、多干。因此，油松、白皮松等必须从抚育小苗开始，注意疏除或短截徒长枝。

以白皮松为例，幼苗在播种床生长 2~3 年（或 4 年生），进行第一次移植。此时必须开始注意调整主侧枝的关系，初步确定主干领导生长的地位，其他轮生侧枝必须处于从属的地位。在不影响主枝优势的条件下，可不修剪，此期间辅养枝多多亦善，以促进生长。移后的每年冬季，都要进行一次轻剪。修剪目的是突出主干生长优势，普遍剪除病虫枝，要求剪下的枝条妥善处理。

白皮松苗高达 1~1.5 米时，此阶段是苗木发展的定型阶段（即将再次移植之时），是培养多干式的多头松，还是单干式的乔木型（一般单干式应占 95%），对多干型的少数苗木应提出单独培养。独干式按乔木培养，也有全冠型或提干型 2 种。以全冠形为主，少数可做轻度的地表提干，但必须对轮生枝逐年逐次的剪除，不可操之过急，提干高度 50~60 厘米即可。

在保养过程中，有不少植株易从基部或下部萌发徒长枝，控制不好，易形成新的双干或多干，故在每年的冬剪中，对徒长枝、竞争枝、病虫枝都要进行轻度的疏除或控制性短截，使整修后的苗木达到体态均称，通风透光，树姿优美的目的。

4. 保养龙柏的修剪

就龙柏树体的造型而言，目前有龙柏球或亚乔木的造型。为了提高枝叶的丰满度，达到美丽壮观的要求，往往需要对全株侧枝进行打尖。特别是生长旺季，必须经常进行剪梢，才能逐步达到上述壮观的目的。修剪时，一般留内侧芽条。

二、常绿灌木

北京地区常绿灌木，主要有锦熟黄杨、朝鲜黄杨、大叶黄杨、胶东卫矛等。常绿灌木的修剪主要是修剪徒长枝梢，促进侧芽发枝，使植株向丰满的方向发育。近年来黄杨球是较受欢迎的品种，所以培养较大规模的黄杨球必须专项培育。从选苗到定植后的修剪，都必须严格修剪时间，苗木生长期需进行整型的修剪，不是一次而是二、三次，冬季还应进行一次整型。对修剪的要求是，次数多而剪量轻，逐步达到丰满的球型。

三、落叶乔木

（一）繁殖苗

1. 单轴分枝类苗木修剪

如杨树、银杏等。顶芽饱满，主干直立，顶端优势强。一、二年生的繁殖苗主要是培养其主干高生长。

杨树，如毛白杨在繁殖阶段有一个养干措施，也是解决繁殖用条的一项有效工艺，是培育雄株毛白杨的一个好办法。养干苗是在冬前对埋条苗平茬基础上培育出来的。第 2 年，根基部长出几个芽条，但每株上只能留 1 个生长旺盛的萌芽条，其他的全去除。在促进高生长的过程中，及时抹去侧芽，保留叶片。侧芽去除高度随苗木生长量而灵活确定，一般抹到苗高 1/3 ~ 1/2 处即可。

年生长量较小的繁殖苗，如银杏，往往要原地养护 2 ~ 3 年。但繁殖养护阶段的主要任务仍然是培育苗木高生长。银杏树虽然干性较强，但生长过程中，有时也可能会出竞争枝，要及时控制，必要时可疏除，保障幼苗期要有 1 个苗壮的主干。

2. 合轴分枝类苗修剪

（1）柳树类　这类苗木在肥水、土壤等条件适合时，年生长量较大，可在 1 年内培育出 1 个符合要求高度的通直主干。其中修剪工作很重要。当扦插苗生根成活后，萌发的芽较多，当芽条长到高 3 ~ 5 厘米时，选粗壮直立性好，西北侧的健壮芽做未来主干，抹去其他所有幼芽。生长期较少修剪，但需要注意控制竞争枝的生长，培养的目标是培育柳树的主干，使其 1 年内主干能达到 2.5 米以上。

（2）槐树、栾树等繁殖苗　这类苗木年生长量适中，当年苗木生长高度一般达不到所要求的干高。目前是通过修剪，再原床保养 1 年，使多数苗子达到乔木干高要求。具体做法是：对当年出土的繁殖苗适时去除或控制竞争力强的侧枝，抚育主干生长。秋冬季，可对生长适中的苗木，在其上部枝梢上选择较好位置的芽进行修剪，这个芽就是翌年主干高生长的"顶芽"。另外，根据植株密度，可在秋冬季合理疏除生长细弱、低矮、生长不良的等外苗，给一、二级苗创造一个良好的生长空间条件。同时也加强肥水管理、病虫防治等措施，促进苗木健壮生长。

3. 嫁接苗的修剪

当年嫁接苗的修剪包括如龙爪槐、红花刺槐、玉兰等。嫁接成活后要及时剪砧，对砧木多次萌生的蘖芽要反复进行剥芽，促进嫁接苗正常生长。

（二）移植苗的修剪

修剪的目的主要是为了提高成活率。修剪的方法主要采取短截、疏枝。

有主轴的苗木移植时，一般是短截侧枝或疏除侧枝，保护主枝顶芽。如银杏，以疏枝为主，短截侧枝为辅。

无主轴的乔木，在移植前的修剪通常采取留足主干高度后，对树冠进行抹除修剪，如移植槐树、柳树等。

观赏型中小乔木，如玉兰、樱花、紫叶李等，在移植时，通常不做强修剪，一般采取轻短截或疏枝。

（三）保养苗的修剪

苗圃培育的乔木在移植后一般需要再继续保养2年或更长时间。在保养期期间的修剪是根据培育目的及树种习性进行必要修剪。

保养的落叶乔木，通常在移植时主干基本达到标准，保养期间主要是培育树形及树干增粗。其间要注意培育必要的主枝，抑强扶弱。如槐树、元宝枫、栾树等，在干高2.5米以上处选择分布均匀的主枝3~4个，促进生长势均衡，对其中开张角度小较直立的侧枝进行摘心控制或通过修剪利用外侧二次侧枝开张角度，缓和生长势，培育良好树形。

（四）出圃苗的修剪

落叶乔木出圃前的修剪很重要。不同树种，修剪要求不同。杨树类苗木，出圃前短截和疏除侧枝，主干2.5米以下的侧枝疏剪，以上的侧枝短截，从下向上留的侧枝长度可分别为30厘米、20厘米、10厘米。也可以根据用户各自用途自行修剪。对槐树、柳树、泡桐等可以截冠。玉兰类苗在出圃时，可以不修剪或者轻短截，适量疏枝。

四、落叶灌木

根据从地面萌发枝条的能力、方式、大小及多少，可将花灌木粗略分为丛生型或多干型以及单干型。丛生型如珍珠梅、玫瑰、黄刺玫等，多干型如紫薇、金银木、丁香等，单干型如碧桃、榆叶梅、山桃等。

1. 繁殖苗修剪

丛生型、多干型花灌木繁殖苗基本不做修剪。单干型繁殖苗多为嫁接苗，如碧桃类、榆叶梅等，第2年春剪去砧木原地养干，在生长期需多次剥去砧木蘖芽，以促使嫁接苗的发育，冬季休眠期定干，定干高度以60~80厘米为宜。

山桃、山杏、榆叶梅等播种苗，为了给秋季芽接创造方便条件，在适当时，剥除植株地表以上5~10厘米处的叶腋蘖芽。这项剥芽必须在侧枝未木质化前进行，以保嫁接时部位光滑。

2. 移植苗修剪

多数落叶灌木在移植时进行适当短截或重短截，目的是保证成活，有的是为了促发枝条。

3. 保养苗修剪

此类苗木的修剪，主要是适当扩冠，目的是增大树体，使树形逐步达到花繁枝茂的目的。

对于单干型或乔化型的灌木，在养护过程中的修剪，主要是及时对内膛枝的向心枝、重叠枝、下垂枝、病虫枝、干枝杈等应经常清除，剪口芽尽量留外向芽，使冠不断向外扩展，内膛通风透光性好。

4. 出圃苗修剪

灌木在出圃时以轻修为主。用户在苗木定植后也可根据情况再次进行短截或疏剪甚至重短截。

五、果　树

苗圃繁殖果树苗的品种与数量都较少，常见的有柿树、核桃树、桃树、杏树、山里红、葡萄、苹果树、梨树等。苗圃培育的果树苗基本为幼苗，因此修剪以定干修剪、整形修剪为主。

1. 定干修剪

定干修剪是确定果树基本骨架的重要措施之一。定干的高度依不同树种而不同。桃树、苹果树、山里红、葡萄定干高度较矮，通常在40～80厘米，其中葡萄的主蔓还可低些；柿树、核桃树、杏树定干较高，一般在70～100厘米。定干的高度是指主干的高度，因此下剪的位置要留出未来培育主枝的长度，通常要留20厘米左右，即在定干高度的基础上向上沿长20厘米处剪截。

2. 整形修剪

苗圃培育的果树苗规格一般较小，整形修剪主要是培育第一层主枝或领导枝。定干修剪后，剪口下萌发出较多的侧枝，在生长季或在冬季进行第一次整形修剪，主要任务是选留主枝。总的要求是主枝要分布在不同方位下，各主枝间有一定距离，根据树种的不同，可选留2～4个枝条，作未来的主枝，其余的侧枝均要剪掉。

3. 出圃修剪

果树苗在圃时间一般要4～6年，出圃时，原则上不做大的修剪，通常只是进行短截或疏枝修剪，保留基本树形。

第九章　园林育苗

复习题

1. 什么叫实生苗？它的主要特性是什么？
2. 种子采集最佳时期应在什么时候？有什么要求？
3. 简述苗圃用播种繁殖的主要树种及采种期和加工方法。
4. 主要树种的果实有几种类型？成熟时有什么主要特征？
5. 种子贮藏的方法有哪些？
6. 种子质量可用哪些方法进行检测？如何检测？
7. 常用的消毒种子的方法有哪些？
8. 简述种子催芽的常用方法。
9. 简述主要树种的播种及播后管理。
10. 什么叫无性繁殖？无性繁殖苗有什么特点？
11. 采用无性繁殖方法繁殖苗木的措施有哪些？举例说明。
12. 插条本身影响扦插成活的因素有哪些？
13. 影响插条生根的外界条件有哪些？
14. 简述生长调节剂在扦插中的应用方法。
15. 简述枝插、根插技术措施。
16. 影响嫁接成活的主要因素有哪些？
17. 简述枝接操作方法及要求。
18. 简述芽接操作方法及要求。
19. 简述分株繁殖的方法及注意事项，举例说明。
20. 简述毛白杨埋条繁殖全过程及要求。
21. 苗木移植质量要求有哪些？
22. 移植时间分几个阶段？各适合哪些树种的移植？优缺点是什么？
23. 移植外购苗应注意哪些？
24. 简述带土球苗的移植程序。
25. 简述毛白杨、柳树、槐树、龙爪槐从繁殖到出圃的修剪方法及要求。
26. 简述碧桃、榆叶梅、丁香、黄刺玫从繁殖到出圃的修剪方法及要求。

模拟测试题

一、填空题

1. 实生苗的主要特性是具有 _____ ，又有 _____ 。
2. 用无性繁殖方法所形成的优良品系称 _____ 。
3. 衡量苗木移植质量的三个主要标准是 _____ 、_____ 、_____ 。

二、选择题

1. 下列四组树种中完全属于翅果的是 _____ 。
   A. 元宝枫　白蜡　臭椿　枫杨
   B. 元宝枫　合欢　鸡爪槭　青桐
   C. 香椿　白蜡　紫薇　丁香
   D. 臭椿　香椿　皂角　鸡爪槭

2. 蜡封接穗时，蜡温理想温度是 _____ 。
   A. 70℃　　　B. 80℃　　　C. 95℃　　　D. 105℃

3. 培育落叶乔木，通常要求其主干上的分枝点不能低于 _____ 。
   A. 1.8米　　　B. 2.0米　　　C. 2.5米　　　D. 3.5米

三、判断题

1. 用于绿化的乔灌木的种子寿命都较长。　　　　　　　　　（　　）
2. 硬枝扦插的插条通常要求长些，不少于20厘米。　　　　　（　　）
3. 掘土球苗，要求土球底部宽度不超过土球直径的1/5。　　（　　）

四、简答题

1. 种子催芽常用的方法有哪些？
2. 简述做扦插床的方法及要求。
3. 如何培育合格的槐树出圃苗？

模拟测试题答案

一、填空题
1. 遗传性，变异性
2. 无性系
3. 成活率、整齐度、移植密度

二、选择题
1. A   2. C   3. C

三、判断题
1. ×   2. ×   3. ×

四、简答题
1. 答：主要有水浸法和砂藏法，另外还有机械创伤法、药物处理法等。

2. 答：扦插床主要用于扦插花灌木与常绿树。划线，做床背，搂床心。要求床背宽度40厘米，高8~10厘米，床心宽100厘米，长10~25米。床做好后，插好塑料小拱棚的弓子，并备好塑料布。

3. 答：春季播种槐树，出苗后适时间苗、中耕除草，防治病虫害，加强肥水管理。秋季原地留床。冬季选一、二级苗，并在适当位置短截，其他弱苗可疏除。第二年春季，加强肥水等管理，适时控制侧枝，促进苗木高生长。冬季可继续原地保留。第三年春季可选择主干在2.5米以上的苗子适时移植，株行距0.8米×1.20米，成活后进行正常养护4~5年，胸径达3厘米以上可出圃。

模拟测试卷 A

题号	一	二	三	四	五	六	总分
满分	14	30	20	20	12	4	100
得分							
阅卷人						核准人	

注意事项：

1. 答题前先将各页试卷封密线以上内容填写清楚，不要遗漏。
2. 一律使用蓝黑笔或圆珠笔，不得使用红水笔或铅笔。
3. 本试卷共六种题型，满分 100 分，考试时间 90 分钟。

一、填空题（每空 1 分，14 空共 14 分）

1. 依营养方式的不同，植物可分二类，一是 _____ 植物，二是 _____ 植物。
2. 土壤微生物一般分为真菌、_____、_____。
3. 园林树木美化作用其观赏性主要有观花 _____、_____、观树形、观枝干。
4. 触角是昆虫的感觉器官，具有 _____、_____ 作用。
5. 北京地区常用的耐荫花卉有 _____、_____。
6. 蜡封接穗时蜡温通常要求 _____，接穗长 _____ 厘米。
7. 修剪的基本方法有 _____、_____ 2 种。

二、选择题（每题 1.5 分，20 题共 30 分）

1. 下列花序中属有限花序的是 _____。
   A. 总状花序　　　　　　B. 伞形花序
   C. 伞房花序　　　　　　D. 单歧聚伞花序
2. 河泥是在 _____ 作用下形成的。
   A. 嫌气细菌　B. 好气细菌　C. 真菌　　D. 放线菌
3. 行道树分枝点应不低于 _____。
   A. 1.5 米　　B. 2.5 米　　C. 2.8 米　　D. 3 米
4. 下列树种中，属于长期砂藏的是 _____。
   A. 丁香　白皮松　　　　B. 海棠　油松
   C. 桧柏　玉兰　　　　　D. 黑枣　连翘

5. 苹果—桧柏锈病冬季越冬寄主地方是在 _____ 。
   A. 苹果树小枝上　　　　B、海棠落叶里
   C. 桧柏树小枝上　　　　D. 桧柏树落叶里
6. 成虫、幼虫均危害同一植物叶片的害虫是 _____ 。
   A. 天幕毛虫　　　　　　B. 光肩星天牛
   C. 榆绿叶甲　　　　　　D. 铜绿金龟子
7. 乔木修剪以疏枝为主，短截为辅的树种有 _____ 。
   A. 银杏　　B. 栾树　　C. 槐树　　C. 臭椿
8. 下列几种花卉，属典型的 1 年生花卉是 _____ 。
   A. 一串红　　B. 雏菊　　C. 鸡冠花　　D. 萱草
9. 松类树种的叶形主要为 _____ 。
   A. 鳞叶　　B. 针叶　　C. 条形叶　　D. 刺叶
10. 下列树种中，在北京地区因病害严重不适合作行道树的是 _____ 。
    A. 栾树　　B. 合欢　　C. 银杏　　D. 悬铃木
11. 对二氧化硫有害气体抗性较强的树种是 _____ 。
    A. 西府海棠　　B. 黄刺玫　　C. 油松　　D. 臭椿
12. 下列常绿树种中较耐荫的是 _____ 。
    A. 桧柏　　B. 白皮松　　C. 华山松　　D. 云杉
13. 下列草坪草，常用分栽法建植的是 _____ 。
    A. 早熟禾　　B. 野牛草　　C. 高羊茅　　D. 多年生黑麦草
14. 苗木根外追肥适宜浓度为 _____ 。
    A. 1% ~5%　　　　　　　B. 0.1% ~0.5%
    C. 0.01% ~0.05%　　　　D. 0.5% 以上
15. 苗圃移植大规格苗时，要求坑的直径应比根冠直径大 _____ 厘米。
    A. 10 ~15　　B. 15 ~20　　C. 20 ~30　　D. 50
16. 下列鞘翅目昆虫中属于益虫的是 _____ 。
    A. 28 星瓢虫　　B. 步行虫　　C. 金龟子　　D. 天牛
17. 凌霄攀援生长是借助于 _____ 。
    A. 吸盘　　B. 缠绕茎　　C. 气生根　　D. 卷须
18. 苗圃对植株较矮小的移植苗，如侧柏采取的防寒措施是 _____ 。
    A. 罩塑料小棚　　B. 春灌　　C. 扣筐扣盆　　D. 埋土
19. 下列肥料中属于复合肥料的是 _____ 。

A. 硫酸亚铁　　B. 尿素　　　C. 硫酸钾　　D. 硝酸钾
20. 下列花卉中属于短日照的花卉是＿＿＿＿＿＿＿。
A. 月季　　　B. 蜀葵　　　C. 大花萱草　D. 菊花

三、判断题（每题1分，20题共20分；正确打√，错误打×）

1. 丁香属假二叉分枝式。　　　　　　　　　　　　　　　（　）
2. 地锦属缠绕茎。　　　　　　　　　　　　　　　　　　（　）
3. 海棠是先长叶后开花的树木。　　　　　　　　　　　　（　）
4. 植物的吸水主要是蒸腾吸水。　　　　　　　　　　　　（　）
5. 光合强度随气温升高而加强，越高越好。　　　　　　　（　）
6. 温度高、湿度大，使呼吸作用加强不利于种子贮藏。　　（　）
7. 北方土壤不缺钾素。　　　　　　　　　　　　　　　　（　）
8. 磷肥应和有机肥混施，可避免养分固定。　　　　　　　（　）
9. 黏质土保水保肥是最适合耕作的土壤。　　　　　　　　（　）
10. 昆虫成虫的主要特征是体分头胸腹，有四翅。　　　　（　）
11. 昆虫个体在一年内的发育史叫世代。　　　　　　　　（　）
12. 常用农药剂型有乳油、可湿性粉剂和颗粒剂等。　　　（　）
13. 白皮松叶为2针一束。　　　　　　　　　　　　　　　（　）
14. 刺槐、绒毛白蜡都是深根性树种。　　　　　　　　　（　）
15. 桧柏的叶子全为刺叶，侧柏则全为鳞叶。　　　　　　（　）
16. 假植分临时假植和越冬入沟防寒假植。　　　　　　　（　）
17. 掘土球苗土球直径大小是苗木胸径的8～10倍。　　　（　）
18. 播种苗间苗原则是"早间苗晚定苗"。　　　　　　　　（　）
19. 塑料小棚适用于硬材扦插，不适宜软材扦插。　　　　（　）
20. 光照对扦插生根无关紧要。　　　　　　　　　　　　（　）

四、简答题（每题4分，5题共20分）

1. 修剪园林树木的程序是什么？举出修剪安全措施中的五条。
2. 简述大叶黄杨主要习性及用途。
3. 什么叫蒸腾作用？影响蒸腾作用的环境因子主要有哪些？
4. 配制培养土的原则是什么？
5. 如何进行毛白杨埋条？

五、综述题（每题6分，2题共12分）

1. 大树带土球移植施工的全过程是有哪些？
2. 种植设计的基本原则是什么？

六、计算题（每题 4 分，1 题共 4 分）

1. 2 吨的打药车，使用 500 倍 Bt 乳剂防治槐尺蠖，需用多少千克药剂？

模拟测试卷 A 答案

一、填空题

1. 自养，异养
2. 细菌、放线菌
3. 观果、观叶
4. 触觉、嗅觉
5. 玉簪、二月兰
6. 90~95℃，9~11
7. 短截、疏枝

二、选择题

1. D	2. A	3. B	4. C	5. C	6. C
7. A	8. C	9. B	10. B	11. D	12. D
13. B	14. B	15. C	16. B	17. C	18. D
19. D	20. D				

三、判断题

1. √	2. ×	3. ×	4. √	5. ×	6. √
7. √	8. √	9. ×	10. ×	11. ×	12. √
13. ×	14. ×	15. ×	16. √	17. √	18. √
19. ×	20. ×				

四、简答题

1. 答：一知二看三剪四拿五处理六保护。安全措施 14 条，其中 5 条如下：

（1）操作时思想集中，上树前不许饮酒；

（2）戴好安全帽，系好安全绳和安全带；

（3）每个作业组要设安全质量检查员；

（4）五级风不能上树；

（5）在高压线附近作业，需要与供电部门配合好等。

2. 答：常绿，耐寒性较差，喜光亦较耐荫，喜湿润也较耐干旱，对土壤要求不严，耐修剪；主要作绿篱、色块、组球等。

3. 答：植物体以水蒸气状态，通过植物体表向外界大气中失散水分的过程，叫作植物的蒸腾作用。

影响蒸腾作用的因素有：光照、空气的相对湿度、温度、风、土壤条件等。

4. 答：有良好的物理化学性质，重量轻便于搬运，就地取材成本低，不含病虫有害物，不同花木用不同培养土。

5. 答：(1) 做埋条床：床宽1.4米，行距70厘米，长度20~25米。

(2) 埋条时间：北京地区3月下旬~4月上旬。

(3) 埋条：在苗木床内按行距开2~25厘米浅沟，力求平直，将从假植沟取出的母条依一定方向散好，并用花铲将条从基部方向开始埋，第一根条要将基部插入床头20厘米，然后向前埋，每根条的尖部与下一根条的基部重合，整体看等于双条。埋后及时浇水，并经常检查所埋条子是否淤埋过厚或被水冲出裸露，要及时运动去或埋土。出苗后及时进行培土等养护管理。

五、综述题

1. 答：首先要选苗、号苗。第二步要挖掘树穴。第三步是挖掘土球苗，如果手工挖掘后要打包。第四步是土球苗的装车、运输、卸车。若不能一、二天内完成的应假植。第五步散苗、栽苗。第六步栽植后的养护管理工作。

2. 答：(1) 符合园林绿地的性质和功能要求；(2) 符合园林艺术需要；(3) 满足植物生态要求；(4) 考虑适当的种植密度和搭配。

六、计算题

1. 答：药剂用量 = 容器中的水量/使用倍数 = $2 \times 1000 \div 500 = 4$ 千克。

模拟测试卷 B

题号	一	二	三	四	五	六	总分
满分	14	30	20	20	12	4	100
得分							
阅卷人						核准人	

注意事项：

1. 答题前先将各页试卷封密线以上内容填写清楚，不要遗漏。
2. 一律使用蓝黑笔或圆珠笔，不得使用红水笔或铅笔。
3. 本试卷共六种题型，满分100分，考试时间90分钟。

一、填空题（每空1分，14空共14分）

1. 成熟的植物细胞由 _____、_____ 和细胞壁三部分构成。
2. 园林绿化中常用于地被种植的树种有 _____、_____ 等。
3. 能被植物吸收的是 _____ 态氮和 _____ 态氮。
4. 螨和昆虫主要区别是 _____，成螨有 _____，无翅，个体小等。
5. 北京地区常用的宿根花卉有 _____、_____。
6. 园林中种植设计图一般的比例为 _____ 和 _____。
7. 采集分根苗的主要时期在 _____ 和 _____。

二、选择题（每题1.5分，20题共30分）

1. 裸子植物的主要特征是 _____。
   A. 雌雄同株　　　　B. 两性花
   C. 有"球果"　　　　D. 胚珠裸露
2. 土壤中可供植物吸收利用的主要水分是 _____。
   A. 毛管水　　B. 吸湿水　　C. 重力水　　D. 地下水
3. 考虑交通安全一般交叉路口各边至少 _____ 内不栽树。
   A. 8 米　　B. 15 米　　C. 30 米　　D. 50 米
4. 树木移植后，通常要在 _____ 天之内连续浇三遍水。
   A. 3 天　　B. 6 天　　C. 10 天　　D. 20 天
5. 月季白粉病发病盛期的月份有 _____。
   A. 2～3 月　　B. 3～4 月　　C. 5～6 月　　D. 7～8 月

6. 用于防治槐尺蠖的属于昆虫生长调节类农药是_____。
   A. 菊杀乳油　　　　　　B. 灭幼脲一号
   C. 铁灭克　　　　　　　D. 10% 浏阳霉素

7. 栽植乔木时，通常埋土深度应比原土痕深_____。
   A. 3~5 厘米　　　　　　B. 5~10 厘米
   C. 15~20 厘米　　　　　D. 30 厘米左右

8. 下列花卉中可以宿根生长多年的是_____。
   A. 二月兰　　B. 鸡冠花　　C. 三色堇　　D. 早小菊

9. 杉类常绿树的叶子主要为_____。
   A. 鳞叶　　　B. 针叶　　　C. 条形叶　　D. 刺叶

10. 下列树种中因对北京气候不适应，不适宜作行道树的是_____。
    A. 栾树　　　B. 槐树　　　C. 银杏　　　D. 悬铃木

11. 对二氧化硫气体抗性弱的树种是_____。
    A. 臭椿　　　B. 黄刺玫　　C. 构树　　　D. 槐树

12. 下列树种中属于浅根性树种是_____。
    A. 桧柏　　　B. 云杉　　　C. 槐树　　　D. 绒毛白蜡

13. 建植冷季型草坪的最好时期是_____。
    A. 3~4 月　　B. 5~5 月　　C. 7~8 月　　D. 8~9 月

14. 土壤基质缓冲性最强的应是_____。
    A. 壤土　　　B. 黏土　　　C. 腐殖土　　D. 蛭石

15. 下列落叶乔木中每年都要进行修剪的树种是_____。
    A. 槐树　　　B. 刺槐　　　C. 龙爪槐　　D. 蝴蝶槐

16. 播种山桃、山杏常采用_____。
    A. 低床　　　B. 平床　　　C. 高低床　　D. 高垄

17. 红瑞木果实的颜色为_____。
    A. 红色　　　B. 黄色　　　C. 白色　　　D. 黑色

18. 花卉在扦插繁殖时，生根的最适宜温度一般应为_____ ℃。
    A. 15~20　　B. 20~25　　C. 22~28　　D. 25~30

19. 下列园林造景素材中属于园林建筑小品的是_____。
    A. 护拦　　　B. 片林　　　C. 园路　　　D. 亭子

20. 重修剪时，应剪去枝条的_____。
    A. 1/2~1/3　B. 2/3~3/4　C. 1/4~1/5　D. 只留隐芽

三、判断题（每题1分，20题共20分；正确打√，错误打×）

1. 养护管理就是灌水、施肥、除虫。　　　　　　　　　　　　　（　　）

2. 根压是被动吸水的动力。　　　　　　　　　　　　（　　）
3. 气温越高植物的蒸腾作用越强。　　　　　　　　　（　　）
4. 种子植物在有氧情况下才能进行正常的呼吸作用。　（　　）
5. 菊花的花冠属整齐花冠。　　　　　　　　　　　　（　　）
6. 干果在果实成熟时都能自动裂开。　　　　　　　　（　　）
7. 铁素在土壤中含量极为丰富，植物很容易利用。　　（　　）
8. 砂质土通气透水是肥力最好的土壤。　　　　　　　（　　）
9. 插穗的生根能力随母株树龄的增长而提高。　　　　（　　）
10. 银杏树常受小木蠹蛾和双条杉天牛蛀食危害。　　（　　）
11. 辛硫磷和西维因以触杀和内吸作用防治害虫的。　（　　）
12. 常用农药有乳油、粉剂和颗粒剂，使用方法一样。（　　）
13. 鳞翅目幼虫的足是胸足 3 对，腹足 4 对。　　　　（　　）
14. 华山松为 5 针一束。　　　　　　　　　　　　　　（　　）
15. 风力达四级以上时应停止土球苗掏底作业。　　　（　　）
16. 装乔木时应根朝前梢朝后顺序排列。　　　　　　（　　）
17. 装运土球苗大于 60 厘米时只准排一层。　　　　　（　　）
18. 塑料小棚防寒时不能盖草帘，因遮光对苗不好。　（　　）
19. 土球底部直径是上口的 1/5。　　　　　　　　　　（　　）
20. 二年生花卉常用作"十·一"国庆用花。　　　　　（　　）

四、简答题（每题 4 分，5 题共 20 分）

1. 北京地区绿化养护全年分几个阶段？一年中的养护任务主要有哪些？
2. 无性繁殖苗木的方法有哪些？
3. 怎样区别单子叶植物与双子叶植物？
4. 合理施肥的原则是什么？
5. 平面图纸上，常看见许多大大小小的圆圈，在圆圈中还有大小不同的黑点，试问它们各表示什么内容？

五、综述题（每题 6 分，2 题共 12 分）

1. 如何扦插红花紫薇？
2. 木箱移植安全措施有多少条？写出其中 10 条。

六、计算题（每题 4 分，1 题共 4 分）

1. 现有 50% 辛硫磷乳剂加水稀释成 0.05% 浓度，问此药被稀释多少倍？

模拟测试卷 B 答案

一、填空题

1. 原生质体、液胞及细胞内含物
2. 爬地柏、砂地柏
3. 铵、硝
4. 体分节不明显，无头胸腹之分；足 4 对
5. 大花萱草、蜀葵
6. 1∶200、1∶500
7. 秋季落叶后、春季树木发芽前

二、选择题

1. D 2. A 3. C 4. C 5. C 6. B
7. B 8. D 9. C 10. D 11. B 12. B
13. D 14. C 15. C 16. D 17. C 18. A
19. D 20. B

三、判断题

1. × 2. × 3. × 4. ✓ 5. × 6. ×
7. × 8. × 9. × 10. × 11. × 12. ×
13. × 14. ✓ 15. ✓ 16. ✓ 17. ✓ 18. ×
19. × 20. ×

四、简答题

1. 答：养护分为 5 个阶段，
   (1) 冬季阶段：12 月及翌年 1、2 月份；
   (2) 春季阶段：3、4 月份；
   (3) 初夏阶段：5、6 月份；
   (4) 盛夏阶段：7、8、9 月份；
   (5) 秋季阶段：10、11 月份。

   一年中主要任务有灌水，排水，施肥，防治病虫，防寒防暑，中耕除草，修剪，补植，维护管理等。

2. 答：主要有：扦插、嫁接、分株、埋条、压条、组织培养等。

3. 答：单子叶植物：一枚子叶；叶脉为平行脉；根茎内无形成层，不能增粗；根为须根系；花各部通常为 3 基数。

   双子叶植物：二枚子叶；叶脉一般为网状脉；根茎内有形成层，能增

粗；根为直根系；花各部常为 4 或 5 的基数。

4. 答：有机肥与无机肥配合施用；不同花木施不同的肥；不同生长期施不同的肥；看天施肥。

5. 答：圆圈是用来表示树木冠幅的形状和大小；黑点是用来表示树种的位置和树干的粗细。

五、综述题

1. 答：繁殖红花紫薇的方法主要是扦插法。可春季扦插，也可秋季阳畦扦插，目前主要采用夏季软材扦插。夏季扦插主要有 2 种方法：一是全光照自动间歇喷雾扦插，二是荫棚下小拱棚扦插。现重点介绍荫棚下小拱棚扦插：

（1）扦插时间：6 月上旬～8 月。

（2）插床准备：床宽 1 米，长 5～10 米。地整平后，上垫 5～6 厘米厚干净河沙或蛭石等基质，插好小拱棚的弓子并备好塑料布等，即备好小拱棚，棚高 60～80 厘米。

（3）扦插：采当年生嫩枝，断成长 12 厘米左右插穗，随采随插。插入深度 3～4 厘米。每平方米可插 600～800 根。插后及时喷透水并罩好塑料布并将四周压实。以后每天上午 9:00～10:00 愈合生根时可适当减少喷水次数，生根后适当探水，转入正常养护。成活后的苗子最好原地保护越冬，来年移植成活率高。

也可将插条插在小容器内。容器放在小拱棚内，管理相同。

2. 答：木箱移植的安全规定共 23 条。举其中 10 条如下：

（1）施工前必须对现场环境、运输线路及周边情况调查了解，并制定安全措施。

（2）挖树前将树木支撑稳固。

（3）掏底前，箱板四周应先支撑固定。

（4）操作时，人的头和身体不能进入土台下。

（5）4 级风应停止掏底工作。

（6）掏底时，地面人员不得到土台上走动或放笨重物体等。

（7）挖掘、吊装等工具等由专人负责检查，保证安全完好。

（8）操作人员戴安全帽。

（9）吊、装、卸树木前要重新检查钢丝绳等各部位是否完好，要符合安全规定。

（10）装、卸车时，吊杆下或木箱下严禁站人等。

六、计算题

1. 答：稀释倍数 = 原药剂浓度/稀释液浓度 = 50% ÷ 0.05% = 1000 倍。

附录1

中级园林绿化工职业技能岗位标准

1. 知识要点（应知）

（1）掌握绿地施工及养护管理规程。了解规划设计和植物群落配置的一般知识，能看懂绿化施工图纸，掌握估算土方和植物材料的方法。

（2）掌握园林植物的生长习性和生长规律及其养护管理要求。掌握大树移植的操作规程和质量标准。

（3）掌握常见园林植物病虫害发生规律及常用药剂的使用。了解新药剂（包括生物药剂）的应用。

（4）掌握当地土壤改良方法和肥料的性能及使用方法。

（5）掌握常用园林机具性能及操作规程。了解一般原理及排除故障方法。

2. 操作要求（应会）

（1）识别园林植物80种以上。

（2）按图纸放样，估算工料，并按规定的质量标准，进行各类园林植物的栽植。

（3）按技术操作规程正确、安全完成大树移植，并采取必要的养护管理措施。

（4）根据不同类型植物的生长习性和生长情况提出肥水管理的方案，进行合理的整形修剪。

（5）正确选择和使用农药，控制常见病虫害。

（6）正确使用常用的园林机具及设备，并判断和排除一般故障。

附录2

中级园林绿化工职业技能岗位鉴定规范

项　目	鉴定范围	鉴定内容	鉴定比重	备注
知识要求			100%	
基础知识 20%	1. 植物知识8%	(1) 植物形态解剖知识 (2) 植物分类基础知识 (3) 当地常见园林植物的种类及特性	2% 2% 4%	了解 了解 掌握
	2. 植物保护知识6%	(1) 植物保护的内容和要求 (2) 当地园林病虫害的发生时期、危害部位及各类防治方法 (3) 各种常用药剂的性能及使用方法	1% 3% 2%	了解 掌握 了解
	3. 土壤肥料知识6%	(1) 当地土壤的性能及改良方法 (2) 常用肥料的性能及使用方法	2% 4%	了解 掌握
专业知识 70%	1. 园林植物应用知识30%	(1) 常见园林植物的生长习性 (2) 常见园林植物的生长规律 (3) 大树的生理特点 (4) 移植大树的操作规程及质量要求	8% 5% 5% 12%	掌握 了解 掌握 掌握
	2. 绿化施工知识35%	(1) 植物配置的一般原则 (2) 识别一般绿化施工图纸 (3) 估算土方和植物材料 (4) 配置艺术	10% 10% 10% 5%	掌握 掌握 掌握 了解
	3. 园林机具知识5%	(1) 常用园林机具的工作原理及性能 (2) 园林机具的操作规程	2% 3%	了解 掌握
相关知识 10%	1. 施工方案的编制6%	(1) 一般绿地施工方案的内容及编制方法 (2) 大树移植施工方案的内容及编制方法	2% 4%	了解 掌握
	2. 班组管理4%	(1) 班组生产计划管理 (2) 质量管理 (3) 定额管理	2% 1% 1%	了解 了解 了解

附录2 中级园林绿化工职业技能岗位鉴定规范

（续）

项 目	鉴定范围	鉴定内容	鉴定比重	备注
操作要求			100%	
操作技能 75%	1. 园林植物识别 10%	(1) 识别园林植物（80种以上）	10%	掌握
	2. 乔、灌木整形修剪 15%	(1) 树形、分枝高度、主枝数量位置与绿地要求相符	5%	掌握
		(2) 疏枝合理、留枝恰当	5%	掌握
		(3) 剪口正确、留芽合理	5%	掌握
	3. 大树移植 15%	(1) 移植前的准备工作	1%	了解
		(2) 修剪强度合理	2%	掌握
		(3) 扎梢、攀"防风绳"	2%	掌握
		(4) 土球规格正确	2%	掌握
		(5) 挖掘、包扎	2%	掌握
		(6) 起吊、运输、入树穴	2%	掌握
		(7) 种植	2%	掌握
		(8) 培土、浇水、立桩	2%	掌握
	4. 绿化施工 20%	(1) 按图放样	3%	掌握
		(2) 树木与架空线、地下管线、建筑物的距离严格按有关技术规程执行	5%	掌握
		(3) 乔灌木的质量验收与装运、栽植、支撑全过程	5%	掌握
		(4) 工程预算和结算	2%	了解
		(5) 树木成活率、保存率达到或超过有关规定	5%	掌握
	5. 植物保护 10%	(1) 利用各种防治方法开展病虫害综合防治	7%	掌握
		(2) 针对当地病虫害的种类正确选择农药	3%	了解
	6. 改良土壤 5%	(1) 当地种植土的理化特性及存在问题	1%	了解
		(2) 提出有效的改良方案	2%	了解
		(3) 合理施肥、科学施肥	2%	掌握
工具设备的使用与维护 10%	常用园林机具的用、保养、排故 10%	(1) 中、小型机具的使用与保养	6%	掌握
		(2) 一般故障的判断与排除	4%	掌握
安全及其他 15%	1. 安全生产 10%	(1) 机具使用无事故隐患	5%	掌握
		(2) 正确执行安全技术操作规程	5%	掌握
	2. 文明施工 5%	(1) 施工现场整洁、文明	3%	掌握
		(2) 绿地养护整洁、文明	2%	掌握

附录 3

中级园林育苗工职业技能岗位标准

1. 知识要求（应知）

（1）掌握育苗操作规程。掌握苗木繁殖方法、苗木质量标准等理论知识。

（2）掌握常见苗木的习性，了解常见苗木的物候期，熟悉季节变化与苗木生长的关系。

（3）掌握一般苗木病虫害的发生规律及防治方法。了解新药剂的应用。

（4）掌握一般土壤种类的应用和改良方法。掌握肥料的利用和科学施用，了解微量元素肥料对苗木生长的作用。

（5）掌握苗圃常用机具的性能及操作规程。了解一般原理及排除故障方法。熟悉各种育苗设备的应用知识。

2. 操作要求（应会）

（1）识别苗木种子 40 种以上。

（2）熟悉掌握各种常见苗木的繁殖技术。

（3）根据苗木的的不同生长习性，进行合理的修剪、定型。掌握大规格苗木的移植、出圃技术，并做好移植后的养护管理工作。

（4）对苗圃常见病虫害采取有效的防治措施。

（5）掌握苗木抚育的管理技术，包括苗木质量、规格、产量等。

（6）正确使用苗圃常用机具及设备，并判断和排除一般故障。

附录4

中级园林育苗工职业技能岗位鉴定规范

项　目	鉴定范围	鉴定内容	鉴定比重	备注
知识要求			100%	
基础知识 25%	1. 育苗技术操作要求 6%	(1) 苗木繁殖操作要求	2%	掌握
		(2) 苗木养护操作要求	2%	掌握
		(3) 苗木出圃操作要求	2%	掌握
	2. 植物学知识 7%	(1) 植物形态解剖知识	3%	掌握
		(2) 植物分类知识	3%	掌握
		(3) 植物物候期知识	1%	了解
	3. 土壤肥料知识 6%	(1) 土壤的种类及其理化特性	2%	掌握
		(2) 改良土壤及恢复能力的方法	1%	了解
		(3) 常用肥料的利用、调制及贮藏	2%	掌握
		(4) 微量元素的作用和使用	1%	了解
	4. 植物病虫害知识 20%	(1) 常见病虫害的发生规律及其综合防治	3%	掌握
		(2) 常用药剂的性能及配制	2%	掌握
		(3) 常用药械的工作原理	1%	了解
专业知识 65%	1. 树木学知识 20%	(1) 园林树木的形态特征	4%	掌握
		(2) 园林树木的生态习性	4%	掌握
		(3) 园林树木的物候期	4%	掌握
		(4) 园林树木分类知识及树种特性	8%	掌握
	2. 育苗学知识 40%	(1) 影响苗木生长的环境因素	3%	了解
		(2) 育苗场地和设施	3%	了解
		(3) 苗木质量要求	4%	掌握
		(4) 苗木繁殖	10%	掌握
		(5) 苗木养护	10%	掌握
		(6) 苗木出圃	8%	掌握
		(7) 其他育苗技术	2%	了解
	3. 育苗机具知识 5%	(1) 常用育苗机具的工作原理和性能	3%	掌握
		(2) 育苗机具的操作规程	2%	了解

（续）

项 目	鉴定范围	鉴定内容	鉴定比重	备注
相关知识 10%	班组管理 10%	（1）育苗生产计划（计划管理） （2）质量管理（技术管理） （3）定额管理	3% 4% 3%	掌握 掌握 掌握
操作要求			100%	
操作技能 75%	1. 种子识别 20%	识别苗木种子 40 种以上	20%	掌握
	2. 苗木繁殖 20%	（1）各种播种方法、播种期及各类种子处理 （2）各种扦插方法、扦插时间及插条的采集、制作、贮藏 （3）各种嫁接方法、嫁接时间及接穗（芽）的采集制作、砧木的选择，嫁接后的管理 （4）珍贵树种、难育树种的繁殖技术	6% 6% 6% 2%	掌握 掌握 掌握 了解
	3. 苗木养护 20%	（1）苗木肥水管理 （2）苗木病虫害防治 （3）各类苗木的整形修剪技术 （4）苗木移植（包括非季节性移植） （5）大苗养护	3% 3% 5% 5% 4%	掌握 掌握 掌握 掌握 掌握
	4. 苗木出圃 15%	（1）大规格苗木的出圃技术 （2）珍贵树种出圃技术	10% 5%	掌握 掌握
工具设备的使用与维护 10%	常用苗圃机具的使用和维护 10%	（1）常用中、小型机具的使用和保养 （2）一般故障的判断和排除	5% 5%	掌握 掌握
安全及其他 15%	1. 安全生产 10%	（1）有关机具安全操作规范 （2）育苗工作安全操作规范	5% 5%	掌握 掌握
	2. 文明生产 5%	（1）认真执行技术操作规程 （2）工作现场整洁、文明	3% 2%	掌握 掌握

参考文献

1. 北京市园林局．园林绿化工人技术培训教材．植物与植物生理．1997
2. 北京市园林局．园林绿化工人技术培训教材．土壤肥料．1997
3. 北京市园林局．园林绿化工人技术培训教材．园林树木．1997
4. 北京市园林局．园林绿化工人技术培训教材．园林花卉．1997
5. 北京市园林局．园林绿化工人技术培训教材．园林植物保护．1997
6. 北京市园林局．园林绿化工人技术培训教材．园林识图与设计基础．1997
7. 北京市园林局．园林绿化工人技术培训教材．绿化施工与养护管理．1997
8. 北京市质量技术监督局．城市园林绿化养护管理．2003
9. 北京市质量技术监督局．城市园林绿化施工及验收规范．2003
10. 潘瑞炽,董愚得 主编．植物生理学．北京:人民教育出版社,1980
11. 南京林业学校 主编．植物学．北京:中国林业出版社,1985
12. 李杰芬 主编．植物生理学．北京:北京师范大学出版社,1988
13. 北京农业学校．植物及植物生理学．北京:中国农业出版社,1996
14. 王世动 主编．植物及植物生理学．北京:中国建筑工业出版社,1999
15. 陈俊愉,程绪珂 主编．中国花经．上海:上海文化出版社,1990
16. 徐汉卿 主编．植物学．北京:中国农业出版社,1996
17. 陈友民．园林树木学．北京:中国林业出版社,1997
18. 李嘉乐．北京市内植物生存环境的利用、改善和引种的研究．园林科研,1989
19. 陈自新,周忠樑．北京市区园林树木生态适应性的调查研究．园林科研,1989
20. 北京林业大学．花卉学．北京:中国林业出版社,1992
21. 叶建秋．花卉园艺初级教程．上海:上海文化出版社,2000
22. 孟庆武,刘金 主编．春季花卉．北京:中国农业出版社,2000
23. 费砚良,张金政．宿根花卉．北京:中国林业出版社,1999
24. 中华人民共和国建设部．绿化工．2000
25. 中华人民共和国建设部．育苗工．2000